本书为中国科学院战略研究与决策支持系统建设专项
"颠覆性技术研究——生命科学领域"（GHJ-ZLZX-2018-41）研究成果

# 颠覆性技术创新研究

## ·生命科学领域·

中国科学院颠覆性技术创新研究组

科学出版社

北　京

## 内 容 简 介

生命科学领域是颠覆性技术高度孕育、密集涌现、迅速发展、渗透力强、影响既深且广的重大创新领域。本书在对颠覆性技术长期跟踪研究的基础上，提出识别与评估颠覆性技术的指标体系和方法，重点围绕生命科学领域若干典型颠覆性技术，对其演变进程和颠覆性影响等进行了分析，对国内外相关规划政策和创新治理进行了比较研究，并对我国相关颠覆性技术的发展和治理提出了意见建议，为有关政府部门、科研和智库机构、创新型企业等和广大读者提供参考和借鉴。

**图书在版编目（CIP）数据**

颠覆性技术创新研究：生命科学领域 / 中国科学院颠覆性技术创新研究组编 . —北京：科学出版社，2020.6
ISBN 978-7-03-064334-6

Ⅰ .①颠… Ⅱ .①中… Ⅲ .①生命科学—技术革新—研究 Ⅳ .① Q1-0

中国版本图书馆 CIP 数据核字 (2020) 第 018518 号

责任编辑：牛　玲　刘巧巧 / 责任校对：韩　杨
责任印制：李　彤 / 封面设计：有道文化

科 学 出 版 社 出版
北京东黄城根北街16号
邮政编码：100717
http://www.sciencep.com

北京虎彩文化传播有限公司 印刷
科学出版社发行　各地新华书店经销
*
2020年 6 月第 一 版　开本：720×1000　1/16
2022年 3 月第四次印刷　印张：19 3/4
字数：310 000
定价：148.00元
（如有印装质量问题，我社负责调换）

# 编 委 会

主　　编：汪克强

副 主 编：谢鹏云　黄晨光　刘细文　于建荣

编务协调：甘　泉　王学昭　王燕鹏　陶斯宇

研究团队：（按姓名拼音排序）

陈大明　迟培娟　范月蕾　韩　涛　江洪波

李丹丹　李东巧　李宜展　李祯祺　刘　晓

刘艳丽　吕凤先　吕璐成　毛开云　施慧琳

苏　燕　王　跃　王　玥　王恒哲　王学昭

王燕鹏　谢华玲　熊　燕　徐　萍　许　丽

杨艳萍　姚驰远　张　迪　张　欣　赵若春

邹丽雪

# 序<sup>*</sup>

白春礼

  1995 年，美国哈佛大学商学院教授克莱顿·克里斯滕森观察到一种奇特的创新现象，提出了"颠覆性技术"的概念。此后 20 年中，他在持续深入研究的基础上，对这一概念不断进行扩展补充，认为颠覆性技术是指"以意想不到的方式取代现有主流技术的技术""这类技术往往从低端或边缘市场切入，随着性能与功能的不断改进完善，最终取代已有技术，并开辟新的市场，形成新的价值体系"。

  随着新一轮科技革命和产业变革风起云涌，层出不穷的重大技术突破，深刻改变着人类的工作和生活方式、经济和社会形态。克里斯滕森的研究，日益引发社会各界的广泛共鸣和高度关注。一些国家政府开始把发展颠覆性技术纳入保持或获取国际竞争优势乃至维护军事霸权的战略框架；一些著名企业开始斥资研究颠覆性技术的方向和走势，以寻求新的投资热点和

---

  * 作者为中国科学院院长、党组书记。本文系作者于 2018 年 2 月为《颠覆性技术创新研究——信息科技领域》所做的序，收入本书时略有删改。

产业机会，抢占科技制高点；一些科研机构和智库也开始把颠覆性技术的递进演变规律、未来发展的重点和趋势预测等作为重要的研究方向。

颠覆性技术在我国同样引起强烈反响。习近平总书记和党中央高度重视颠覆性技术，对颠覆性技术创新做了一系列战略部署。国家"十三五"规划纲要首次提出要"更加重视原始创新和颠覆性技术创新"。党的十九大报告也强调，加快建设创新型国家，要突出颠覆性技术创新。习近平总书记在 2018 年中国科学院第十九次院士大会、中国工程院第十四次院士大会开幕会上强调，要"以关键共性技术、前沿引领技术、现代工程技术、颠覆性技术创新为突破口，敢于走前人没有走过的路，努力实现关键核心技术自主可控，把创新主动权、发展主动权牢牢掌握在自己手中"。

自"颠覆性技术"概念提出以来，其内涵不断发生演变，诸多学者也从不同视角和关注点对颠覆性技术做出不同诠释，针对其概念内涵、机理规律、动力机制、发展环境等方面的研究、讨论甚至争论，几乎一天也没有停止过。一方面，人们对捕捉新一波颠覆性创新浪潮、找准新的切入点突破关键技术充满期待；另一方面，对颠覆性技术在政治、经济、科技、军事、文化等方面可能产生影响的不确定性，也持有不少疑虑、担心甚至有些惶恐不安。一方面，有人认为发展颠覆性技术是企业参与市场竞争的自主选择，政府只需营造环境，不必过多干预；另一方面，也有不少人认为发展颠覆性技术会有较大风险，单靠企业作为创新主体往往力有不逮，需要更多发挥政府主导作用。一方面，不少人认为既然颠覆性技术涉及面广，且往往以人们意想不到的方式出现和发挥作用，只能顺其自然、水到渠成，无需也难以主动规划和布局；另一方面，更多人认为发展颠覆性技术是抢占国际竞争制高点的战略选择，应从国家战略需求出发前瞻布局、集中力量、加大投入，着重解决国防建设和经济社会发展中的关键技术问题，提升核心竞争力。

正是在这样的背景下，作为国家战略科技力量，中国科学院深入学习贯彻习近平总书记重要指示精神和党中央重大决策部署，于 2016 年开始组建颠覆性技术创新研究团队，选择若干可能产生颠覆性技术的重点领域持续开展专题研究，努力形成系列化研究成果，以期向决策者和科技管理者提供有益参考和支撑，并为同行专家、研究人员和社会公众提供信息交流和共享的渠道。

随着专题研究的逐步展开，以及对每个研究方向发展进程、变革作用和相互关系的系统深入了解，研究团队对颠覆性技术的概念和内涵、颠覆性技术的特点以及伴随这些特点的规律性现象的认识和理解也在不断丰富和深化，其中有些观点是耐人寻味的。例如他们认为，颠覆性技术难有统一定义，从不同视角和关注点会对其作出不同诠释；颠覆性创新是特有的创新活动，其共同点在于不循常规发展，"不按常理出牌"；颠覆性技术是一种用效果定义的创新成果，从技术源头看，它可能是科技重大突破的产物，可能是已有技术的创新性应用，抑或是新老技术集成、跨领域技术融合的创新结果，但"技术"能否产生颠覆性影响，则取决于它在战略需求响应、发展构思机巧、切入市场机缘等方面产生的后置效果。希望这些观点能够起到"抛砖引玉"的作用，引发人们对颠覆性技术更深入的思考和研究。

如果说，选择若干重点领域和热点方向，侧重对颠覆性技术的内涵、识别和机理规律等进行探索，是该研究的一个显著特色，那么，对世界主要国家颠覆性技术发展环境的梳理、动力机制及前瞻性治理的分析，以及基于其上提出的政策建议，就是该研究团队做出的另一重要贡献。这些政策建议将颠覆性技术创新置于国家创新体系建设的大格局中，既有针对促进颠覆性技术发展的具体建议，又有营造有利于颠覆性技术孕育、成长创新环境的宏观分析和战略思考；既具规律性，也具针对性；既互为表里，更切中肯綮，相信会对关注、捕捉、孕育和促进颠覆性技术创新和发展的政府决策部门、科研和智库机构、创新型企业等都有所参考和助益，对所有关注颠覆性技术创新和应用的广大科研人员和社会各界人士都有所借鉴和启发。

面临世界新科技革命和产业变革的重要战略机遇，我国深入实施创新驱动发展战略，科技事业持续快速发展，成为具有重要国际影响力和竞争力的科技创新大国，并正在向着世界科技强国的目标迈进；同时，我们也清醒地认识到，我国科技创新的整体水平和能力与发达国家相比还有不小差距，原始创新和关键核心技术研发能力还比较弱，创新发展面临诸多问题和挑战。要抢抓机遇、应对挑战，建成世界科技强国，就应当根据不同水平的科技和产业领域，选择不同的战略路径和目标。推动颠覆性技术创新和发展，无疑是一条极其重要的战略路径，在某些领域甚至是必由之路、不二选择。这里我想强调的是，这种战略路径的选择不是"走捷径"而是"辟蹊径"。所谓"辟"，就是在缺乏"先发优势""速度优势"，不得已"并跑"或"跟跑"时，需要另辟蹊径、开拓新路，而"新路"往往杂草遍地、荆棘丛生，要有披荆斩棘、逢山开路、遇水搭桥的勇气和准备，要以独特的智慧和眼光，选择他人尚未发现但能快速接近目标的"最佳路径"。一个"辟"字背后有着丰富的内涵，如牢固的知识基础、厚实的科技积累、开放包容的创新社会环境、高效顺畅的技术转移转化机制等。这一切都需要我们去营造和完善，需要科技界勇于担当、主动作为，需要全社会协同合作、共同努力。

欣逢人类历史上前所未有的创新时代，科技创新带来的颠覆效应正无时不在地发生、无所不在地渗透。应当看到，对于颠覆性技术的强劲发展、无穷潜力和难以预知的未来，人们的想象力是极为有限的。今天，我们面临的问题已经不再是"是否会被颠覆""何时会被颠覆"，而是"会先在哪些地方颠覆""会以什么方式颠覆"和"我们应当如何应对"。只有积极拥抱、深入研究颠覆性技术，主动融入颠覆性创新层出不穷的伟大时代，我们才能适应时代要求，把握战略先机，主导和引领创新发展。

　　法国启蒙运动时期的著名哲学家、作家伏尔泰曾经说过："不确定让人不舒服，而确定又是荒谬的。"面对日新月异的颠覆性技术和波澜壮阔的颠覆性时代，你做好准备了吗？

# 前　言

为更好地认识、创造和发展颠覆性技术，从 2016 年开始，中国科学院组建了颠覆性技术创新研究团队，选择若干可能产生颠覆性技术的重点领域持续开展专题研究。2018 年 2 月，编撰出版了《颠覆性技术创新研究——信息科技领域》，重点围绕信息科技领域的典型颠覆性技术进行了系统介绍和阐述，受到读者的欢迎和好评。近年来，在不断深化对颠覆性技术创新系统性研究的同时，重点围绕生命科学领域的颠覆性技术进行了深入研究，取得了一系列新进展和新成果。以此为基础，构成本书的主要内容。

生命科学领域是颠覆性技术高度孕育、密集涌现、迅速发展、渗透力强、影响既深且广的重大创新领域，在人类突破自我认知、重大疾病诊疗、增进人民福祉等许多方面都具有重要的颠覆性效应。本研究系统梳理整合了生命科学领域相关前沿研究成果，在长期技术跟踪研究的基础上，突破以往此类研究侧重技术趋势分析的局限，提出识别与评估颠覆性技术的指标体系和方法，通过专家咨询、典型案例分析和定量分析等方法，遴选出基因测序技术、基因组编辑技术、合成生物学、基因治疗技术、干细胞治疗技术、免疫细胞治疗技术、类脑智能等 7 个主要研究方向，对相关颠覆性技术演变发展进程和动力机制与规律等进行介绍和阐述，对其正在和将要产生的颠覆性影响进行分析和预测，对国内外相关规划部署、政策环境和创新治理等进行比较研究，并对我国相关颠覆性技术的发展和治理提出了一系列意见建议，为有关部门孕育、捕捉、牵引、推动和保障颠覆性技术的健康发展提供参考。

第1章"颠覆性技术识别方法分析及探索"，从颠覆性技术概念内涵的认知差异出发，辨析颠覆性技术与新兴技术、突破性技术和前沿技术在含义特性和理论渊源上的共性及差异，阐明开展颠覆性技术识别活动的重要意义，梳理颠覆性技术识别方法及典型案例，归纳总结不同方法的特性和适用性等。在此基础上，研究提出了识别与评估颠覆性技术的指标体系和方法，并在生命科学领域开展实证研究，凝练出若干典型颠覆性技术。

第2章以"基因测序技术"为专题，回顾基因测序技术的三次重大变革，论述三代基因测序技术的发展历程和特点，重点分析其未来发展趋势和颠覆性影响。基因测序技术能够快速准确获取生物遗传信息，揭示基因组的复杂性和多样性，在生命科学研究中扮演着极为重要的角色，在食品安全、生物技术产业化和医药等若干关键研发领域得到广泛应用，具有显著的经济和社会效益。同时，基因测序技术也可能在数据安全、隐私泄露与基因歧视、技术标准与数据价值等方面带来风险和问题。

　　第 3 章以"基因组编辑技术"为专题，从遗传工程领域发展历程出发，梳理三代基因组编辑技术的特征，重点分析其未来发展趋势和颠覆性影响。近年来，基因组编辑技术发展迅猛，在生命科学基础理论研究、经济物种遗传改良以及人类健康等领域得到广泛重视，其成功应用正在掀起一场颠覆性革命。同时，基因组编辑技术发展和应用中存在的一系列技术安全和伦理风险等，也正在引起社会各界的高度关注，对其前瞻性治理提出紧迫而严峻的挑战。

　　第 4 章以"合成生物学"为专题，从创建、发展、快速创新和应用转化三个阶段揭示合成生物学的发展历程，重点分析其未来发展趋势和颠覆性影响。合成生物学被称为继发现 DNA 双螺旋结构和人类基因组测序成功之后的"第三次生命科学革命"，在医药、能源、环境、农业生产等领域都具有重大应用价值和潜力，相关产品的复杂性、新颖性及其应用范围和规模正在向前所未有的深度和广度发展，对社会经济发展和产业转型产生一系列深刻的变革性影响。同时，合成生物学在生物安全、环境保护、社会伦理等方面存在的风险和挑战，也对其创新政策与监管提出了一系列紧迫任务。

　　第 5 章以"基因治疗技术"为专题，从基因治疗技术概念范畴界定和分类出发，以关键里程碑事件梳理基因治疗技术发展历程，在靶向性、安全性、适当表达性等方面阐述其未来发展趋势，重点分析其颠覆性影响。基因治疗技术利用分子生物学方法将外源正常基因导入患者体内，以纠正或补偿缺陷和异常基因引起的疾病，为多种医学领域带来了全新的治疗选择，对社会经济发展和产业转型具有颠覆性影响。而技术风险和法律伦理冲击也是其发展不可忽视的重要问题。

第6章以"干细胞治疗技术"为专题，从干细胞治疗技术概念及干细胞类型出发，通过关键里程碑事件梳理干细胞治疗技术发展历程，阐述干细胞内源性修复和移植疗法等重点领域，分析其发展趋势和颠覆性影响。干细胞治疗技术是对功能损伤或缺失的组织器官进行修复或再生，使其具备正常组织和器官的结构和功能，实现真正意义上的"治愈"，其不断发展成熟标志着医学将步入"重建、再生、制造"的新时代。同时，干细胞治疗技术也面临着安全性、有效性和伦理等方面的问题，对其临床转化高质量规范化发展提出了挑战。

第7章以"免疫细胞治疗技术"为专题，从非特异性免疫到无差别化特异性免疫，再到差别化特异性免疫梳理免疫细胞治疗技术的发展历程及特点，重点分析其未来发展趋势和颠覆性影响。免疫细胞治疗是当前免疫治疗研发的重点方向，正从临床研究迈向产业化，已在血液肿瘤治疗上取得重大成功，在乳腺癌、肝癌等实体瘤的临床治疗上也展现出巨大潜力。同时，为促使免疫细胞治疗技术和产业健康有序发展，加强安全风险管控也是必然要求。

第8章以"类脑智能"为专题，从认知科学中类脑智能研究的萌芽、计算神经科学中类脑智能的早期探索、人工智能中的神经网络研究阐述类脑智能的发展历程，重点分析其未来发展趋势和颠覆性影响。类脑智能的发展得益于信息技术与智能技术的推动，反过来脑与神经科学也将启发下一代信息技术与智能技术的变革。类脑智能的应用领域比传统的人工智能更为广泛，将对社会经济发展、产业转型变革和人类社会生活产生更加深刻的颠覆性影响。

第9章着重研究颠覆性技术创新的前瞻性治理问题，从论述颠覆性技术前瞻性治理的前瞻性与动态性、系统性和多元性出发，梳理前瞻性治理的核心研究框架和程序，既提出了创新、培育、孵化和应用颠覆性技术的促进保障要素，又强调了针对技术发展不确定性和潜在风险的引导监管措施，旨在以前瞻视角建立长期良性互动且令人信赖的颠覆性技术创新治理体系，促进颠覆性技术和相关产业与社会领域的健康可持续发展。

颠覆性技术创新及其治理研究是一项跨学科、跨领域的工作。本书的研究工作在中国科学院发展规划局的支持下，由中国科学院文献情报中心、中国科学院上海生命科学信息中心联合组织开展。在研究过程中，研究团队多次召开专题报告会和研讨会，咨询来自政府、科研机构、高校和相关咨询机构的有关专家，听取并吸纳他们的意见和建议。在此，谨向这些为本书研究工作提供热情支持、指导和帮助的专家学者致以深深的敬意和衷心的感谢。他们是：中国科学院分子细胞科学卓越创新中心王恩多院士、上海交通大学基础医学院李斌教授、上海市生物医药科技产业促进中心傅大煦主任、中国科学技术发展战略研究院产业科技发展研究所陈志研究员、中国科学院分子细胞科学卓越创新中心吴家睿研究员、中国科学院上海微系统与信息技术研究所张晓林研究员、中国科学院分子植物科学卓越创新中心王勇研究员、中国科学院脑科学与智能技术卓越创新中心杨辉研究员、中国科学院微生物研究所向华研究员、中国科学院动物研究所王皓毅研究员、中国科学院遗传与发育生物学研究所陈坤玲副研究员、中国科学院生物物理研究所宋广涛副研究员等。

# 目 录

# 第1章 颠覆性技术识别 方法分析及探索

颠覆性技术这一概念最早出自美国哈佛商学院克莱顿·克里斯滕森教授 1995 年出版的《颠覆性技术的机遇浪潮》。1997 年，克里斯滕森教授在《创新者的困境：当新技术使大公司破产》一书中，对这一概念进行了较为系统的阐述；2003 年，在续作《创新者正解》一书中，他又以颠覆性创新概念取代了颠覆性技术。克里斯滕森教授认为，颠覆性技术往往从低端或边缘市场切入，以简单、方便、便宜为初始阶段特征，随着性能与功能的不断改进与完善，最终取代已有技术，开辟出新市场，形成新的价值体系。

## 1.1 颠覆性技术的认知与辨析

### 1.1.1 颠覆性技术认知视角

随着科技与商业、经济学、科学管理、军事等领域相互融合与影响，颠覆性技术的内涵也在不断发生变化。目前对颠覆性技术的认知主要有两种视角。

一是市场视角。认为颠覆性技术是那些更简单、更便宜，比现有技术更可信赖和更方便的技术，通过新市场颠覆和低端颠覆两种方式，取代现有产品、服务和商业模型，产生新的价值体系。二是技术视角。认为颠覆性技术是指以技术取得重大突破或实现交叉融合为基础和前提，以该项技术为核心的产品具有颠覆性创新特征，能够催生潜力巨大的新市场，并引发产业组织管理模式、产品制造生产模式、商业运行模式等的变革。市场视角更强调技术对市场的影响作用机制，对技术本身的突破或改进关注较少；技术视角侧重技术的重大突破或交叉融合，在此基础上，兼顾技术对市场的影响（表 1-1）。

表 1-1　市场视角和技术视角下颠覆性技术认知差异对比

| 视角 | 基本认知 | 典型特征 | 发展基础 | 认知侧重 |
|---|---|---|---|---|
| 市场视角 | 往往从低端或边缘市场切入，以简单、方便、便宜为初始阶段特征，随着性能与功能的不断改进与完善，最终取代已有技术，开辟出新市场，形成新的价值体系 | 非竞争性、初始阶段的低端性、简便性；顾客价值导向性 | 低端或边缘切入，技术或产品简单、方便、便宜 | 技术或产品对市场的颠覆性影响作用机制（而技术本身可能只是很小的改进或提升） |
| 技术视角 | 以技术取得重大突破或实现交叉融合为基础和前提，以该项技术为核心的产品具有颠覆性创新特征，能够催生潜力巨大的新市场，并引发产业组织管理模式、产品制造生产模式、商业运行模式等的变革 | 技术突破性、颠覆多样性 | 技术取得重大突破或实现交叉融合 | 技术或产品自身的重大突破和性能提升 |

### 1. 市场视角

克里斯滕森的颠覆性技术概念是在商业创新背景下提出的。不少学者按照克里斯滕森的观念，紧扣创新与市场的关系这一要点进行颠覆性技术特征的研究。总体而言，市场视角下的颠覆性技术具备四个特征。

2001 年，克里斯滕森[1]提出了颠覆性技术所必须具备的五个特点：①技术简单，较差的初始功能；②从根本上讲，它是简单的、低成本的商业模式，发端于被忽略或对市场领导者没有太大金融吸引力的市场层面；③其所扎根的市场上，制度和规则的障碍很小；④当逐步的改进将颠覆性创新推向老顾客时，顾客无须改变他们的工作方式；⑤这一创新最终允许更多易受影响的、适当的、具有熟练技能的人们去从事以前必须集中由领域专家来完成的工作，而无须进行或多或少的交易。

---

〔1〕Christensen C M, Bohmer R, Kenagy J. Will disruptive innovations cure health care? Harvard Business Review, 2001, 78(5): 102-112.

　　2002 年，英国克兰菲尔德大学学者 P. Thomond 和 F. Lettice[1]则认为颠覆性技术具有破坏性且必须具备五个特征：①它的成功发端于满足新出现的或利基市场上过去所无法满足的需求；②它的绩效特征极大地取决于利基市场的顾客，但开始并未被主流市场所接受，主流市场的顾客以及竞争者看中不同的绩效特征，因此将颠覆性创新视为不够水准；③利基市场使得颠覆性创新在产品、服务和商业模式中的投资绩效不断提高，并创造出或进入新的利基市场，扩大顾客的数量；④颠覆性创新的产品、服务和商业模式知名度的增加，迫使并影响主流市场对颠覆性创新价值的理解发生变化；⑤主流市场对颠覆性创新价值理解的变化成为催化剂，促使颠覆性创新破坏并取代现有的主流产品、服务或商业模式。

　　1）非竞争性。颠覆性技术并不是与现有主流市场竞争者争夺用户，而是通过满足新的现有主流产品的"非消费者"来求得生存与发展。当发展到一定程度时，新产品的性能就会吸引现有主流市场的顾客。这种颠覆性技术不会侵犯现有主流市场，而是使顾客脱离这个主流市场，进入新的市场。

　　2）初始阶段的低端性。正是颠覆性技术的低端性，才使得它被现有主流市场的竞争者所忽略，采用颠覆性技术的新进入者才能够避开现有高端市场的激烈竞争，从而成长壮大。

　　3）简便性。简便为技术的市场扩散提供了良好的条件，让使用者变得更为广泛，并使产品的价格更加低廉，从而让更多的人能够用得起，这为颠覆性技术的发展提供了良好的市场成长条件。

　　4）顾客价值导向性。颠覆性技术的价值所在是帮助用户创造价值，以顾客价值为导向。缺少这一点，颠覆性技术就失去了存在的价值。

---

〔1〕Thomond P, Lettice F. Disruptive innovation explored//Cranfield University, Cranfield, England.Presented at: 9th IPSE International Conference on Concurrent Engineering: Research and Applications(CE2002). 2002.

## 2. 技术视角

德国弗劳恩霍夫协会认为：颠覆性技术就是指能够"改变已有规则"的技术，即那些与现有技术相比，在性能或功能上有重大突破，其未来发展将逐步取代已有技术，进而改变作战模式或作战规则的技术[1]。这是从技术视角对颠覆性技术的认知。国内外学者围绕突破和交叉融合要点认为基于技术视角的颠覆性技术具备两个主要特征。

2000 年，美国仁斯利尔理工大学学者 R. Leifer 等[2]关于颠覆性技术的相关研究表明，颠覆性技术是能带来或可能引发一个或几个方面效果的技术创新类型——一系列全新的性能特征、已知性能特征提高 5 倍或以上、产品成本大幅度削减（成本削减30%或以上）。V. Kotelnikov[3]则认为颠覆性技术是使产品、工艺或服务具有前所未有的性能特征或者具有相似的特征，但是性能有巨大提升，或者创造出新产品的技术创新。A. B. Sorescu 等[4]认为颠覆性技术是显著提升技术水平与顾客价值的一种创新。中国工程院院士孙永福等[5]提出的引发产业变革的颠覆性技术是以技术取得重大突破为基础和前提的，以该项技术为核心的产品具有颠覆性创新特征，能够催生潜力巨大的市场，并引发产业组织管理模式、产品制造生产模式、商业运行模式等的变革。

〔1〕徐晓兰. 我国要重视前沿和颠覆性技术对产业变革带来的巨大影响. http://www.sohu.com/a/127914658_465915〔2019-09-30〕.

〔2〕Leifer R, McDermott C M, O'connor G C, et al. Radical Innovation: How Mature Companies can Outsmart Upstarts. Bostonton: Harvard Business School Press, 2000.

〔3〕Kotelnikov V. Radical Innovation Versus Incremental Innovation. Boston: Harvard Business School Press, 2000.

〔4〕Sorescu A B, Chandy R K, Prabhu J C. Sources and financial consequences of radical innovation: Insights from pharmaceuticals. Journal of Marketing, 2003, 67(4): 82-102.

〔5〕孙永福，王礼恒，孙棕檀，等. 引发产业变革的颠覆性技术内涵与遴选研究. 中国工程科学，2017，19（5）：9-16.

1）技术突破性。技术产生颠覆性影响的基础是技术本身实现重大突破，或实现多类型、多场景的技术交叉融合，以此带来性能或动能的大幅度提升，进而实现产品成本的大幅度削减。

2）颠覆多样性。在技术突破的基础上，可以对市场结构、商业模型、战争规则、作战模式、科技创新路径等方面均产生颠覆性影响。此外，颠覆性技术的概念也逐步被扩展为所有能对社会文化、产业结构、作战规则和科技创新发展路径等产生重大颠覆性影响的新技术。

当前，世界主要国家非常注重颠覆性技术的研究。美国国防高级研究计划局（DARPA）将避免"技术突袭"并谋求对敌方的技术突袭作为自身宗旨，美国情报高级研究计划局（IARPA）则在机构内专设了"颠覆性技术办公室"。法国在国防部武器装备总署内设立了"探索与先期研究处"，方便科研管理、基础创新和前沿探索，以促进颠覆性技术的产生。2016 年 8 月，中国由国务院发布的《"十三五"国家科技创新规划》明确指出，要"发展引领产业变革的颠覆性技术""加强对颠覆性技术替代传统产业拐点的预判"。由此可见发展颠覆性技术的重要性和迫切性。

### 1.1.2　颠覆性技术与相关技术的辨析

除颠覆性技术外，其他类型的技术（如新兴技术、突破性技术、前沿技术等）同样对经济社会发展有着重要的作用。这几项技术与颠覆性技术有着密切的理论渊源，但是各自在含义、特性等方面存在着差别（表 1-2）。从技术含义上看，颠覆性技术是指对主流技术产生替代、对市场结构产生变革、深刻改变人们生活和工作方式的技术，强调了技术本身的替代、改变和变革效应，这是另外几种技术中未涉及的。从技术特性上看，颠覆性技术强调的是颠覆性和目的性，即存在某一对象（在位技术、在位产品或在位市场等）被颠覆，是从技术引发的结果来界定的；新兴技术和前沿技术则具有前景不明确性，未来是否能走完全生命周期仍有待验证；相反，突破性技术由于是在原有维度上的创新或障碍突破后的进步，具有一定的应用基础，所以它的出现会进一步提升应用效果，前景较为明确。从技术关系上看，这四种技术之间的联系可以用一句话描述：具有颠覆性潜力且能够走完技术成熟全过程的新兴技术、突破性技术和前沿技术有可能成为颠覆性技术。

表 1-2　颠覆性技术与新兴技术、突破性技术、前沿技术的区分

| 关键技术种类 | 技术含义 | 技术特性 |
| --- | --- | --- |
| 新兴技术 | 新出现或由原来的不清晰变得清晰和显见的技术 | 重大影响性、高度不确定性 |
| 突破性技术 | 现有维度上取得重大创新或突破原有发展障碍的技术 | 重大影响性、前景明确 |
| 前沿技术 | 高技术领域中具有前瞻性、先导性和探索性的技术 | 重大影响性、前瞻性、不确定性 |
| 颠覆性技术 | 对主流技术产生替代、对市场结构产生变革、深刻改变人们生活和工作方式的技术 | 重大影响性、颠覆性、目的性、不确定性 |

## 1.2　颠覆性技术识别进展及方法

随着颠覆性技术研究日益受到关注，国内外政府部门、研究机构、咨询公司和科研人员等纷纷开展颠覆性技术识别和预判的相关探索工作，为有效应对技术带来的对科技创新、产业结构、地缘政治空间、社会文化和战争制衡的影响提供辅助和支撑。

### 1.2.1　颠覆性技术识别的内涵及辨析

随着对颠覆性技术相关理论研究的持续深入，人们对颠覆性技术的认识也更加深刻。如何早期、准确地识别颠覆性技术已成为全球竞相关注的热点问题。各国政府、产业界和学术界也在积极投入研究力量，寻求有效识别颠覆性技术的最佳方法和路径。现有的方法探索研究大多对颠覆性技术本身的概念、特性和发展规律进行了详细的阐述，但是对颠覆性技术识别的内涵少有提及且未有统一定论。究竟什么是颠覆性技术识别，包含哪些研究类型？颠覆性技术识别与技术预见、技术预测等活动有何区别？

颠覆性技术识别需要在充分把握技术颠覆性、目的性、重大影响性等特征的基础上，利用科学的方法和手段进行识别。根据侧重点和目的的不同，颠覆性技术识别活动可以划分为两类。

第一类识别活动侧重技术的预测和发现。例如，全球知名创投研究机构 CB Insights 利用其技术市场情报平台对大量创投数据及媒体数据进行挖

掘，发现并总结出影响世界的 12 项颠覆性技术领域，并从中选出最有可能改变世界的 36 家初创企业[1]。再如，2018 年 12 月，中国工程院发布《全球工程前沿 2018》报告。报告采用论文和专利共被引聚类的方式获得文献聚类主题，并以此为基础，后续通过调查和研讨的方式确定工程研究前沿和工程开发前沿。

　　第二类识别活动侧重技术的遴选和评估。例如，中国工程院院士孙永福等[2]开展了引发产业变革的颠覆性技术遴选研究，通过跟踪主要国家和机构开展的颠覆性技术研究与预测报告，整理国内政策文件与热点词汇，并借鉴以往研究成果，梳理出与产业相关的颠覆性技术，形成技术备选清单，后续通过两轮问卷调查，从中遴选出 20 多项引发产业变革的颠覆性技术。再如，日本在 2015 年开展了第十次科学技术预见活动[3]。此次技术预见采用德尔菲法对涉及的 8 个学科、932 个科学技术课题进行调查，并对两轮调查结果串联统计分析，评估各课题的研究开发特性、实现可能性等。

　　侧重技术预测和发现的识别一般需要对技术相关数据、信息进行抽象凝练，是一个“从无到有”的识别过程；侧重技术遴选和评估的识别则基于已有技术清单开展，是一个“由多选少”的遴选过程。相对而言，侧重技术预测和发现的识别需要识别新的技术方向，与侧重技术遴选和评估的识别相比难度更高。

　　20 世纪 40 年代，由于军事和经济竞争的需要，技术预测开始兴起，并于 70 年代发展成熟。20 世纪 80 年代，随着技术、商业、社会等发展的不确定性增加，技术预见研究逐步受到关注，日益成为国际潮流。可见，在颠覆性技术及其识别研究出现以前，技术预测和技术预见活动已相继在世界主要国家广泛开展。技术预测、技术预见和颠覆性技术识别三者之间有着密切的联系，但同时各自在研究内容、研究对象、研究方法等方面又

〔1〕CB Insights. Game Changing Startups 2019. https://www. cbinsights. com/research/report/game-changing-startups-2019/〔2019-5-23〕.
〔2〕孙永福，王礼恒，孙棕檀，等. 引发产业变革的颠覆性技术内涵与遴选研究. 中国工程科学，2017，19（5）：9-16.
〔3〕七丈直弘，小笠原敦. 第 10 回科学技術予測調査（ビジョン）：国際的視点からのシナリオプランニング. 2015, 30: 882-885.

存在差别（表1-3）。通过对比研究内容可以看出，颠覆性技术识别和技术预见都强调对科学、技术和经济的长远前景和影响进行系统性调查；而技术预测则更侧重技术维度，强调在未来某段时间内，对技术发展的方向、速度等特征进行预测，较少涉及战略或政策层面的考虑。从研究对象上看，颠覆性技术识别主要关注具有阶跃式（不连续式）性能提升轨迹的技术，而技术预测和技术预见则通常关注具有连续式性能提升轨迹的技术，即持续性技术。从研究方法上看，现有颠覆性技术识别工作在很大程度上借鉴了技术预测和技术预见的常用方法，在方法使用流程方面具有较大的相似性。从实施机构上看，颠覆性技术识别和技术预测多以学术研究和产业界活动为主，技术预见则以政府行为为主。

表 1-3　颠覆性技术识别、技术预测、技术预见的区别

| 概念<br>对比 | 颠覆性技术识别 | 技术预测 | 技术预见 |
|---|---|---|---|
| 研究内容 | 利用科学的方法和手段，对可能引发对科技创新、产业结构、地缘政治空间、社会文化和战争制衡等影响的颠覆性变革技术进行识别 | 预测有用的机器、过程或者技术的未来特征（技术并非局限于硬件，也包括知识和软件） | 对科学、技术和经济的长期未来前景进行系统性调查，旨在识别战略研究的领域以及能产生最大经济和社会效益的新兴通用技术 |
| 研究对象 | 颠覆性技术（具有阶跃式性能提升轨迹的技术） | 持续性技术（具有连续式性能提升轨迹的技术） | 持续性技术（具有连续式性能提升轨迹的技术） |
| 研究方法 | 德尔菲法、多指标评估法、技术路线图法、文献计量法、模型分析法等 | 头脑风暴法、情景分析法等 | 德尔菲法、技术路线图法、文献计量法等 |
| 实施机构 | 学术界和产业界主导，兼有政府 | 产业界主导，兼有政府和学术界 | 政府主导，兼有学术界和产业界 |
| 典型案例 | 中国工程院"引发产业变革的重大颠覆性技术预测研究"；CB Insights《改变游戏规则的创业公司2019》总结了影响世界的12项颠覆性领域及36家初创企业；D. Nagy 等《定义和识别颠覆性创新》[1]；高盛总结八大颠覆性创新技术 | 埃森哲公司《技术愿景》；美国麻省理工学院《麻省理工技术评论》；世界经济论坛《年度十大新兴技术》 | 美国国家经济委员会和科技政策办公室《美国国家创新战略》；日本国家科学技术政策研究所技术预见活动（1971～2016年）；中国科学技术部面向"十三五"科技规划编制的技术预见调查与关键技术研判；中国科学院《中国未来20年技术预见》；中国工程院"中国工程科技2035发展战略研究" |

---

〔1〕Nagy D, Schuessler J, Dubinsky A.Defining and identifying disruptive innovations. Industrial Marketing Management, 2016, 57: 119-126.

### 1.2.2　颠覆性技术识别的意义

开展常态化的颠覆性技术识别活动将帮助人们持续、准确地把握技术先机，为颠覆性技术前瞻性战略布局、引导创新资源聚集、优化资源配置提供有效支撑。颠覆性技术识别活动的重要意义体现在以下三个方面。

1. 把握产业发展的突变方向，洞察未来产业竞争格局

颠覆性技术将深刻改变传统生产方式与产业结构，引发新产业形态的出现，推动产业变革。对潜在的颠覆性技术进行准确识别，将有助于洞察未来的产业竞争格局，帮助国家及时调整产业技术创新战略、规避风险、占据主流市场或创造新的市场。日本科技政策委员会（Council for Science and Technology Policy，CSTP）作为科技政策的重要协调部门，为实现对产业和社会发展具有巨大影响力的颠覆性创新，推进颠覆性技术创新计划（Impulsing Paradigm Change through Disruptive Technologies Program，ImPACT 计划），遴选并推进对日本产业和社会发展具有巨大影响力的颠覆性技术突破。2017 年，中国工程院院士孙永福等开展"引发产业变革的重大颠覆性技术预测研究"，遴选、提出和研究未来 10 年国内外正在引发产业变革的颠覆性技术，以及有共识的未来 20 年必然引发产业变革或可能引发产业变革的颠覆性技术。

2. 预先研发新型安全技术，防止未来技术突袭

世界各国都有赖以存续的技术基础。国际局势的演变历史鲜明地烙下了颠覆性技术更迭交替的印记。充分把握颠覆性技术的更迭规律，预先研发新型安全技术，将从根本上快速改变军事力量平衡，形成非常规或非对称优势的技术或技术群，防止未来技术突袭。2015 年 11 月，美国战略与国际研究中心（Center for Strategic and International Studies，CSIS）发布《国防 2045：对未来安全环境的评估以及对国防决策者的启示》报告，从人口、经济和国家力量、权力扩散、新兴技术和颠覆性技术、连通性、地缘政治 6 个方面，对未来安全环境进行了评估，遴选并列举出了 5 项新兴技术和颠覆性技术。

3.前瞻性治理颠覆性技术，应对社会发展变革性冲击

颠覆性技术从诞生到成熟应用，有自身发展的规律，同时也受到科学技术发展、应用环境社会变迁、国家战略调整、军事斗争重大变化的影响，具有不确定性。一方面要了解它带来的积极作用与影响，另一方面也必须关注它可能带来的风险与挑战。通过识别潜在的颠覆性技术，在充分认知其正面及负面影响的基础上，从发展规划、政策制度、法律规制、伦理规范等方面开展前瞻性治理，实现技术创新应用和风险管控。2013年，麦肯锡发布了《12项决定未来经济的颠覆性技术报告》。报告公布了到2025年将引领生活、商业和全球经济变革的12项颠覆性技术，同时对所述技术的影响及应对措施进行了分析和阐述。

### 1.2.3 颠覆性技术识别方法与案例

现有颠覆性技术识别在很大程度上借鉴了技术预测和技术预见的常用方法，在方法使用流程上存在较大的相似性。围绕颠覆性技术的内涵，从国家层面、机构层面和学术研究层面系统梳理国内外颠覆性技术识别的典型案例，识别方法可分为6类，包括德尔菲法、多指标分析法、技术路线图法、模型分析法、文献计量法、机器学习法。

1. 德尔菲法

德尔菲法基于专家智慧，通过问卷调查的方式征询领域专家对特定技术识别问题的意见和看法，经汇总统计后再反馈给专家，直到形成相对统一的意见和结论。利用这种反复征询的方式获得相对科学性和权威性的判断。德尔菲法是目前开展颠覆性技术识别、技术预见和技术预测的主要方法，既汇聚了专家的智慧成果，也在一定程度上避免了部分专家意见的片面性。日本、英国、美国、韩国、巴西、俄罗斯、中国等都采用德尔菲法开展了相关工作。

1971 年，日本在全世界范围内首次使用德尔菲法在国家层面进行技术预见活动，并于此后每 5 年开展一次。以 2015 年开展的日本第十次科学技术预见[1]活动为例，此次预见活动采用德尔菲法对预见涉及的 8 个学科、932 个科学技术课题进行调查，共有 4309 位科学技术和学术机构的专家参与了德尔菲调查。预见活动从技术的研究开发特征、实现可能性和对策 3 类共 9 个维度进行了调查问卷内容的设计，展开两轮德尔菲调查，并对两轮调查结果串联统计分析。

孙永福等[2]在中国工程院咨询项目"引发产业变革的重大颠覆性技术预测研究"中对传统的德尔菲法进行了部分改进，在颠覆性技术的识别过程中将德尔菲法与定性定量的方法结合起来。在项目的第一轮德尔菲调查中，专家们首先对颠覆性技术进行定性的遴选，形成了包含 165 项技术的"技术备评清单"。在第二轮德尔菲调查中，专家们按照课题组拟定的指标体系对各项颠覆性技术进行打分，最终通过汇总计算遴选颠覆性技术。

英国的技术预见活动始于 20 世纪 90 年代并延续至今，在 2010 年英国政府科学办公室发布的《技术与创新未来：英国 2020 年的增长机会》[3]报告中使用了派生的德尔菲法对 2020 年的技术发展进行了预见。该项目邀请 25 名来自科技界和商界的知名人士，以及 150 名来自私营部门和政府的顶尖学者、企业家和技术专家进行了调查和访谈，最终共识提出 53 个对英国 2020 年至关重要的潜在技术。

---

〔1〕七丈直弘，小笠原敦. 第 10 回科学技術予測調査（ビジョン）：国際的視点からのシナリオプランニング. 2015，30：882-885.

〔2〕孙永福，王礼恒，孙棕檀，等. 引发产业变革的颠覆性技术内涵与遴选研究. 中国工程科学，2017，19（5）：9-16.

〔3〕Foresight Horizon Scanning Centre. Technology and innovation futures: UK growth opportunities for the 2020s. 2010.

诸多研究和实践表明，现有颠覆性技术识别活动很大程度上依赖专家的智慧，德尔菲法在其中发挥了不可替代的作用。但德尔菲法在颠覆性技术识别中应用的有效性还存在争议：中国工程院院士徐匡迪[1]认为，在行政审批和评审制度下颠覆性技术难以实现，因为专家咨询实际上是基于专家的共识进行预测，而新想法、新技术冒尖的时候，大多数人一般都不看好甚至无法理解；中国科学院院士杨卫等[2]认为，在孕育颠覆式创新的初期，很难形成学术共识，现有评审系统不能适应基础研究领域颠覆性创新评审的需求；结合德国近十年的技术预见实践，任奔[3]认为德尔菲法并不适合在大量的议题中找出最优先的议题，因此德尔菲法对确定研究项目的影响不是很大。

因此，为了避免方法本身局限性导致的全局性不足，德尔菲法往往与其他方法，如技术路线图法、文献计量方法、指标分析方法、模型分析方法等相结合，最终形成主观判断和客观论证相结合的技术识别结论。

2. 多指标分析法

通过建立多指标的评估框架来识别颠覆性技术，并结合一定的技术实例来验证框架的有效性。多指标分析法可以分为三类：① 基于客观指标计算的定量研究方法，该类型方法中的指标多为客观定量指标，可以从现有文献资料中采集或计算得到，取值方案多样化，如科技文献、新闻媒体、产业投融资等；② 基于主观指标评估的定性研究方法，该类型方法中的指标多为主观评判指标，通常需要研究人员或分析人员在待识别技术领域具有较好的专业素养和趋势判断能力，从技术和产业等角度，

---

〔1〕徐匡迪. 中国颠覆性技术是被专家"投"没的. http://it.ittime.com.cn/news/news_27386.shtml〔2018-09-12〕.

〔2〕杨卫，郑永和，董超. 如何评审具有颠覆性创新的基础研究. 中国科学基金，2017，31（4）：313-315.

〔3〕任奔. 技术预见在德国. 世界科学，2002，（6）：41-42.

对某一特定技术或产品进行定性评判，在此基础上预测该技术或产品的潜在颠覆性；③ 基于主观指标评分的定性与定量相结合的方法，该类型方法中的指标多为主观评价指标，但这类指标的取值方案通常是专家打分，最终各指标分数通过统计加权计算进行汇总，得出技术或产品的颠覆性潜力。

三类多指标分析法在数据输入、计算分析和结果输出方面有各自的特性和差异，在方法用途上也分别有所侧重（表 1-4）。

表 1-4　三类多指标分析法对比

| 多指标分析法 | 数据输入 | 计算分析 | 结果输出 | 方法用途 |
|---|---|---|---|---|
| 基于客观指标计算的定量研究方法 | 通过采集或计算得到的纯客观数据，如专利数量、专利施引文献等 | 加权计算神经网络…… | 各项技术的颠覆性潜力分值 | 倾向于颠覆性技术的预测和发现 |
| 基于主观指标评估的定性研究方法 | 结合某项技术的现状，对该技术在各项指标下的表现进行主观分析 | 主观分析和评判 | 某项技术的颠覆性潜力 | 倾向于颠覆性技术的评估 |
| 基于主观指标评分的定性与定量相结合的方法 | 通过专家打分得到的主观定量数据，例如 0～100 分、ABCD 等级等 | 加权计算 | 各项技术的颠覆性潜力分值 | 倾向于颠覆性技术的遴选 |

### 3. 技术路线图法

技术路线图应用简洁的图形、表格、文字等形式描述技术变化的步骤或技术相关环节之间的逻辑关系，包括最终的结果和制定的过程，能够帮助使用者明确该领域的发展方向和实现目标所需的关键技术，理清产品和技术之间的关系。技术路线图具有高度概括、高度综合和前瞻性的基本特征。从经典案例来看，技术路线图的构建方法是灵活的，几乎没有固定的框架。也就是说，没有普适性的技术路线图，只有一般的原则和原理。实际应用者基于自身的实际情况和需要，根据一般性原则和原理创造性地应用路线图。

技术路线图法描绘技术发展路径和变化趋势直观简洁，被广泛用于技术识别工作中，也被很多学者视为识别颠覆性技术的有效工具。对技术路线图的构建可以用德尔菲法、引文分析法、文本挖掘法或其他方法来进行。

B. A. Vojak[1]提出了一个在制定技术路线图的过程中识别潜在颠覆性技术实体的方法。该方法名为SALIS方法，代表standards（行业标准）、architectures（架构）、linkages（各种形式的元素整合和分解）、integration（超系统中各种元素之间的联系）、substitutions（子系统内的替代）5个方面内容。该方法可从价值链的角度预测技术可能会引起的5种不同类型的颠覆性变化。

N. Uchihira[2]提出了制定并发系统技术路线图的方法。对颠覆性技术路线图的制定有参考价值，从技术的基本功能出发，寻找可以应用这些基本功能的市场，再对目标市场的延伸功能需求做进一步预测，从而发现技术的研发方向。因此，该方法可以解决某些潜在颠覆性技术目标市场不明确的问题。

技术路线图制定的过程即是技术识别的过程。技术路线图的制定需要结合产品和市场相关利益方给出技术的发展路径，这也是颠覆性技术识别的有效途径。技术路线图作为一种技术识别的工具，通常会与以专家经验为基础的德尔菲法相辅进行，同时在发掘关键技术时辅以文献计量法、模型分析法等方法。

4. 模型分析法

基于模型的分析方法一般是按照一定的理论框架和准则，通过统计等方式构建相关模型并对颠覆性技术进行评判，常用的模型包括TRIZ

〔1〕Vojak B A, Chambers F A.Roadmapping disruptive technical threats and opportunities in complex, technology-based subsystems: The SAILS methodology. Technological Forecasting & Social Change, 2004, 71(1-2): 121-139.

〔2〕Uchihira N. Future direction and roadmap of concurrent system technology. IEICE Transactions on Fundamentals of Electronics, Communications and Computer Sciences, 2007, 90(11): 2443-2448.

理论[1]、数据包络分析、突变理论[2]、趋势外推法、样本外预测方法[3]等。

J. Sun 等[4]基于对技术演化规律的理解，运用 TRIZ 理论构建模型，并基于其进化法则判断一项技术是主流技术还是相对落后的技术，并且从目前看来相对落后的技术中挖掘出那些方便使用且不贵的技术并对其未来前景进行预测，判别这种技术是否有可能发展成潜在新市场的颠覆性技术。

A. Sood 和 G. J. Tellis[5]在梳理完善技术、技术突袭和颠覆性技术概念的基础上，提出了颠覆性技术的 7 个假设：具有颠覆性潜力的技术多来自新进入企业；持续性突破的技术多来自在位企业；新进入企业的潜在颠覆性技术往往比现有技术定价要低；新进入企业的颠覆性技术破坏性要高于在位企业；如果一项新技术是持续性创新，那么来自企业或用户需求颠覆的破坏性更大；如果一项新技术是由小企业引入的，那么它的颠覆破坏性会更大；如果一项新技术的定价比在位企业低，那么它的颠覆破坏性会更高。此后，他们基

---

〔1〕TRIZ 理论为发明问题的解决理论，揭示了创造发明的内在规律和原理，着力于澄清和强调系统中存在的矛盾，其目标是完全解决矛盾，获得最终的理想解。TRIZ 包括九大经典理论体系，在颠覆性技术识别中应用较多的是系统功能理论、冲突理论、理想最终解、技术系统演化等。

〔2〕突变理论作为一种拓扑学理论，一般指初等突变理论。它以奇点理论、稳定性理论等为基础，研究系统由一种状态变化到另一种状态，是人类尝试寻找复杂系统发生与演化规律的一个理性工具，其核心特征是运用数学模型抽象来描述过程连续而结果不连续现象。

〔3〕样本外预测方法是指根据估计的模型对未来进行预测。这是对未来进行的估计，不能进行比较和验证。与样本外预测不同的是，样本内预测是根据估计的模型对已有的样本进行预测，可与样本数据进行比较和验证。

〔4〕Sun J, Gao J, Yang B, et al.Achieving disruptive innovation-forecasting potential technologies based upon technical system evolution by TRIZ//2008 4th IEEE International Conference on Management of Innovation and Technology. IEEE, 2008: 18-22.

〔5〕Sood A, Tellis G J. Demystifying disruption: A new model for understanding and predicting disruptive technologies. Marketing Science, 2011, 30(2): 339-354.

于样本外预测方法，构建关联风险模型，并从 7 类市场中选取了 36 个技术领域的数据进行检验，验证了模型具有较好的样本外预测准确性。

模型分析法在颠覆性技术识别中已有较多应用案例，充分借鉴了经济学、运筹学和数学等学科的基础理论知识，形成了相对完整的分析框架和准则，能够更加系统、客观地识别颠覆性技术。但采用模型分析法对技术进行分析时，需要研究者具备完整的领域专业知识，充分掌握技术市场现状和趋势信息，因此模型分析法对研究者的专业素养和实践技能有着较高的要求。

5. 文献计量法

科学论文、专利等科技文献记载了科学研究和技术研发活动的大量高价值信息，反映了科技成果诞生和应用的初始状态。通过对科技文献开展计量分析和挖掘，可以实现对颠覆性技术的有效识别和预测。其常用的方法包括关键词统计分析、引文分析、社会网络分析和文本挖掘等。

J. Joung 和 K. Kim[1] 从专利的摘要、发明总结、对优选方案的描述、案例和声明等字段中抽取技术关键候选词，并通过词频 – 逆文档频率（TF-IDF）方法遴选出重要关键词。在此基础上，识别重要关键词关系，通过语义处理构建相异矩阵并进行层次聚类分析，从而识别新兴技术。

A. Momeni 和 K. Rost[2] 采用定量和定性相结合的方法识别和监

〔1〕Joung J, Kim K. Monitoring emerging technologies for technology planning using technical keyword based analysis from patent data. Technological Forecasting & Social Change, 2017, 114: 281-292.

〔2〕Momeni A, Rost K. Identification and monitoring of possible disruptive technologies by patent-development paths and topic modeling. Technological Forecasting & Social Change, 2016, 104: 16-29.

测光电产业中潜在的颠覆性技术。具体地，利用前向引用节点对方法识别专利发展主路径；采用 K 核分析区分主路径上的相关专利；运用主题模型来发现隐藏在每个 K 核中的突出技术，并通过学术文献研读进行验证。

T. Jin 等[1]利用专利数据构建了大型引用关系网络，通过抽取最大主成分，并利用鲁汶（Louvain）算法进行社区识别，对每个识别出来的社区利用统计过程控制（SPC）方法进行主路径划分，最终形成多个主路径演化网络。通过对每个网络节点的中心性指标进行分析（入度中心性、出度中心性和中间中心性），发现激进式创新所存在的网络。

白光祖等[2]基于文本 SAO（主词–动词–受词）结构抽取和语义聚类方法，利用核心专利引用研究论文的知识突变来识别内部潜在颠覆性技术主题，并利用核心论文及其引文的学科知识交叉识别外部潜在颠覆性技术主题。

文献计量法应用于颠覆性技术识别兴起于 21 世纪初，与德尔菲法、技术路线图法和模型分析法相比，分析数据更容易获取，分析工具也相对成熟，具有过程简洁、结果客观的特点。但该方法也存在一定的不足：首先，尚未形成统一、认可度较高的文献计量分析框架，仍处在不同方法的探索和尝试阶段，其科学性及合理性有待加强；其次，文献计量法多专注于论文和专利数据的分析挖掘，忽略了经济、市场和产业化对技术颠覆性潜力的影响，这在一定程度上影响了颠覆性技术识别的准确性。

〔1〕Jin T, Miyazaki K, Kajikawa Y. Identification of evolutionary characteristics of emerging technologies: The case of smart grid in Japan//2016 Portland International Conference on Management of Engineering and Technology. IEEE, 2016: 649-656.

〔1〕白光祖，郑玉荣，吴新年，等. 基于文献知识关联的颠覆性技术预见方法研究与实证. 情报杂志，2017，36（9）：38-44.

6. 机器学习法

随着人工智能技术的发展和"数据驱动"理念的深化，基于机器学习的数据挖掘方法得到快速发展，通过与文献计量方法的融合及互补，逐步成为技术预见和预测的有力工具，为颠覆性技术识别带来新的问题解决思路。常用的机器学习算法包括神经网络、深度学习、支持向量机等有监督学习方法，以及潜在狄利克雷分布（LDA）主题模型、聚类等无监督学习方法。

C. Lee 等[1]提出了一种基于多专利指标和机器学习的新兴技术早期识别方法。在多专利指标定义的基础上，通过计算得到每篇专利在各指标上的分值，基于神经网络模型，预测每篇专利在今后3年、5年、10年可能的被引次数，以此评估专利价值的高低。此后，通过聚类以及技术新兴性指标计算确定新兴技术。

周源等[2]提出了一种基于主题模型的新兴技术识别预见方法。在挖掘论文与专利语义信息的基础上，将预见专家组的领域知识与判断融入机器学习过程中，提高机器学习的准确度与识别新兴技术的能力，同时，使用论文与专利每年引用率作为指标，分析技术领域下细分技术的潜在新兴模式。

何春辉[3]提出了一种基于引文分析和深度学习的新兴技术识别方法。该方法基于专利数据，提取新兴技术的特征项，开展对专利类簇新兴技术和非新兴技术类别的自动标注，形成训练集和测试集，采用深度信念网络和逻辑（logistic）回归模型构建基于深度学习的新兴技术识别算法。

[1] Lee C, Kwon O, Kim M, et al. Early identification of emerging technologies: A machine learning approach using multiple patent indicators.Technological Forecasting & Social Change, 2018, 127: 291-303.

[2]周源，刘宇飞，薛澜.一种基于机器学习的新兴技术识别方法：以机器人技术为例.情报学报，2018，37（9）939-955.

[3]何春辉.基于引文分析和深度学习的新兴技术识别算法研究.湘潭大学硕士学位论文，2017.

算力提升和算法改良为机器学习在技术预见和预测中的应用提供了基础保障。与传统文献计量方法相比，机器学习法能够处理全领域海量数据，深度挖掘技术信息，发现数据中潜藏的特征和模式，预测技术未来的发展潜力与演变方向，分析结果更具广度和深度。但同时也应注意以下问题：首先，现有研究更多关注机器学习算法的改进和使用，对颠覆性技术和新兴技术反映在客观数据上的特征定义和提取研究较少；其次，与文献计量方法类似，机器学习法应用于颠覆性技术识别仍处于尝试和探索阶段，未形成统一、认可度较高的分析框架，且分析数据多以论文、专利等科技文献数据为主，适用于以技术推动为驱动力的颠覆性技术识别，无法识别以需求拉动为驱动力的颠覆性技术。

7. 颠覆性技术识别方法总结与对比

本书在系统梳理国家层面、机构层面和学术研究层面国内外典型实践案例的基础上，从概述、类型、关键指标、实施机构、优势和不足等方面对 6 类颠覆性技术识别方法进行总结和对比分析，详情如表 1-5 所示。

从方法类型上看，德尔菲法、技术路线图法和模型分析法均以定性分析为主，文献计量法、机器学习法则以定量分析为主，而多指标分析法包括主观指标评估评分和客观指标计算，因此兼具定性和定量分析。

从方法关键指标上看，技术突破性和重要性是 6 类方法共同关注的指标，德尔菲法、多指标分析法、技术路线图法和模型分析法均关注了技术对现有产品的替代性（产品替代性），以及对市场的广泛影响性（市场广泛性）。德尔菲法和多指标分析法也将技术不连续性、技术实现预期纳入考虑，此外多指标分析法也关注了技术复杂性和可见性。模型分析法则将技术组成作为重要的分析指标。

从实施机构上看，德尔菲法、多指标分析法和技术路线图法的主要实施者是政府及相关机构，其中也有少部分学术界和产业界的参与。模型分析法、文献计量法和机器学习法则是以学术界为主要实施者。

从方法的优势和不足上看，每种颠覆性技术识别方法都有其适用场景和缺陷。因此，面对不同的研究需求，需要选择对应类型的研究方法，或通过多类型方法的组合实现优势互补。

表 1-5　各类颠覆性技术识别方法总结与对比

| 方法类别 | 德尔菲法 | 多指标分析法 | 技术路线图法 | 模型分析法 | 文献计量法 | 机器学习法 |
|---|---|---|---|---|---|---|
| 概述 | 借助问卷调查或访谈的方式向领域专家进行多轮征询，以获得对技术颠覆性较为科学和权威的判断 | 基于颠覆性技术特性，构建多指标的评估框架，通过计算排序或专业分析，识别颠覆性技术 | 运用文字、图形和表格等形式描绘技术发展变化趋势，从路线图中识别中识别具有颠覆性特征的技术 | 按照一定的理论框架和准则，通过方式构建相关模型，对颠覆性技术进行评估和判断 | 基于科技文献数据，利用文献计量、文本挖掘和网络分析等手段从中挖掘潜在的颠覆性技术 | 利用机器学习算法及模型从海量数据中挖掘、预测潜在的颠覆性技术。其常用算法包括深度学习、神经网络、LDA 主题模型等 |
| 类型 | 定性分析为主 | 定性和定量分析 | 定性分析为主 | 定性分析为主 | 定量分析为主 | 定量分析为主 |
| 关键指标 | 技术突破性、技术不确定性、技术连续性、产品替代性、市场广泛性、产业变革性、技术实现预期 | 技术突破性、技术复杂性、技术可见性、技术替代性、产品替代性、产业变性、产业变革、技术实现预期 | 技术突破性、产品替代性、产业变革性、技术实现预期、市场广泛性 | 技术组成、技术重要性、技术突破性、产品替代性、市场广泛性 | 技术突破性、技术重要性 | 技术突破性、技术重要性 |
| 实施机构 | 政府及相关机构 | 政府及相关机构、学术界 | 政府及相关机构、产业界、学术界 | 学术界 | 学术界、产业界 | 学术界 |
| 优势 | 凝聚专家智慧，识别结果具有较强的科学性和权威性 | 多维度指标可以对技术进行全面评估，科学性和客观性较强 | 明确技术发展方向和实现目标所需条件，理清产品和技术之间的关系 | 借鉴经济学、运筹学和数学等学科的基础理论知识，形成相对完整的分析框架和准则，更加客观地识别颠覆性技术 | 科技文献反映了技术的诞生阶段，适用于萌芽早期颠覆性的预测和发现，数据易于获取，分析方法相对成熟 | 可处理全领域海量数据，发现数据中潜藏的特征和模式，预测技术未来的发展潜力与演变方向，分析结果更具广度和深度 |
| 不足 | 受专家主观认识影响较大，对新技术、新想法出现的初期，难以形成专家共识，遗漏部分潜在的颠覆性技术 | 部分指标依然需要专家进行打分，对方法的客观性造成一定影响 | 颠覆性技术发展轨迹呈现非连续性特征，而技术路线图偏向于持续性技术的预见 | 对研究者的专业素养和实践技能有着较高的要求，可操作性较差 | 分析方法的科学性待进一步加强，要关注技术突破性和替代性，重要性，缺少对产品和市场颠覆性的评估 | 对颠覆性技术反映在客观数据上的特征定义和提取方法不明确，分析颠覆性的科学性有待进一步加强 |

## 1.3　颠覆性技术识别方法研究

现有的颠覆性技术识别方法中，德尔菲法、技术路线图法、模型分析法对实现颠覆性技术识别较为侧重定性分析，依赖专家智慧，存在识别结果可解释性弱、识别结果验证成本高的问题；而多指标分析法、文献计量法和机器学习法较为侧重定量分析，通过显性定义颠覆性技术的特征指标并获取数据开展计算的方式达到识别的目的，具有可解释性强、可重复性高以及操作成本低的优势。出于颠覆性技术识别客观性和可解释性的考虑，本节融合多指标分析法和文献计量法，基于计量学理论，探索了一系列文献计量指标和技术发展影响力指标，提出了一套颠覆性技术识别的量化多指标体系，并应用于生命科学领域的颠覆性技术的识别。

本节提出的方法在现阶段将侧重技术的遴选和评估。其原因在于，生命科学领域产业界和学术界的权威机构近年来已发布一系列颠覆性技术清单和前沿技术清单。这些技术均存在一定的颠覆性潜力，但是其颠覆性潜力孰强孰弱尚无判断依据或标准。面向判断这些技术颠覆性相对潜力的需求，我们提出一套新的量化多指标体系，以此作为颠覆性潜力判断标准。因此，在现阶段提出的量化多指标体系更侧重技术的遴选和评估，是一套颠覆性技术潜力评估指标体系。该方法适用于对现有技术的颠覆性潜力进行评估分析，尚无法识别新的颠覆性技术方向。下一步，我们将侧重技术预测和发现的颠覆性技术识别方法的研究并开展方法应用。

### 1.3.1　技术颠覆性潜力评估指标体系构建

颠覆性技术是对主流技术产生替代、对市场结构产生变革、深刻改变人们生活和工作方式的技术，即颠覆性技术具有"技术突破性"、"产业变革性"和"市场广泛性"的特征。

针对这 3 个特征，我们考虑 4 个指标评估维度反映技术颠覆性潜力：针对"技术突破性"，采用反映技术基础研究状况的研究储备度（foundation of academic research）和反映技术研发状况的技术成熟度（maturity of technology）维度来表征；针对"产业变革性"，采用反映技术应用现状的产业实践度（practice of industry）来表征；针对"市场广泛性"，采用反映技术被关注广泛性的公众关注度（attention of public）来表征。提取 4 个分析维度英文名称的首字母，将该指标体系命名为"FMPA 技术颠覆性潜力评估指标体系"（简称 FMPA 指标体系）。

FMPA 技术颠覆性潜力评估指标体系的研究储备度、技术成熟度、产业实践度和公众关注度 4 个评估维度通过一系列文献计量指标、技术应用指标和公众舆情指标等进行表征

"研究储备度"主要用于反映技术相关的基础研究开展情况，采用文献计量学领域的 6 个科学论文类指标来反映；"技术成熟度"主要用于揭示技术研发的受关注程度和发展程度，采用 11 个技术专利类指标来表征；"产业实践度"主要用于反映技术在产业界的落地实践情况，选取 2 个初创企业类指标反映；"公众关注度"主要用于反映社会公众对于技术的关注程度，选取 6 个公众舆情类指标表征。FMPA 指标体系总共包括 4 个主要评估维度及其 25 个细分原子指标，如表 1-6 所示。

表 1-6　FMPA 指标体系评估维度

| 评估维度 | 维度说明 | 原子指标 |
|---|---|---|
| 研究储备度 | 反映技术在基础研究方面的产出趋势和影响力水平 | 科学引文索引（SCI）论文平均增长率 |
| | | 论文篇均被引量 |
| | | 科学研究跨国合作度均值 |
| | | 近 5 年 SCI 论文产出占比 |
| | | 中文论文平均增长率 |
| | | 近 5 年中文论文产出占比 |
| 技术成熟度 | 表征技术的发展趋势、技术人才和机构规模、技术布局范围、技术影响力、转移转化情况和成熟水平 | 专利布局平均增长率 |
| | | 近 5 年专利布局数量占比 |
| | | 专利权人平均增长率 |
| | | 专利权人近 5 年数量占比 |
| | | 专利发明人平均增长率 |
| | | 专利发明人近 5 年数量占比 |
| | | 企业专利权人类型比 |
| | | 平均专利家族大小 |
| | | 平均被引频次 |
| | | 平均运营频次（专利转移转化率） |
| | | 技术成熟系数 |

续表

| 评估维度 | 维度说明 | 原子指标 |
|---|---|---|
| 产业实践度 | 反映产业界对技术的实践程度 | 初创公司数量平均增长率 |
| | | 近 5 年成立公司数量占比 |
| 公众关注度 | 反映公众对技术的关注程度 | 微信关注热度（微信文章数量） |
| | | 微博关注热度（微博数量） |
| | | 博客关注热度（在线博文数量） |
| | | 在线报刊关注热度（在线报刊文章数量） |
| | | 新闻网站关注热度（新闻数量） |
| | | 在线论坛关注热度（在线讨论帖子数量） |

1. 研究储备度评估维度

研究储备度评估维度表征技术在基础研究方面的产出趋势和影响力水平，参考经济合作与发展组织（OECD）出版的《文献计量学指标与研究系统：方法与案例的分析》（*Bibliometric Indicators and Analysis of Research Systems: Methods and Examples*）中的科学计量学指标[1]，该维度综合考虑国内外研究储备情况，使用全球核心论文发表情况以及国内研究论文发表情况两类评估指标。

SCI 论文是学术界认可的相对高水平的研究论文的代表，因此选用 SCI 论文的发表情况代表全球核心论文发表情况。如表 1-7 所示，全球核心论文发表情况通过 SCI 论文平均增长率、近 5 年 SCI 论文产出占比、论文篇均被引量、科学研究跨国合作度均值 4 个原子指标反映。

表 1-7　研究储备度评估维度说明

| 评估维度 | 一级评估指标 | 原子指标 | 原子指标描述 | 指标内涵 |
|---|---|---|---|---|
| 研究储备度 | 全球核心论文发表情况 | SCI 论文平均增长率 | 逐年发表 SCI 论文增长率均值 | 反映基础研究成果的产出趋势 |
| | | 近 5 年 SCI 论文产出占比 | 近 5 年发表的论文数量所占比例 | |
| | | 论文篇均被引量 | 技术相关论文的平均被引量 | 反映基础研究影响力 |
| | | 科学研究跨国合作度均值 | 技术相关论文跨国合作的比例 | |

〔1〕Okubo Y. Bibliometric Indicators and Analysis of Research Systems: Methods and Examples. Paris: OECD Publishing, 1997: 24-31.

| 评估维度 | 一级评估指标 | 原子指标 | 原子指标描述 | 指标内涵 |
|---|---|---|---|---|
| 研究储备度 | 国内研究论文发表情况 | 中文论文平均增长率 | 逐年发表中文论文增长率均值 | 反映国内基础研究成果的产出趋势 |
| | | 近5年中文论文产出占比 | 近5年发表的中文论文数量所占比例 | |

SCI 论文平均增长率、近 5 年 SCI 论文产出占比指标用于反映技术相关的基础研究成果产出趋势。SCI 论文平均增长率越高，表示技术相关的基础研究越受到科研人员重视；由于 SCI 论文平均增长率指标不能反映技术在最近几年的研究热度，因此增设近 5 年 SCI 论文产出占比指标。近 5 年 SCI 论文产出占比越高，表示技术相关基础研究在近几年的研究热度越高。论文篇均被引量、科学研究跨国合作度均值指标用于反映技术的影响力水平。技术相关论文的平均被引量越高、跨国合作比例越高，表示基础研究的水平越高，技术的影响力也越大。

国内研究论文发表情况通过中文论文增长率反映，用于反映技术在国内的基础研究成果产出趋势；同时，为反映近年来国内研究的热度，增设近 5 年中文论文产出占比指标。中文论文平均增长率和近 5 年中文论文产出占比数值越高，表示技术相关的基础研究在国内重视程度越高，产出有影响力的成果的可能性越大。

2. 技术成熟度评估维度

技术成熟度评估维度表征技术的发展趋势、技术人才和机构规模、技术布局范围、技术影响力、转移转化情况和成熟水平。专利文献是技术情报的载体，因此该指标通过全球专利布局情况来反映。

基于客观有效反映目标技术发展趋势、技术研发机构和人才储备、技术布局范围、技术影响力、转移转化情况和成熟水平的原则，参考近年来国内外学者在颠覆性技术识别与预测研究中应用到的专利指标[1~2]，选

〔1〕Buchanan B, Corken R. A Toolkit for the Systematic Analysis of Patent Data to Assess A Potentially Disruptive Technology. London: Intellectual Property Office United Kingdom, 2010: 1-16.

〔2〕栾春娟，程昉. 技术的市场潜力测度与预测——基于技术颠覆潜力与技术成熟度综合指标. 科学学研究，2016，34（12）：1761-1768，1861.

取的专利布局指标包括专利布局平均增长率、专利权人平均增长率、专利发明人平均增长率、企业专利权人类型比、平均专利家族大小、平均被引频次、平均运营频次（专利转移转化率）、技术成熟系数；同时，为反映近年来技术发展趋势、技术机构及人才涌现情况，增设近 5 年专利布局数量占比、专利权人近 5 年数量占比、专利发明人近 5 年数量占比指标。合计 11 个原子指标。如表 1-8 所示。

表 1-8　技术成熟度评估维度说明

| 评估维度 | 一级评估指标 | 原子指标 | 原子指标描述 | 指标内涵 |
|---|---|---|---|---|
| 技术成熟度 | 全球专利布局情况 | 专利布局平均增长率 | 逐年申请专利增长率均值 | 反映技术的发展趋势 |
| | | 近 5 年专利布局数量占比 | 近 5 年申请的专利数量所占比例 | |
| | | 专利权人平均增长率 | 专利权人数量增长率均值 | 反映技术相关人才和机构规模 |
| | | 专利权人近 5 年数量占比 | 近 5 年专利权人数量所占比例 | |
| | | 专利发明人平均增长率 | 专利发明人数量增长率均值 | |
| | | 专利发明人近 5 年数量占比 | 近 5 年专利发明人数量所占比例 | |
| | | 企业专利权人类型比 | 申请的专利中，企业作为专利权人的专利所占比例 | |
| | | 平均专利家族大小 | 申请专利的专利家族平均成员数 | 反映技术布局范围 |
| | | 平均被引频次 | 技术相关专利的平均被引量 | 反映技术影响力 |
| | | 平均运营频次（专利转移转化率） | 技术相关专利的平均转让、许可、质押次数 | 反映技术转移转化情况 |
| | | 技术成熟系数 | 发明专利数与发明专利和实用新型专利数量之和的比值 | 反映技术成熟水平 |

专利布局平均增长率和近 5 年专利布局数量占比指标用于反映技术的发展趋势。其指标数值越高，表示技术研发热度越高。

专利权人平均增长率、专利权人近 5 年数量占比、专利发明人平均增长率、专利发明人近 5 年数量占比、企业专利权人类型比用于反映技术相关人才和机构规模。其数值越大，表示技术相关人才和机构规模的增长幅度越明显、企业参与技术研发的比例越高。

平均专利家族大小用于反映技术布局范围。其数值越大，表示技术布局国家数量越多，在全球范围内受到重视的程度也越高。

平均被引频次用于反映技术影响力。其数值越高，表示技术影响力越大。

平均运营频次用于反映技术转移转化情况。其数值越大，表示技术转移转化越频繁、应用潜力越大。

技术成熟系数[1]用于反映技术成熟水平。其数值越高，表示技术越成熟。

3. 产业实践度评估维度

产业实践评估维度表征产业界对技术的实践程度，通过国内技术相关企业和机构创立情况来反映。

如表 1-9 所示，国内技术相关企业和机构创立情况通过初创公司数量平均增长率原子指标来揭示；同时，为反映近年来国内初创公司的创立情况，增设近 5 年成立公司数量占比指标。指标数值越高，表示国内创建相关企业和机构的积极性越高，也意味着技术的产业落地潜力越大。

表 1-9　产业实践度维度说明

| 评估维度 | 一级评估指标 | 原子指标 | 原子指标描述 | 指标内涵 |
|---|---|---|---|---|
| 产业实践度 | 国内技术相关企业和机构创立情况 | 初创公司数量平均增长率 | 逐年成立公司增长率均值 | 反映产业界对技术的实践程度 |
| | | 近 5 年成立公司数量占比 | 近几年国内创立的公司数量所占比例 | |

4. 公众关注度评估维度

公众关注度评估维度表征社会公众对技术的关注程度，通过国内网络舆论关注情况反映。

如表 1-10 所示，国内网络舆论关注情况通过微信关注热度、微博关注热度、博客[2]关注热度、在线报刊[3]关注热度、新闻网站[4]关注热度、在线论坛[5]关注热度共 6 个原子指标揭示，分别通过与技术相关的微信

---

[1]技术成熟系数 = 发明专利数 /（发明专利数 + 实用新型专利数）。
[2]博客包括新浪博客、网易博客等在线博客。
[3]在线报刊包括人民日报、光明日报等报纸刊物的网络在线版。
[4]新闻网站包括新浪新闻、网易新闻、腾讯新闻等新闻门户网站。
[5]在线论坛包括百度贴吧、知乎等在线论坛。

文章数量、微博数量、在线博文数量、在线报刊数量、新闻数量、在线讨论帖子数量计算。指标数值越高，表示社会公众对该技术的关注程度越高，意味着技术融入公众生活的潜力越大。

表 1-10　公众关注度维度说明

| 评估维度 | 一级评估指标 | 原子指标 | 原子指标描述 | 指标内涵 |
|---|---|---|---|---|
| 公众关注度 | 国内网络舆论关注情况 | 微信关注热度（微信文章数量） | 与技术相关的微信文章数量 | 反映公众对技术的关注程度 |
| | | 微博关注热度（微博数量） | 与技术相关的微博数量 | |
| | | 博客关注热度（在线博文数量） | 与技术相关的在线博文数量 | |
| | | 在线报刊关注热度（在线报刊文章数量） | 与技术相关的在线报刊文章数量 | |
| | | 新闻网站关注热度（新闻数量） | 与技术相关的新闻数量 | |
| | | 在线论坛关注热度（在线讨论帖子数量） | 与技术相关的在线讨论帖子数量 | |

## 1.3.2　技术颠覆性潜力计算

基于各项技术在 FMPA 指标体系中的数据表现，可进行技术颠覆性潜力得分的计算，计算公式如公式（1-1）所示。

$$分数 = \sum_{K=1}^{N} W_K * \sum_{k=1}^{n} \alpha * \frac{s_k - \text{Min}_{s_k}}{\text{Max}_{s_k} - \text{Min}_{s_k}} * w_k \qquad （1-1）$$

式中，$s_k$ 是技术第 $K$ 个评估维度下第 $k$ 个原子指标的得分；$\text{Min}_{s_k}$ 是所有待评价技术第 $K$ 个评估维度下第 $k$ 个原子指标的最小得分；$\text{Max}_{s_k}$ 是所有待评价技术第 $K$ 个评估维度下第 $k$ 个原子指标的最高得分；$W_K$ 为第 $K$ 个评估维度的权重，可根据评估维度对技术颠覆性的影响力程度赋值；$w_k$ 为第 $K$ 个评估维度下第 $k$ 个原子指标的权重，可根据原子指标对技术颠覆性的影响力程度赋值；$N$ 为评估维度的数量；$n$ 为原子指标的数量；$\alpha$ 为标准化常数，可对原子指标的数值进行标准化。

通过公式（1-1），可计算得到待评估技术的颠覆性潜力得分。根据分值的高低可判断技术的颠覆性潜力，分值较高的技术具有较大的颠覆性技术潜力。

## 1.4　生命科学领域典型颠覆性技术遴选

继信息技术之后，生命科学技术的迅猛发展引领新一轮的科技浪潮与产业革命，基础型学科的交叉会聚、跨学科技术的深度融合、颠覆性技术的突破发展正在改变科学研究新范式、疾病诊疗新模式、健康产业新业态。因此，生命科学成为前沿交叉领域的重要枢纽节点，是典型的颠覆性技术密集行业之一。

通过对生命科学领域的创新特征和趋势的总结，研究发现系统化研究成为生命现象解析的主要策略，工程化开发成为生物技术应用的主要特征，转化型研究成为生物产业发展的主要动力。目前，研究工具开发形成的驱动力和健康系统解析形成的拉动力"双核并进"，不断促进生命科学领域融合研究发展（图 1-1），而颠覆性技术为此提供了强有力的支撑。

### 1.4.1　生命科学领域典型颠覆性技术潜力分析

通过汇集麦肯锡研究院发布的《2025 年前将出现的颠覆性技术清单》、《麻省理工科技评论》（*MIT Technology Review*）发布的《全球十大突破性技术》、中国工程院发布的《引发产业变革颠覆性技术备研清单》[1]、《DARPA 生物技术研究重要关注领域、研究热点与在研项目》[2]、中国科学技术协会发布的《2018 年 60 个重大科学问题和工程技术难题》、英国《自然》

---

〔1〕孙永福，王礼恒，孙棕檀，等 . 引发产业变革的颠覆性技术内涵与遴选研究 . 中国工程科学，2017，19（5）：9-16.

〔2〕吴曙霞，蒋丽勇，刘伟，等 . DARPA 生物技术研究进展与启示 . 军事医学，2016，40（6）：451-455.

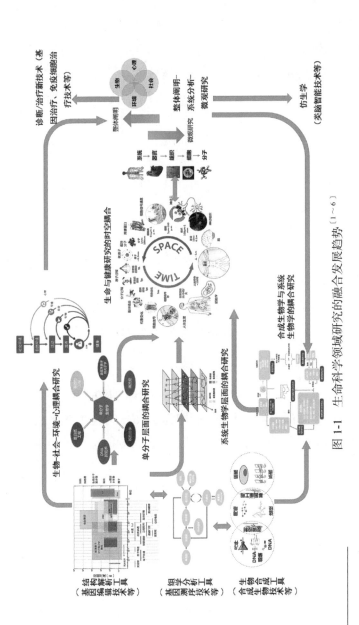

图 1-1　生命科学领域研究的融合发展趋势 [1~6]

〔1〕 Dror R O, Dirks R M, Grossman J P, et al. Biomolecular simulation: A computational microscope for molecular biology. Annual Review of Biophysics, 2012, 41: 429-452.

〔2〕 Freemont P, Kitney R. The UK synthetic biology science. Asia Pacific Biotech News, 2014, 18(5).

〔3〕 Koide T, Pang W L, Baliga N S. The role of predictive modelling in rationally re-engineering biological systems. Nature Reviews Microbiology, 2009, 7(4): 297.

〔4〕 Yugi K, Kubota H, Hatano A, et al. Trans-omics: How to reconstruct biochemical networks across multiple 'omic' layers. Trends in biotechnology, 2016, 34(4): 276-290.

〔5〕 Ha T. Single-molecule methods leap ahead. Nature Methods, 2014, 11(10): 1015.

〔6〕 Sharma V, Tripathi M, Mukherjee K J. Application of system biology tools for the design of improved chinese hamster ovary cell expression platforms. Journal of Bioprocessing & Biotechniques, 2016, 6(6): 284.

杂志发布的《有望改变 2018 年生命科学研究面貌的技术和课题》[1]等文献报道，形成生命科学领域典型技术备选清单，然后通过高重合度遴选和领域专家咨询的方法，从备选清单中遴选，得到 12 项典型技术。

12 项典型技术包含：基因组编辑技术、RNA 干扰疗法、合成生物学、微生物制药技术、基因治疗技术、基因疫苗、类脑智能、生物 3D 打印技术、免疫细胞治疗技术、微流控芯片技术、基因测序技术、荧光成像技术。

### 1. 数据来源

利用全球范围的论文和专利、中国范围内初创公司和网络舆情数据，计算 12 项典型技术基于 FMPA 指标体系的颠覆性潜力得分。

其中，论文数据来源于科学网（Web of Science，WOS）核心数据库以及中国知网综合数据库的文献资源。专利数据来源于 incoPat 专利数据库。中国范围内初创公司来源于企查查网站，检索范围为一定经营业务范围的中国企业数据[2]。网络舆情数据来源于新浪舆情通网站[3]的微信文章、微博、在线博文、在线报刊文章、新闻、在线讨论帖子等数据。

### 2. 计算说明

本次计算中，为 FMPA 指标体系的 4 个评估维度设定的权重 $W_k$ 均为 1，为研究储备度维度的原子指标设定的权重 $w_k$ 均为 1/16，为技术成熟度维度的原子指标设定的权重 $w_k$ 均为 1/11，为产业实践度维度的原子指标设定的权重 $w_k$ 均为 1/2，为公众关注度维度的原子指标设定的权重 $w_k$ 均为 1/6，并为每个原子指标的计算明确了时间区间（表 1-11）。

---

〔1〕生物谷.《自然》杂志展望 2018 年生物医学技术突破 . http://k.sina.com.cn/article_1659674142_62ec9e1e0200042p3.html〔2019-09-30〕.

〔2〕企查查网站，https://www.qichacha.com.

〔3〕新浪舆情通网站，https://www.yqt365.com.

表 1-11　权重取值及原子指标计算依据

| 评估维度 | 原子指标 | 原子指标计算依据 |
|---|---|---|
| 研究储备度 | SCI 论文平均增长率 | 2000～2017 年逐年发表 WOS 论文增长率均值 |
| | 近 5 年 SCI 论文产出占比 | 2013～2017 年发表的论文数量占 2000～2017 年发表的论文数量比例 |
| | 论文篇均被引量 | 2010 年后技术相关论文的平均被引量 |
| | 科学研究跨国合作度均值 | 2010 年后技术相关论文跨国合作的比例 |
| | 中文论文平均增长率 | 2000～2017 年逐年发表中文论文增长率均值 |
| | 近 5 年中文论文产出占比 | 2013～2017 年发表的中文论文数量占 2000～2017 年的中文论文数量的比例 |
| 技术成熟度 | 专利布局平均增长率 | 2000～2017 年逐年申请专利增长率均值 |
| | 近 5 年专利布局数量占比 | 2013～2017 年申请的专利数量占 2000～2017 年的专利申请比例 |
| | 专利权人平均增长率 | 2000～2017 年专利权人数量增长率均值 |
| | 专利权人近 5 年数量占比 | 2013～2017 年的专利申请人数量占 2000～2017 年的专利申请人总量比例 |
| | 专利发明人平均增长率 | 2000～2017 年发明人数量增长率均值 |
| | 专利发明人近 5 年数量占比 | 2013～2017 年的发明人数量占 2000～2017 年的发明人总量比例 |
| | 企业专利权人类型比 | 2010 年后申请的专利中，企业作为专利权人的专利占比 |
| | 平均专利家族大小 | 2010 年后申请专利的专利家族平均成员数 |
| | 平均被引频次 | 2010 年后技术相关专利的平均被引量 |
| 技术成熟度 | 平均运营频次（专利转移转化率） | 2010 年后技术相关专利的平均转让、许可、质押次数 |
| | 技术成熟系数 | 2010 年后发明专利数与发明专利和实用新型专利数量之和的比值 |
| 产业实践度 | 初创公司数量平均增长率 | 2000～2017 年逐年成立公司增长率均值 |
| | 近 5 年成立公司数量占比 | 2013～2017 年成立的公司数量占 2000～2017 年成立公司总量比例 |

| 评估维度 | 原子指标 | 原子指标计算依据 |
|---|---|---|
| 公众关注度 | 微信关注热度（微信文章数量） | 2018年4～7月与技术相关的微信文章数量 |
| | 微博关注热度（微博数量） | 2018年4～7月与技术相关的微博数量 |
| | 博客关注热度（在线博文数量） | 2018年4～7月与技术相关的在线博文数量 |
| | 在线报刊关注热度（在线报刊文章数量） | 2018年4～7月与技术相关的在线报刊文章数量 |
| | 新闻网站关注热度（新闻数量） | 2018年4～7月与技术相关的新闻数量 |
| | 在线论坛关注热度（在线讨论帖子数量） | 2018年4～7月与技术相关的在线讨论帖子数量 |

3.技术颠覆性潜力分析

基于FMPA指标体系分别对12项技术的颠覆性潜力进行计算，获得12项技术的颠覆性潜力分布，见图1-2。其中，气泡的大小表示技术的颠覆性潜力综合得分，气泡在横轴的位置表示技术在研究储备度与技术成熟度的得分，气泡在纵轴的位置为其在产业实践度与公众关注度的得分。表1-12列出了12项典型技术颠覆性潜力的得分情况，150分及以上的技术有7个，分别是基因组编辑技术、基因测序技术、生物3D打印技术、免疫细胞治疗技术、合成生物学、基因治疗技术、类脑智能（图1-2右上角圈出），其颠覆性潜力相对较高；150分以下的技术有5个，分别为RNA干扰疗法、荧光成像技术、基因疫苗、微生物制药技术、微流控芯片（图1-2左下角圈出），其颠覆性潜力相对较低。

从表1-12中技术颠覆性潜力排名可以看到，排名前4位的技术分别是基因组编辑技术、基因测序技术、生物3D打印技术、免疫细胞治疗技术。这4项技术分别具有最高的研究诸备度得分、公众关注度得分、产业实践度得分、技术成熟度得分。

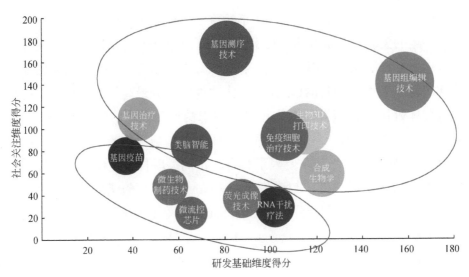

图 1-2　12 项典型技术颠覆性潜力分布

表 1-12　12 项典型技术排名与颠覆性潜力得分

| 典型技术 | 颠覆性潜力排名 | 颠覆性潜力得分 | 研究储备度排名 | 技术成熟度排名 | 产业实践度排名 | 公众关注度排名 |
|---|---|---|---|---|---|---|
| 基因组编辑技术 | 1 | 299 | 1 | 2 | 2 | 2 |
| 基因测序技术 | 2 | 253 | 6 | 7 | 7 | 1 |
| 生物 3D 打印技术 | 3 | 215 | 2 | 8 | 1 | 7 |
| 免疫细胞治疗技术 | 4 | 199 | 5 | 1 | 3 | 6 |
| 合成生物学 | 5 | 181 | 3 | 4 | 9 | 4 |
| 基因治疗技术 | 6 | 152 | 11 | 11 | 6 | 3 |
| 类脑智能 | 7 | 150 | 10 | 6 | 4 | 5 |
| RNA 干扰技术 | 8 | 131 | 4 | 3 | 11 | 11 |
| 荧光成像技术 | 9 | 124 | 7 | 5 | 10 | 10 |
| 基因疫苗 | 10 | 113 | 12 | 10 | 5 | 9 |
| 微生物制药技术 | 11 | 104 | 8 | 12 | 8 | 12 |
| 微流控芯片 | 12 | 89 | 9 | 9 | 12 | 8 |

　　颠覆性潜力排名前 4 位的技术分别在 FMPA 指标体系的 4 个评估维度中具有突出表现。基因组编辑技术在研究储备维度得分最高，与成簇规律间隔的短回文重复序列及其相关系统（clustered regularly interspaced short palindromic repeats associated Cas system，CRISPR/Cas）在细菌、古

细菌中的研究基础，2012～2013 年的重要研究发现，后续多角度的研究具有一定的关联性。基因测序技术在公众关注度中得分最高，公众关注点多为诸如基因测序的作用、种类、机构、结果分析等与其生活关系密切的具体问题。生物 3D 打印技术在产业实践度中得分最高，与其在诸如医疗模型和体外医疗器械等无生物相容性要求的产品发展、欧盟与美国较为完善的生物 3D 打印产品认证体系、欧盟与美国硬组织产品的研发、中国可降解产品的突破[1]等重要因素具有一定的关联性。免疫细胞治疗技术具有最高的技术成熟度，与诺华集团（Novartis）、朱诺治疗公司（Juno Therapeutics）、凯特制药公司（Kite Pharma）等主要研发机构在嵌合抗原受体细胞（chimeric antigen receptor T cell，CAR-T）免疫疗法研发的快速发展，以及欧盟对全球首个标准化树突状细胞（dendritic cell，DC）疫苗商业规模生产技术平台的支持[2]等重要因素具有一定的关联性。

### 1.4.2 聚焦生命科学领域典型颠覆性技术

本书在 FMPA 指标体系的颠覆性潜力分析结果基础上，结合长期对生命科学领域技术跟踪研究的积累以及专家咨询，从中遴选部分典型颠覆性技术开展后续的深度专题研究。

考虑到生物 3D 打印技术主要是材料领域的突破性进展在生命科学领域的应用，在本质和内涵上更偏重材料领域，故未将其纳入深度研究专题。另外，干细胞治疗技术虽因其应用尚有待拓展，产业化发展目前还处于起步阶段，不易为现阶段的 FMPA 方法所识别，未能列入上述 12 项典型技术，但鉴于其将使人类疾病治疗方式产生革命性变化，逐渐成为继药物和手术治疗后的第三种治疗途径，对现代医学具有革命性影响，本书将其增列为专题进行了深度研究。

生命科学领域的颠覆技术正在或将要从基因层面的"读"、"写"、"改"，到治疗层面，再延伸到仿生等多个层次对生命健康和人民福祉

---

[1] 徐弢. 生物 3D 打印的产业化机遇. 中国工业评论，2015，（5）：46-53.
[2] 苏燕，许丽，王力为，等. 免疫细胞疗法产业发展态势和发展建议. 中国生物工程杂志，2018，38（5）：104-111.

产生颠覆性影响。以基因测序技术为代表的生命数字读取方式，创建了生命科学数据系统获取与整合利用研究途径，奠定了人类认识生命的基础。以基因组编辑技术和生物合成学为代表的生命工程改造或创制技术，重塑了生物功能元件与调控器件研究途径，变革了人类改造生命的手段。以基因治疗技术、干细胞治疗技术、免疫细胞治疗技术和类脑智能为代表的仿生、再生技术，融合了人类大脑的结构和功能关系、神经—内分泌—免疫网络的认知，颠覆了人类再造生命的途径。

因此，本书的第 2 章～第 8 章将分别围绕基因测序技术、基因组编辑技术、合成生物学、基因治疗技术、干细胞治疗技术、免疫细胞治疗技术和类脑智能这 7 项典型颠覆性技术开展深度专题研究。

# 第 2 章　基因测序技术

基因测序技术能够快速准确获取生物遗传信息，揭示基因组的复杂性和多样性，在生命科学研究中扮演着极为重要的角色。随着个性化医疗与精准医疗时代的到来，作为基石技术的基因测序技术发展得更加成熟，一直受到行业的广泛关注。目前主要的基因测序技术已发展了三代。其中，以桑格测序法为代表的第一代测序技术助力首个人类基因组图谱的测定，揭开了生命数字化时代的序幕；第二代测序技术（next-generation sequencing，NGS，又称"新一代测序技术"）由于其高通量、低成本的特点，迅速实现了商业化的大规模应用，是目前最主流的基因测序技术；以单分子 DNA 测序和纳米孔测序为标志的第三代测序技术有效地解决了第二代测序技术关于读长和系统偏向性的问题，进一步推动了技术发展和商业应用。

随着第二代测序技术的产生和发展，基因测序速度不断提高，成本日益降低。据美国国立卫生研究院（National Institutes of Health，NIH）统计，自 2001 年第二代测序技术推出以来（尤其是在 2006 年开始迅速发展），DNA 测序成本从每个基因组 1 亿美元下降到 2013 年的 5000 美元。2014 年，因美纳（Illumina）公司宣布其新产品 HiSeq X Ten 基因测序仪可以实现单基因组测序成本降到 1000 美元以下。2018 年，深圳华大基因股份有限公司（以下简称华大基因）[1]在摩根大通公司健康大会上宣布其 100G 高质量个人全基因组测序的价格是 600 美元。基因测序成本呈超摩尔定律的下降趋势，使得生命科学领域可以进行更为广泛的实验研究，同时令个人基因组信息大范围受用于普通人的设想成为可能。

---

〔1〕下设华大基因生物科技（深圳）有限公司、武汉华大基因生物医学工程有限公司、深圳华大基因生物医学工程有限公司

基因测序技术的高速发展，促使临床诊断、药物、个体化治疗、农业等领域产生巨大变革，并且随着社会各界对基因组学应用行业的关注度不断升高，各领域基于基因测序应用的需求也日趋上升。

## 2.1　基因测序技术的概念与内涵及发展历程

### 2.1.1　基因测序技术的概念与内涵

基因测序是指通过测序设备对 DNA 分子的碱基排列顺序进行的测定，即测定和解读 DNA 分子中腺嘌呤（A）、胸腺嘧啶（T）、胞嘧啶（C）和鸟嘌呤（G）4 种碱基的排列顺序，从而解读 DNA 的遗传密码，为生命科学研究、临床诊断和治疗等提供指导的过程。换一种形象的说法，检测 DNA 的序列就像搞清楚一条铁链每一环的顺序一样，我们可以先将铁链按照 1 节、3 节、5 节……167 节、169 节等不同长度来顺序截断，这样根据断链的长度就可以知道断链的先后顺序，然后用同样的方法把较长的断链的顺序搞明白[1]。

从本质上来说，基因测序技术是一种将遗传信息数字化的重要手段。基因测序技术与计算机读码类似：计算机是由 0 和 1 组合编码的，通过读取这些编码，计算机能够记录世间几乎所有的信息；基因也是编码的，不过是由 A、C、T、G 这 4 个字母（四种碱基）编码的。这些编码存在于几乎所有的生物中，是大自然的产物。从微生物、植物、低等动物到人类都共用同样的编码规则[2]。如果说 DNA 是遗传信息的语言，那这 4 种碱基就是生命语言的 4 个字母，而生物的天然基因组正是用这种只有 4 个字母的语言写成的设计书（图 2-1）。基因测序工作就是破译生物的设计蓝图，继而发掘出有用的信息[3]，以达到仿生、再生、创生、永生的目的。

〔1〕箫汲. 人类基因组计划：新老大牛的交锋. http://songshuhui.net/archives/45095〔2019-09-03〕.

〔2〕陈筱歪. 基因检测那些事儿（1）针对个人的基因检测服务都测些什么？http://songshuhui.net/archives/94183〔2019-09-03〕.

〔3〕胡杨. 基因测序的"祖孙三代"，到底是个什么样？http://www.10tiao.com/html/258/201609/2651585714/1.html〔2019-09-03〕.

### 2.1.2　基因测序技术的发展历程

基因测序技术快速发展，在经历了三次重大变革之后，正在向高精度、高读长、低成本、便携式方向发展（图2-2）。1977年，美国生物化学家艾伦·马克萨姆（Alan Maxam）和沃尔特·吉尔伯特（Walter Gilbert）发明了化学降解法，英国生物化学家弗雷德里克·桑格（Frederick Sanger）提出双脱氧链终止测序法，完成了首个基因组序列（噬菌体 ΦX174）的测定，这标志着第一代测序技术的开端。2005年之后出现了以罗氏（Roche）公司的454技术、Illumina公司的Solexa技术和应用生物系统（Applied Biosystems，ABI）公司的寡核苷酸连接和检测测序（SOLiD）技术为代表的第二代测序的技术，基于边合成/连接边测序核心思想，与第一代测序技术相比增加了通量，标志着人们正式进入高通量测序（high-throughput sequencing）时代。2008年以来，以美国螺旋生物科学（Helicos BioSciences）公司的真正单分子测序技术（true single-molecule sequencing，tSMS）、美国太平洋生物科学（Pacific Biosciences，PacBio）公司单分子实时（single-molecule real-time，SMRT）测序技术和英国牛津纳米孔技术（Oxford Nanopore Technologies）公司的纳米孔单分子技术为代表的第三代测序技术应运而生，第三代测序技术省略了聚合酶链反应（polymerase chain reaction，PCR）扩增环节，且测序读长长，有效地解决了第二代测序技术读长短和系统偏向性的问题。

图 2-1　基因测序技术迈出了破解生命天书的第一步

资料来源：华盛顿大学

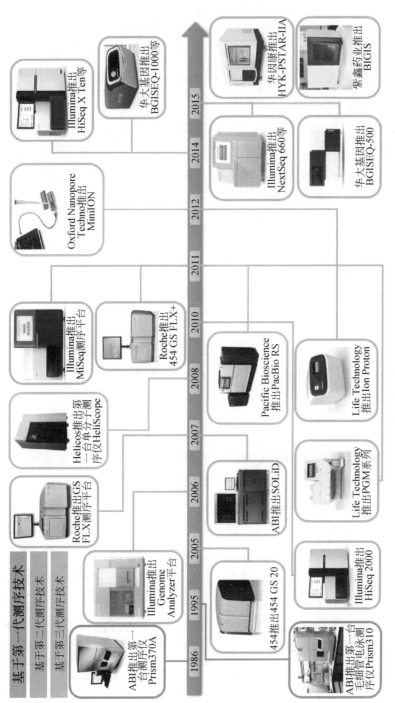

图 2-2　基因测序技术相关设备的发展历程

自第一台商用基因测序设备于 1986 年问世以来，第二代测序设备的诞生经历了 19 年，而第三代测序设备的出现只用了 3 年，说明基因测序技术的更新迭代速度在不断加快。总体来说（表 2-1），第一代测序技术主要基于桑格测序法的测序原理，结合荧光标记和毛细管阵列电泳技术来实现测序的自动化。基于此，首个人类基因组图谱的测定耗时 13 年、花费数十亿美元完成。第一代测序技术的颠覆性在于迈出了从 0 到 1 的跨越式步伐，让人们初识基因组的庐山真面目，揭开了生命数字化时代的篇章。与第一代测序技术相比，第二代测序技术在通量、准确度上都有了较大的提高，并将个人基因组测序的时间和费用分别降至 1 周以内和 1000 美元，成为商用测序的主流。第二代测序技术的颠覆性在于极大地降低了个人基因组测序的时间成本与经济成本，使得"旧时王谢堂前燕，飞入寻常百姓家"，迅速拓宽了测序技术的应用场景。第三代测序技术通过现代光学、高分子、纳米技术等独辟蹊径的手段来区分碱基信号差异以测定序列，克服了第二代设备序列读长短的问题。尽管准确率仍有待提高，但第三代测序技术能够在 24 小时内完成个人基因组的测序，费用有望降至 100 美元，而且能够对 RNA 序列进行测定，所以仍是一种颠覆性创新。

1. 第一代测序技术

基因测序技术是从 1954 年保罗·怀特菲尔德（Paul R. Whitfeld）等测定多聚核苷酸序列开始的，在随后的 30 年里相继诞生了一系列的 DNA 测序方法，包括加减法、双脱氧核苷酸末端终止法（又称双脱氧链终止法或桑格测序法）、化学降解法、荧光自动测序技术、杂交测序技术等。这些技术与方法均是在化学降解法及双脱氧核苷酸末端终止法的基础上发展起来的，人们将这些 DNA 测序技术统称为第一代 DNA 测序技术（即广义的第一代测序技术，狭义的第一代测序技术主要指沃尔特·吉尔伯特与艾伦·马克萨姆发明的化学降解法和弗雷德里克·桑格提出的双脱氧链终止法）。

最早的 DNA 测序技术包括 1975 年诞生的桑格测序法，以及 1977 年

表 2-1 三代基因测序技术特点与代表性技术平台对比

| 整体技术特点 | | | | | 代表性技术/平台 | | | | |
|---|---|---|---|---|---|---|---|---|---|
| 读长 | 成本 | 时间 | 精度 | 通量 | 名称 | 原理 | 步骤 | 优势 | 缺陷 |
| 第一代测序技术 ↑ | ↑ | ↑ | ↑ | ↓ | 桑格测序法 | 双脱氧链终止测序 | ①在 4 个 DNA 合成反应体系 [含脱氧核苷酸（dNTP）] 中分别加入一定比例带有标记的双脱氧核苷酸（ddNTP）；②凝胶电泳；③放射自显影；④根据电泳带的位置确定待测分子的 DNA 序列 | ①序列读长长，可以超过 1000 碱基对（base pair，bp）；②数据的准确率可以高达 99.99% | ①测序耗时长；②测序成本高；③测序通量低 |
| 第二代测序技术 ↓ | ↓ | ↓ | ↑ | ↑ | Illumina | 桥式 PCR+4 色荧光可逆终止+激光扫描成像 | ①DNA 文库制备：超声打断加接头；②流动池（flowcell）：吸附流动 DNA 片段；③桥式 PCR 扩增与变性；④测序：放大信号转化为光学信号 | 每次只添加一个 dNTP 的特点能够很好地解决同聚物长度的准确测量问题 | 主要测序错误来源是碱基的替换。而读长短也让其应用有所局限 |
| | | | | | Roche 454 | 油包水 PCR+4 种 dNTP 轮流合成+检测焦磷酸水解发光 | ①DNA 文库制备：喷雾打断加接头；②乳液 PCR：注水入油浊立 PCR；③焦磷酸测序：磁珠入孔，焦磷酸信号转化为光学信号 | 测序读长较短，平均可达 400bp | 无法准确测量类似于多聚腺苷酸（poly A）的情况时，测序反应会一次加入多个 T，可能导致结果不准确 |
| | | | | | Ion Torrent | 油包水 PCR+4 种 dNTP 轮流合成+微电极 pH 检测 | ①DNA 文库制备：喷雾打断加接头；②乳液 PCR：注水入油浊立 PCR；③微电极检测：磁珠入池记录 pH | 不需要昂贵的物理成像设备，成本相对较低，体积较小，整个操作更为简单，同时检测可在 2～3.5h 完成（文库构建时间除外） | 芯片的通量并不高，更适合小基因组和外显子验证的测序 |

续表

| | 整体技术特点 | | | | | 代表性技术/平台 | | | | |
|---|---|---|---|---|---|---|---|---|---|---|
| | 读长 | 成本 | 时间 | 精度 | 通量 | 名称 | 原理 | 步骤 | 优势 | 缺陷 |
| 第三代测序技术 | ↑ | ↑ | ↓ | ↓ | ↑ | Oxford Nanopore | 纳米孔+电流检测技术 | — | ①读长很长，为几十kb，甚至100kb；②数据可实时读取；③通量很高（30倍人类基因组有望在一天内完成）；④起始DNA在测序过程中不被破坏；⑤样品制备简单又便宜；⑥可直接测序RNA | 错误率目前相对较高，且是随机错误，而不是聚集在读取的两端 |
| | | | | | | PacBio SMRT | 纳米孔+荧光可逆终止dNTP技术 | — | ①SMRT技术的测序速度很快，每秒约测10个dNTP；②原始DNA不被破坏；③读长可达10kb | 错误率较高，达到15%，出错随机，需要通过多次测序来进行有效的纠错（但会增加成本） |
| | | | | | | Helicos Heliscope | 单分子荧光可逆终止技术 | ①制备：DNA打断加poly A+环磷酰胺（Cy3）；②测序：dNTP荧光可逆终止 | ①读取长度为30~35bp，每个循环的数据产出量为21~28Gb；在测序完成前，各小片段的测序进度不同，②可根据同聚信号的减弱这一特点来推测同聚物的长度；③可通过二次成形洗脱模板来推测序列以提高准确度（直接变形洗脱模板） | — |

资料来源：整理自公开资料，以及基因谷、元码基因等网站

出现的化学降解法。这种精度高、读长长的检测方法成为后续其他基因检测仪的判断标准。桑格测序法自问世后在长达 30 余年的时间里，作为第一代测序技术的标志一直统治着 DNA 测序行业。虽然第一代测序技术在此期间不断发展，时有新的技术诞生（如第二代测序技术的雏形——焦磷酸测序法、连接酶测序法等），但均未撼动其霸主地位。

　　英国生物化学家桑格因发明双脱氧链终止法而获得 1980 年的诺贝尔化学奖。在过去的 30 年里，这种测序方法获得了无数的成果，帮助人们完成了小到病毒基因组、大到人类基因组图谱的绘制工作。最早版本的第一代测序设备是 20 世纪 80 年代中期在加州理工学院的勒罗伊·胡德（Leroy Hood）实验室发明的。这一测序仪通过修改桑格测序法得以实现。利用勒罗伊·胡德实验室的技术，同位素标记法被荧光标记法取代，照相系统和计算机系统可以自动识别。ABI 公司借此推出了第一款半自动 DNA 测序仪——ABI 370。1987 年，第一台自动测序仪投入商业使用，以此为工具的人类基因组计划（Human Genome Project，HGP）于 1990 年正式启动。在随后的 20 年中，测序仪的性能得到了极大的提升。随着平板电泳分离技术被毛细管电泳所取代，并通过更高程度的并行化使得同时进行测序的样本数量增加，第一代 DNA 测序仪的测序速度与质量得到了进一步的提高。

　　桑格测序法开启了一个崭新的时代，也取得了诸多成果。以 377、MegaBACE、3730 为代表的第一代测序仪，完成了包括人类基因组计划、水稻基因组计划、人类基因组单体型图计划在内的多项重大科学研究。即便在 2006 年第二代测序技术迅速上位并占据市场之后，桑格测序法依然以其方便灵活、成本低、读长大的优势，继续为人类的科学事业做出持续而稳定的贡献。

　　第一代测序技术的优势在于：①序列读长长，可以超过 1000bp；②数据质量高，原始数据的准确率可以高达 99.99%。这些久经考验的方法可靠、准确，且已形成规模化，特别是在 PCR 产物测序、质粒和细菌人工染色体的末端测序，以及短串联重复序列（short tandem repeat，STR）基因分型方面，将继续发挥重要作用。第一代测序设备的典型代表是 ABI 3730 测序仪和 Amersham Mega-BACE，其在人类基因组计划 DNA 测序的后期阶段起到了关键的作用，加速了人类基因组计划的完成。由于其在原始数据质量以及序列读长方面具有的优势，这些测序仪目前仍在使用之中。

　　除了化学降解法与桑格测序法之外，鸟枪法测序的发明也是第一代测序技术的里程碑事件之一，极大地推进了人类基因组计划的进度。鸟枪法测序就是将整个基因组打断成很多短片段然后测序，测序后通过程序寻找互相覆盖的部分进行连接得到整个的序列结果。简单来说，类似拼图游戏（图 2-3），先将一个完整的画面（整条序列）分成杂乱无章的碎块（短片段序列），然后重新拼装复原。由于可以将目标先拆分成小粒度，然后分段得出结果，最后合并结果，与大数据中的并行计算类似，该测序方法极大地提升了测序性能[1]，也促进了后续高通量测序技术的诞生。

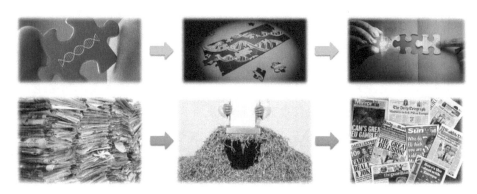

图 2-3　目标序列打散拆分与拼接还原的形象示例

## 2. 第二代测序技术

　　20 世纪 90 年代，人类基因组计划完成后，人们的研究延伸到全基因组和转录组水平，迫切要求对基因突变、甲基化、RNA 表达以及蛋白质与核酸相互作用等基因功能进行研究，愈发感觉到传统的桑格测序法无法

---

〔1〕赵钰莹. 什么是基因测序，为什么要跑在云上？http://blog.itpub.net/31077337/viewspace-2212405/〔2019-09-30〕.

满足技术的要求，尤其是速度慢、成本高和通量低成为其应用的瓶颈。至此，第一代测序技术在应用及通量上已经不能满足更高的重测序和深度测序的要求，人们进而需要自动化程度高、并行性强（通量高）、成本低、工厂化式的测序技术。

在其他相关学科与技术的支持和推动下，边合成边测序（sequencing by Syhthesis, SBS）的第二代测序技术应运而生。2005 年，454 生命科技（454 Life Technology，以下简称"454"）公司便推出了里程碑式的测序革新技术。这种技术采用乳液 PCR（emulsion PCR）和焦磷酸测序法原理，其初始版本一次运行便轻易地获得 50 倍 ABI 3730 测序仪的数据量，且其成本仅为 ABI 3730 测序的 1/6，因其数据产出是常规测序方法无法比拟的，因此也被称为高通量测序。

从技术层面上来看，Roche 公司的 454 测序系统、Illumina 公司的 Solexa 测序系统以及 ABI 公司的 SOLiD 测序系统标志着第二代测序技术诞生。这种"大规模平行测序"（massively parallel signature sequencing，MPSS），主要基于合成测序（454 和 Solexa）或者连接测序（SOLiD）。与第一代测序技术相比增加了通量，并极大地提高了测序速度，完成一个人的基因组测序只需要一周左右的时间。然而第二代测序技术在测序前要通过 PCR 手段对待测片段进行扩增，增加了测序的错误率。而且第二代测序技术产生的测序结果长度较短，需要对测序结果进行人工拼接，因此比较适合于对已知序列的基因组进行重新测序，而在对全新的基因组进行测序时还需要结合第一代测序技术。生命技术（Life Technologies）公司[1]的半导体测序仪 Ion Torrent 在半导体芯片的微孔中固定 DNA，不需激光、照相或标记，成本低、速度快，也有人称之为 2.5 代测序技术。

第二代测序技术在出现之初，并没有引起多大的轰动，主要是相对于传统的桑格测序法来说，尽管在数据量和成本上占有优势，但仅为 100bp 的读长太短，第二代测序技术在生物信息分析上并不占有优势。然而，其发展速度给人们带来了信心。16 个月后，第二代测序技术读长便达到了

---

〔1〕2008 年由美国 Applied Biosystems 公司和英杰（Invitrogen）公司合并成立，并于 2014 年被美国赛默飞世尔（Thermo Fisher）公司收购

250bp。到目前为止，Roche 公司 454 测序的读长更是达到了 1000bp 以上，足以与桑格测序法相媲美。由于其突出的优势，第二代测序市场迅速打开，各种第二代测序技术相继开发出来。其中，全球第二代测序业务早期被三大巨头——Illumina 公司、Life Technologies 公司/Thermo Fisher 公司、Roche 公司——所垄断。

在时光漫步到新千年后，桑格测序法通量低、时间长、成本高的劣势随科学界对测序需求的上升而凸显出来，大规模基因组学研究和应用遭遇了技术的羁绊。而在上述的第一代测序技术当中，有一些技术成为了第二代测序技术的基础，如焦磷酸测序法是后来 Roche 公司采用 454 技术所形成的测序方法，而连接酶测序法是后来 ABI 公司 SOLiD 技术使用的测序方法。经过不断的技术开发和改进，第二代测序技术开始诞生了。

2005 年，乔纳森·罗斯伯格（Jonathan Rothberg）创立的美国 454 公司推出了基于焦磷酸测序法的高通量基因测序系统——Genome Sequencer 20 System（454 GS 20），这如同一把利刃划破了基因组学的天空。自此，测序技术发生了翻天覆地的变化，由桑格测序法支撑起来的第一代测序技术开始将"帝王的权杖"递交给以"边合成边测序"为核心思路的第二代测序技术。

454 公司的测序仪推出后，惊动了第一代测序仪的垄断者——377、3730 等经典一代测序仪的制造商——美国 ABI 公司。该公司迅速收购了一家测序公司——Agencourt Personal Genomics（APG），并于 2007 年底推出了 SOLiD 新一代测序平台。之前从未涉足测序市场的美国 Illumina 公司也不甘示弱，在 2007 年斥资 6 亿美元收购了英国的基因测序公司——索雷克萨（Solexa）公司，推出新一代测序仪 Genome Analyzer。在第二代测序技术诞生初期，454、ABI、Illumina 三家公司呈三足鼎立之势。为了占领更广阔的市场，他们争先恐后地开展研发，不断升级设备，使得测序成本进一步降低，测序通量进一步提高，极大地推动了技术的进步。

2007 年，美国 Roche 公司以 1.5 亿美元收购了 454 公司。随着 454 公司创始人、454 测序仪发明者罗斯伯格的出走，454 测序日渐衰落。2013 年，Roche 公司宣布 454 测序已经没有进一步发展的空间，决定关闭 454 测序业务，第二代测序仪的先行者自此退出了历史的舞台。离开 454 公司的罗斯伯格则"梅开二度"，又创办了 Ion Torrent 公司，并带着他的新发明——利用半导体方法进行基因测序的技术——强势复出。与所有二代测序技术一样，Ion Torrent 技术也是利用了"边合成边测序"，只不过它捕捉的信号是来自半导体监测到的 DNA 合成时氢离子的变化。

与 454 公司的衰落相反，Illumina 公司凭借其 Hiseq 系列产品通量高、成本低的优势，从二代测序仪市场的红海中杀出，逐渐崭露出二代测序仪制造商领头羊的姿态。另一大巨头 ABI 公司则在 2008 年底与美国 Invitrogen 公司合并，将新公司命名为 Life Technologies。随后，Life Technologies 公司在 2010 年以 3.75 亿美元完成对 Ion Torrent 公司的收购，其测序业务从 SOLiD 转移到了 Ion Torrent 上，且罗斯伯格仍然担任 Ion Torrent 团队的负责人。从 2011 年起，Life Technologies 公司先后推出了 Ion PGM（Ion Personal Genome Machine）和 Ion Proton 测序仪。随着商业资本的疯狂涌入及其所带来的话语权逐步凸显，美国 Thermo Fisher 公司于 2013 年年底以 136 亿美元重磅收购 Life Technologies 公司，此举震动了整个业界。一时间，Thermo Fisher 公司成为唯一能与 Illumina 公司叫板的二代测序仪制造商。二代测序仪市场从三足鼎立演变为双雄争霸的局面。与此同时，在工业制造欠发达的中国，从来没有做过商业并购的华大基因，于 2013 年 3 月完成了对美国全基因组学（Complete Genomics，CG）公司的收购，强势进军测序市场[1]。

---

〔1〕基因便当. 测序那点事儿. http://blog.sina.com.cn/s/blog_da6397350101j459.html〔2019-09-30〕.

　　2012 年 11 月，大型国际科研合作项目"千人基因组计划"的研究人员发布了 1092 个人的基因组数据。参与这一项目的科学家用第二代测序技术完成了对世界上主要人群的基因组测序工作。第二代测序技术在大幅提高测序速度的同时，还极大地降低了测序成本，并且保持了高准确性。此前完成个人基因组的测序需要 3 年时间，而使用第二代测序技术仅需 1 周。第二代测序技术最大的价值在于极大地降低了测序的成本，使得基因测序技术普及，并开始进入普通消费者的视野。不过，第二代测序技术所引入的 PCR 过程会在一定程度上增加测序的错误率，并且具有系统偏向性，同时读长也比较短（100～150bp）。

　　高通量测序成本随着测序技术的发展逐渐降低，美国国家人类基因组研究所（National Human Genome Research Institute，NHGRI）追踪了其资助的测序中心 2001～2017 年基因测序成本变化[1]（图 2-4），其中 2001～2007 年利用的是桑格毛细管电泳测序平台（第一代测序技术），2008 年之后转为使用第二代测序平台。从统计数据（图 2-4）可以看到，2001 年 1Mb DNA 测序成本和人类基因组测序成本分别为 5292 美元和 9500 万美元，到 2017 年分别降至 0.012 美元和 1121 美元。测序成本的降低促进高通量测序技术从大型研究中心走进小型实验室，基因测序技术获得进一步推广。

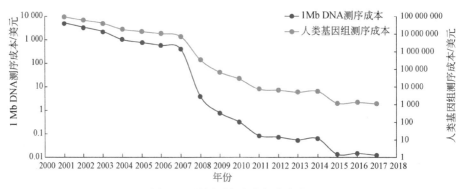

图 2-4　基因测序成本年度变化

　　〔1〕National Human Genome Research Institute.DNA Sequencing Costs: Data. https://www.genome.gov/27541954/dna-sequencing-costs-data/〔2018-04-01〕.

第二代测序技术的典型特点是：①通量高，一次运行可以产生 Gb 级数据量；②价格便宜，相对于获得的海量数据，其价格比桑格测序法低很多；③测序周期较短，在短短的几天甚至是几小时内便产出数据；④挖掘的信息多，因其采用了多通道测序，能反映丰富的物种信息，加之愈发丰富的各种数据库，能直接反映出代谢情况及信号通路等。

3. 第三代测序技术

由于第二代测序技术在测序之前都有一个 PCR 扩增的建库过程，这就可能引入外源的碱基突变，并且 PCR 过程的非均一性也会改变原始核酸的比例结构，加之第二代测序技术普遍读长较短，无关信息较多，后续生物信息分析工作复杂繁重。为了实现对一条 DNA 分子进行单独测序，并克服第二代测序技术中读长较短的缺点，以单分子 DNA 测序和纳米孔测序为标志的第三代测序技术应运而生。2008 年，蒂莫西·哈里斯（Timothy Harris）等发明了一种单分子测序（single-molecule sequencing，SMS）技术，并成功对 M13 病毒的基因组进行了重测序，因此也拉开了以单分子测序为标志的第三代测序技术帷幕。

Helicos BioSciences 公司的单分子 DNA 测序（single-molecular DNA sequencing）、Pacific Biosciences 公司的单分子实时 DNA 测序（real-time DNA sequencing）和 Oxford Nanopore Technologies 公司的单分子纳米孔 DNA 测序（single-molecule nanopore DNA sequencing）与前两代测序技术相比，最大的特点就是基于单分子水平的边合成边测序，测序过程无须进行 PCR 扩增，具备超长的序列读长。以 PacBio SMRT 技术的测序读长为例，平均达到 10 ～ 15kb，是第二代测序技术研发之初测序读长的 100 倍以上。因此，这些有别于第二代测序技术的新型测序法称之为第三代测序技术。第三代测序技术解决了错误率的问题，通过增加荧光的信号强度及提高仪器的灵敏度等方法，使测序不再需要 PCR 扩增这个环节，实现了单分子测序并继承了高通量测序的优点。

从分辨率的角度出发，如果将 DNA 比作是漆黑的夜里萤火虫发的光，那么第二代测序技术无法辨别每一只萤火虫的光，所以就把上千只萤火虫放在同一个袋子里，这样才能收集到它们的光；但第三代测序技术却可以辨别每一只萤火虫的光,而且可以同时测量很多个萤火虫的光[1]。从测序方式的角度出发,如果将基因组序列比作一碗面条的话,第二代测序技术可以一次吃很多根面条,但是需要嚼得很细,否则难以消化;第三代测序技术一次只能吃一根或几根,不过不是把面条咬断,而是一口气把面从头到尾吸进去。

第三代测序技术最大的优点在于:①不需要经 PCR 建库的过程,直接对样品中的 DNA 分子进行测序,因此能真实地反映样品中 DNA 分子比例情况;②独特的测序机理使得读长有很大的改进,目前已经突破 1000bp;③测序速度的提高使得整个运行时间逐渐缩短;④准确度高,能很好地进行 SNP 检测,以及各种突变体的筛查;⑤上样标准低,没有对上机总量的要求,因此也更易于处理样品;⑥成本更低,使得 100 美元测一个人的全基因组成为可能。目前,引领第三代测序技术的主要有通过检测标记荧光获得序列信息的 Helicos BioSciences 公司的 HeliScope 遗传分析系统和 Pacific Biosciences 公司的 SMRT 技术,以及 Oxford Nanopore Technologies 公司的纳米孔(Nanopore)测序技术等。

但是,第三代测序技术也存在一定的缺陷:①总体上单读长的错误率依然偏高,这成为限制其商业应用开展的重要原因;第三代测序技术目前的错误率在 15% ～ 40%,极大地高于第二代测序技术的错误率(低于 1%)。不过好在第三代测序技术的错误是完全随机发生的,可以靠覆盖度来纠错(但需要增加测序成本)。②第三代测序技术依赖 DNA 聚合酶的活性。③成本较高,Illumina 公司的第二代测序技术成本是每 100 万个碱基 0.05 ～ 0.15 美元,第三代测序技术的成本是每 100 万个碱基 0.33 ～ 1.00 美元。④生物信息分析软件不够丰富[2]。

## 2.2　基因测序技术的重点领域及主要发展趋势

### 2.2.1　基因测序技术发展的重点领域

高通量测序行业链条包括上游高通量测序设备和试剂耗材供应、中游高

---

〔1〕袁一雪.基因测序技术大升级.中国科学报,2017-08-11,第 3 版.

〔2〕动脉网.基因测序"摩尔定律"初现,"三代测序"要革"二代"的命? https://vcbeat.net/ZTkzOThiODI2YWY3OWViZmQ4NGY3MjY3YTdjM2I0NTk= 〔2019-09-30〕.

通量测序服务和生物信息分析服务以及下游高通量测序终端应用（表2-2）。高通量测序行业的中、上游已经形成了相对成熟的产业模式，测序设备和试剂耗材行业呈现垄断格局，测序服务本身壁垒较低，市场分布高度分散。其下游终端应用发展迅速，主要包括面向科研机构生命科学基础研究、药物研发、农业育种研究，面向个人消费级基因检测以及面向医疗卫生机构疾病诊断等。其中，用于科学研究的高通量测序业务发展由来已久，市场和商业模式相对成熟；个人消费级基因检测的市场管理不规范，市场上消费级疾病风险预估、个性特征分析产品质量参差不齐；高通量测序技术的临床应用发展最为迅猛，无创产前基因检测（noninvasive prenatal testing，NIPT）是目前应用得相对成熟的一个细分领域，而肿瘤诊断和个性化治疗的中长期应用前景广阔。

表 2-2　全球高通量测序行业链条

| 高通量测序行业链条 | 产业模式 |
| --- | --- |
| 行业上游：<br>高通量测序设备和试剂耗材 | （1）测序设备和试剂耗材行业现垄断格局<br>第二代测序代表企业 Iiiumina 和 Life Technologies 以及第三代测序代表企业 Pacific Biosciences<br>（2）DNA 提取试剂盒、捕获试剂盒 / 多重子扩增试剂盒、建库试剂盒可以使用第三方产品，但是试剂盒中的最关键的工具酶以及分离材料等技术壁垒较高<br>尖端技术掌握在美国 Kapa biosystems、Rubicon Genomics 等几家公司 |
| 行业中游：<br>高通量测序服务和生物信息分析服务 | （1）测序成本不断降低，测序服务本身壁垒较低，市场分布高度分散<br>（2）生物信息服务取决于数据计算能力和数据库建设情况<br>代表企业：英国 Congenica、美国 Ingenuity Systems、Omicia、DNANexus、荷兰 Blubee 等 |
| 行业下游：<br>高通量测序终端应用 | （1）面向科研机构生命科学基础研究、药物研发、农业育种研究<br>市场和商业模式相对成熟<br>（2）面向医疗卫生机构疾病诊断<br>相对成熟 - 无创产前基因检测（NIPT）<br>中长期应用前景广阔 - 肿瘤诊断和个性化治疗<br>其他：植入前胚胎遗传学诊断、遗传病诊断<br>致病基因检测、病原微生物检测<br>（3）面向个人消费级基因检测<br>市场管理不规范，质量参差不齐 |

资料来源：整理自公开资料

## 2.2.2　基因测序技术主要发展趋势

基因测序技术自发明以来就一直在推动分子生物学发展方面起着至关重要的作用。从早期桑格的手工测序，以及基于桑格测序法开发的第一代自动化测序仪，到目前的新三代测序平台，这一领域已经发生了巨大的变化。面向无创产前诊断和临床癌症基因组学的大规模并行测序成为前沿热点。美国所属机构在该领域的研究中长期处于领先地位，英国所属机构紧随其后。以 GS FLX 系统、Solexa 和 Hiseq 系统及 SOLiD 系统为产品代表的新一代测序关键技术日趋成熟；以 SMRT 技术、水解测序法、基于荧光共振能量传递的测序技术、基于半导体芯片的测序技术为代表的新一代测序新兴技术蓬勃发展。

随着高通量测序技术的改进、大数据处理水平的提升，高通量测序从科研应用走向临床应用，在包括 NIPT 和植入前胚胎遗传学诊断的生育健康、肿瘤诊断和个性化治疗、遗传病诊断、致病基因检测、病原微生物检测等领域获得了临床应用推广，引领分子诊断方法革新。相较于 PCR、荧光原位杂交（fluorescence *in situ* hybridization，FISH）、基因芯片技术等分子诊断技术，高通量测序技术具有通量高、准确度高的优点，且在未知的基因突变和病原微生物发现方面具有独特的优势。根据 Illumina 公司的预估，未来几年内基因测序服务市场容量有 200 亿美元，其中，肿瘤学 120 亿美元、生命科学 50 亿美元、生育和基因健康 20 亿美元、其他应用 10 亿美元。

### 2.2.3 基因测序技术的全球竞争态势

自第一代测序技术发明至今，基因测序技术相关专利申请已经累计 10 万余件。从专利申请的受理国家和地区来看，主要集中在美国、中国、日本、欧洲、韩国等国家和地区，中国受理的基因测序相关专利数量仅次于美国。目前市场上高端测序设备的输出国家主要集中在美国，而中国则是基因测序市场的需求大国[1]。

通过调研国内外测序市场的优势企业，我们发现新一代的高通量测序技术的研究开发和应用都被少数几家欧美公司所垄断，国内涉足此行业的机构多为购买国外大公司的仪器设备进行测序，具有中国自主知识产权的新一代高通量低成本测序技术系统的研发较为薄弱。通过分析还发现，

---

〔1〕智慧芽. 聚焦基因测序行业，看中美日如何专利布局？https://www.jiemian.com/article/740513.html〔2019-09-30〕.

Illumina 公司利用其核心技术优势，抢占市场先机，稳固把握了全球最大的测序仪市场份额；Life Technologies/Thermo Fisher 公司的 Ion Torrent 系统以其清晰的用户定位占据了小部分市场；Illumina 公司、Roche 公司等国际基因测序巨头凭借其技术优势，已开始将业务向下游应用延伸（图 2-5）；华大基因公司凭借其全球领先的测序服务和生物信息分析能力，通过并购形式开展测序仪研发；深圳华因康基因科技有限公司和吉林紫鑫药业股份有限公司自主研发的测序仪尚在初步推广状态，未来有望打破我国基因测序仪器及试剂耗材严重依赖进口的局面，为国内测序成本的降低提供了可靠保障，未来市场发展前景广阔（图 2-6）。

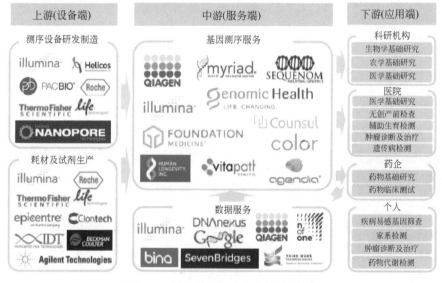

图 2-5　国外基因测序产业链图谱[1]

〔1〕艾瑞咨询. 2016 年全球二代基因测序行业投研报告. http://report.iresearch.cn/report/201605/2581.shtml〔2019-09-30〕.

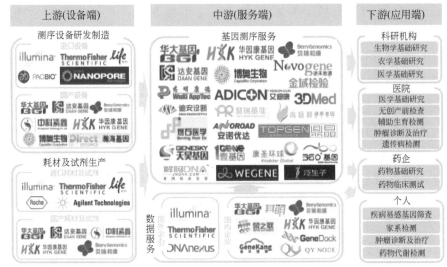

图 2-6　中国基因测序产业链图谱[1]

1.国外设备与耗材已形成寡头垄断格局,中国设备与耗材正在起步,力求采用多种方式突围

基因测序设备行业现垄断格局,第二代测序设备已发展成为基因测序市场的主流测序平台。2005 年之后的很长一段时间,测序仪市场主要由瑞士 Roche 公司、美国 Illumina 公司、美国 Life Technologies/Thermo Fisher 公司三大生产商垄断,形成"三足鼎立"格局。其代表性产品有 Roche 公司的 454 测序系统、Illumina 公司的 HiSeq 测序系统以及 ABI（Life Technologies/Thermo Fisher）公司的 SOLiD 测序系统（表 2-3）。

但随着 2013 年 Roche 公司宣布关闭 454 测序业务,测序仪市场格局发生了改变,形成了以 Illumina 公司和 Life Technologies/Thermo Fisher 公司两家美国企业为主的行业垄断格局,占据全球测序设备市场约 90% 的份额。Illumina 公司加速测序设备迭代更新,使基因测序成本大幅下降。2014 年,Illumina 公司推出 HiSeq X Ten 系统,将个人基因组测序的价格直接从 Hiseq 2000 测序系统所需的 5000 美元降到 1000 美元,实现了千元基因组目标;2017 年,该公司又推出了 NovaSeq 新型测序仪,

〔1〕艾瑞咨询.2016 年全球二代基因测序行业投研报告. http://report.iresearch.cn/report/201605/2581.shtml［2019-09-30］.

表 2-3　主要新一代测序平台性能参数

| 制造商 | 测序平台 | 平均/最大读取长度 | 最大通量（碱基数/反应） | 平均通量（碱基数/小时） | 运行时间 | 设备费用/万美元 | 特点和应用范围 |
|---|---|---|---|---|---|---|---|
| Illumina | Illumina HiSeq 2500 | 2×150bp | 120Gb | 2.3Gb | 27小时 | 84.5 | 高效、适合大规模基因组学研究 |
| | Illumina HiSeq 3000/4000 | 2×150bp | 1.5Tb | 8.3Gb | 1~3.5天 | — | 高通量、成本低、适合生产级规模的基因组学研究 |
| | Illumina MiSeq | 2×300bp | 15Gb | 50~150Mb | 1.5天 | 12.5 | 快速简约、适合靶向和小型基因组测序 |
| | Illumina NextSeq500 | 2×150bp | 100~120Gb | 130/400Mb | 12~30小时 | 25 | 功能快速简约、适合日常基因组学研究 |
| | Illumina HiSeq X Ten | 2×150bp | 1.6~1.8Tb | 25Gb | 3天 | 1000万/10台 | 高通量、低成本、适合生产级规模的人类全基因组测序 |
| Life Technologies/Thermo Fisher | SOLiD 5500 Genetic Analyzer | 2×60bp | 90Gb | 625Mb | 6天 | 34.9 | 小型到大型项目都适用，包括人类全基因组、人类外显子组、全转录组分析 |
| | SOLiD 5500xl Genetic Analyzer | 2×60bp | 180Gb | 1.5Gb | 6天 | 59.5 | |
| | SOLiD 5500 Wildfire | 2×50bp | 120Gb | — | 10天 | 7 | |
| | SOLiD 5500xl Wildfire | 2×50bp | 240Gb | — | 10天 | 7 | |
| | Life Technologies Ion PGM 314 | 200bp | 150Mb | 30~50Mb | 2.3~3.7小时 | 5 | 快速、便捷、灵活，适用于通量较低的靶向测序和微生物测序 |
| | Life Technologies Ion PGM 316 | 200bp | 850Mb | 300~600Mb | 3.0~4.9小时 | 5 | |
| | Life Technologies Ion PGM 318 | 200bp | 1.42Gb | 600Mb~1Gb | 4.4~7.3小时 | 5 | |
| | Life Technologies Ion Proton | 200bp | 10Gb | — | 2~4小时 | 15 | |

续表

| 制造商 | 测序平台 | 平均/最大读取长度 | 最大通量（碱基数/反应） | 平均通量（碱基数/小时） | 运行时间 | 设备费用/万美元 | 特点和应用范围 |
|---|---|---|---|---|---|---|---|
| Roche | 454 Life Technologies/GS Titanium FLX+ | 700bp | 700Mb | 30Mb | 23小时 | 48 | 读长长，特别适合从头拼接和宏基因组学应用，多用于新的细菌基因组 |
| Roche | 454 Life Technologies/GS Titanium XLR70 | 450bp | 450Mb | 45Mb | 10小时 | 48 | |
| Roche | 454 Life Technologies/GS Junior | 400bp | 35Mb | 3.5Mb | 10小时 | 12.4 | |
| Pacific Biosciences | PacBio RS II | >20Kb | — | — | 0.5~4小时 | 69.5 | 读长长，适用于复杂的转录分析和新基因探索，并在对其准确性评价不高（但价格高） |
| Oxford Nanopore Technologies | MinION | 约5.4Kb | — | 0.88Gb | 1分钟~48小时 | 0.1 | 小巧灵活、便捷，未来有望用于快速诊断、实时监测等 |
| Oxford Nanopore Technologies | Single PromethION Flow Cell | 230~300Kb | — | 5.33Gb | 1分钟~48小时 | 0（支付7.5万美元可用于抵扣耗材） | |

资料来源：根据公开信息整理

进一步提高了测序通量，有望将基因组测序的成本降至 100 美元。Life Technologies/Thermo Fisher 公司将测序技术重心转移至半导体测序，于 2010 年收购测序仪制造商 Ion Torrent。半导体测序技术不需要荧光、化学发光和酶级联反应，具有简单、快速、准确、灵活和低成本等显著优势。基于半导体测序技术，Life Technologies/Thermo Fisher 公司相继推出 Ion PGM、Ion Proton Systems、Ion S5 系列测序系统。

　　目前，以美国 Helicos BioSciences 公司的真正单分子测序技术、美国 Pacific Biosciences 公司的单分子实时测序技术和英国 Oxford Nanopore Technologies 公司的单分子纳米孔测序技术为代表的第三代测序平台逐渐走向成熟，逐步向市场推广。第三代测序平台在测序读长和设备便携性等方面相较第二代测序平台有了很大的进步，大量科学研究证明了其应用潜力。Pacific Biosciences 公司推出了 PacBio RS 和 Sequel 测序系统，可以在长读长测序中得到高质量的数据，成功应用于人类二倍体基因组序列测序及组装[1]以及万种脊椎动物基因组计划（G10K）和万种鸟类基因组计划（B10K）。英国 Oxford Nanopore Technologies 公司推出首台商业化的便携式纳米孔测序仪 MinION，基于 MinION 多个人类基因组的测序和组装工作已经完成[2,3]。MinION 也成功应用于国际空间站进行鼠、病毒和细胞的 DNA 测序。

　　近年来，许多国内企业看到基因测序产业的巨大市场空间，开始试水测序仪的研发和生产。中国测序技术和测序仪器的研发刚刚起步，截至 2017 年 12 月，共有 9 款国产基因测序仪获得国家食品药品监督管理总局（简称国家食药总局）[4]批准，可应用于临床（表 2-4）。测序仪研发

　　〔1〕Seo J S, Rhie A, Kim J, et al. De novo assembly and phasing of a Korean human genome. Nature, 2016, 538(7624): 243-247.

　　〔2〕Business Wire. Wellcome Trust Centre for Human Genetics and Genomics plc First to Sequence Multiple Human Genomes Using Hand-Held Nanopore Technology. http://www.businesswire. com/news/home/20161201006115/en/Wellcome-Trust-Centre-Human-Genetics-Genomics-plc〔2018-04-01〕.

　　〔3〕Jain M, Koren S, Miga K H, et al. Nanopore sequencing and assembly of a human genome with ultra-long reads. Nature Biotechnology, 2018, 36(4): 338-345.

　　〔4〕2018 年 4 月 11 日，国家机构改革，组建国家市场监督管理总局和国家药品监督管理局，不再保留国家食品药品监督管理总局。考虑到本书撰写的时间跨度，本书中仍使用国家食品药品监督管理总局这一机构名称。

前期主要依靠并购、贴牌、与国外技术领先企业合作。2013 年，华大基因收购美国 Complete Genomics 公司，此后在其核心技术和专利基础上研发推出 BGISEQ 系列测序设备。2015 年，深圳市瀚海基因生物科技有限公司继承并发展了美国 Helicos BioSciences 公司的单分子测序技术，推出 GenoCare 单分子测序仪。此外，为进一步打破我国基因测序设备严重依赖进口的局面，深圳华因康基因科技有限公司推出 HYK-PSTAR-IIA 测序系统，紫鑫药业股份有限公司与中国科学院北京基因组研究所合作开发 BIGIS 二代测序系统。这两个测序系统完全由我国自主创新研发，为国内测序成本的降低提供了可靠保障。

表 2-4　国产基因测序仪开发情况

| 公司 | 测序仪 | 获批时间 |
| --- | --- | --- |
| 武汉华大基因生物医学工程有限公司 | BGISEQ-1000<br>BGISEQ-100 | 2014 年 6 月（2018 年 1 月注销） |
| 中山大学达安基因股份有限公司 | DA8600 | 2014 年 11 月 |
| 深圳华因康基因科技有限公司 | HYK-PSTAR-IIA | 2014 年 12 月 |
| 博奥生物集团有限公司 | BioelectronSeq 4000 | 2015 年 2 月 |
| 杭州贝瑞和康基因诊断技术有限公司 | NextSeq CN500 | 2015 年 3 月 |
| 深圳华大基因生物医学工程有限公司 | BGISEQ-500 | 2016 年 10 月 |
| 安诺优达基因科技（北京）有限公司 | NextSeq 550AR | 2017 年 3 月 |
| 武汉华大智造科技有限公司 | BGISEQ-50 | 2017 年 12 月 |

2. 生物信息分析服务上升空间广阔，中国第三方测序服务增速迅猛

高通量测序行业中游测序服务，本身技术壁垒较低，发展模式主要是依靠引进先进的高通量测序设备，建设大规模的测序中心。据剑桥大学的统计数据，全球测序中心主要集中在北美、东亚和欧洲地区，其中美国、中国和英国拥有的测序仪数量遥遥领先于其他国家和地区[1]。全球三大测序中心分别是英国的桑格测序中心、美国的博德研究所（Broad Institute）

[1] 苏燕，李祯祺，徐萍. 健康大数据产业发展态势分析. 竞争情报，2017，13（3）：26-32.

和中国的华大基因。测序数据生物信息分析是高通量测序的关键环节，高通量测序所生成的原始数据并不能反映任何有价值的信息，必须进行专业的分析和解读。随着云计算、超级计算等技术的逐步成熟、基因组数据库基础设施的逐步完善，测序数据生物信息分析将成为新的市场增长点。美国知名咨询机构大视野研究（Grand View Research）公司的研究报告显示，2015 年全球高通量测序数据分析市场规模为 4.59 亿美元，到 2024 年预计将达到 20.3 亿美元[1]。基于北美地区在高通量测序数据分析领域具有实力较强的机构和企业，2015 年北美地区占测序数据分析市场份额 48%。亚太地区预计是全球市场增长最快的区域。伴随临床诊断应用可行性获得进一步证明以及政策支持利好，高通量测序数据分析市场持续发展。

　　我国是基因组测序大国，基因测序水平全球领先，全国有数百家基因测序服务公司（表 2-5），主要分布在北京、上海、广州、深圳、杭州、成都、天津等城市，其中华大基因、北京诺禾致源科技股份有限公司在测序能力和数据处理能力方面都有突出的表现。2010 年，华大基因购买了 Illumina公司的 128 台 HiSeq 2000 测序仪，成为全球测序通量最大的基因组中心。华大基因拥有深圳、香港、北京、武汉、杭州等数个大型生物信息学超级计算中心，截至 2017 年 3 月，总峰值计算能力达到 631.27T FLOPs（每秒浮点运算次数），总内存容量达到 187.76TB，总存储能力达到 88.5PB。近年来，北京诺禾致源科技股份有限公司通过引入全球领先的测序设备，不断提升测序能力，旨在建成全球最大测序服务中心，目前每年可完成 28万人次的全基因组测序，其高性能计算平台和数据中心运算能力已提升到1727T FLOPs，总内存容量 400TB，总存储能力 58.6PB，有效地支撑着生命科学研究和医疗健康两大领域对大数据分析和存储的需求。

---

　　〔1〕Grand View Research. Next Generation Sequencing(NGS)Data Dnalysis Market Analysis by Product ( Services, NGS Commercial Software, Platform OS/UI, Analytical Software, QC/pre-Processing Tools, DNA Sequencing, Protein Sequencing, RNA Sequencing Alignment Tools), by Workflow, (Primary, Secondary, Tertiary, Read Mapping, Calling, Detection, Application Specific Data Analysis, Targeted bi-Sulfite, Exome, RNA Sequencing, Whole Genome Sequencing, Chip Sequencing, Pathway Analysis), by end Use and Segment Forecasts to 2024. https://www. grandviewresearch. com/industry-analysis/next-generation-sequencing-ngs-data-analysis-market〔2019-09-30〕.

表 2-5  我国拥有测序仪企业（部分）

| 企业 | 测序平台 | 主营业务 |
|---|---|---|
| 华大基因 | HiSeq、MiSeq、Proton、Complete Genomics、PacBio | 全方位高通量测序服务、基因诊断 |
| 药明康德新药开发有限公司 | HiSeq、MiSeq、Proton、PGM、1 套 HiSeq X Ten | 科研服务、测序外包服务、药企测序服务、Affymetrix 检测芯片服务 |
| 北京诺禾致源科技股份有限公司 | HiSeq、MiSeq、2 套 HiSeq X Ten | 科研服务、农林行业测序服务、体外诊断 |
| 中山大学达安基因股份有限公司 | Proton、PGM | 无创产前诊断、地中海贫血分析 |
| 安诺优达基因科技（北京）有限公司 | Hiseq、1 套 HiSeq X Ten | 无创产前诊断、科研服务 |
| 广州市锐博生物科技有限公司 | Hiseq、Miseq、Proton、PGM | 科研服务、医学检验服务、健康筛查 |
| 上海凡迪科技有限公司 | Hiseq 2500、Proton、PGM | 产前诊断服务 |
| 上海南方基因科技有限公司 | PacBio、Hiseq、Miseq、454、PGM、SOLiD | 科研服务、个人用药基因检测、个人健康基因检测、生殖遗传健康服务 |
| 上海伯豪生物技术有限公司 | Hiseq、MiSeq、454、PGM、SOLiD、PacBio | 科研服务、疾病与健康检测服务、分子检测产品的开发和生产 |

资料来源：根据公开资料整理

相较于上游设备制造环节，中游的基因测序服务在技术门槛上相对要低一些。近几年，尽管国家卫生和计划生育委员会（简称国家卫计委）[1]和国家食品药品监督管理总局对基因测序临床应用市场加强了管理，但消费级基因测序服务企业层出不穷。目前，我国已有超过 150 家企业和机构从事基因测序相关业务（表 2-6）。国内提供基因测序服务的机构呈现逐年增多的趋势。随着测序服务机构数的增多，测序服务市场的竞争也将趋

---

[1] 2018 年 3 月，国家机构改革，组建国家卫生健康委员会和国家医疗保障局，不再保留国家卫生和计划生育委员会。考虑到本书研究的时间跨度，书中仍使用国家卫生和计划生育委员会这一机构名称。

于白热化。而整个测序服务行业的竞争加剧，在一定程度上也将驱动测序服务价格的下降。我国涉及基因测序服务的公司目前主要分布在北京、上海、广州，仅这三地的企业就已占到全国企业的 80% 以上，且这些企业大部分属初创型企业，主要提供第三方基因检测服务。

表 2-6　国内主要测序服务机构

| 地区 | 测序服务机构 |
|---|---|
| 北京 | 诺禾致源、安诺优达、贝瑞和康、圣谷同创、博奥生物、百迈客生物、康普森、嘉宝仁和、源宜基因、博森生物、圣庭集团、中美泰和、斯克尔基因、华牛生物、微旋基因、基云惠康、爱普益、迈基诺基因、量化健康、诺赛基因、毅新兴业、博恒生物、百麦华康、华生恒业、路思达、鑫诺美迪、中科紫鑫、海克维尔、瑞德百奥、英木和、溯源精微、华弈生物、奥维森、布斯坦、信诺佰世、银河基因、华诺时代、泛生子等 |
| 上海 | 药明康德、云健康、派森诺生物、晶能生物、美吉生物、宝腾生物、凡迪生物、佰真生物、南方基因、烈冰科技、生工生物、鼎晶生物、锐翌基因、欧易生物、翰宇生物、泛亚基因、尤尼曼、联合基因、吉玛生物、康成生物、赛安生物、上海敏芯、阿趣生物、博苑生物、丰核信息、生咨生物、英拜生物、凌科生物、泉脉生物、卓立生物、达迈生物、基因科技、基龙生物、源奇生物、赛优生物、希匹吉生物、吉凯基因、百世蓝、派航生物、TAAG Genetics、思路迪－埃提斯、锐翌生物、惠研生物、嘉因生物、允英医疗、虹舜生物、捷易生物、祥音生物、伯豪生物、Illumina（中国）等 |
| 深圳 | 华大基因、千年基因、博大威康、易基因、海普洛斯、裕策生物、蓝图基因、普元科技、早知道科技（WeGene）、英马诺生物、恒创基因、瑞奥康晨、华因康基因等 |
| 广州 | 达安基因、拓普基因、锐博生物、燃石科技、基迪奥生物、永诺生物、坤图生物、美格生物、金域检验、瑞科基因、赛哲生物、洪祥生物等 |
| 杭州 | 贝达药业、谷禾生物、浙江天科、中翰金诺、杭州英睿、壹基金、然钠生物、晶佰生物、联川生物、奥拓生物、艾迪康医学、迪安诊断、博圣生物等 |
| 武汉 | 菲沙基因、康圣环球、贝纳基因、生命之美、数桥科技、锦奥生物、大众源生等 |
| 苏州 | 帕诺米克生物、金唯智生物、贝斯派生物、天昊生物、苏州生物医药创新中心、凯杰生物（Qiagen）*、赛业生物等 |
| 其他 | 中宜金大（江苏宜兴）、亿康基因（江苏泰州）、所罗门兄弟医学（江苏盐城）、世和基因（江苏南京）、迪康金诺（江苏南京）、广而生物（江苏南京）、苏博生物（江苏宿迁）、锐创生物（浙江绍兴）、健海生物（河北石家庄）、盘古基因（天津）、天津生物芯片（天津）、国信凯尔（山西太原）、先导药物（四川成都）、湘雅医学检验所（湖南长沙）、博川基因（湖南长沙）等 |

　* 2020 年 3 月，赛默飞世尔公司已同意以 115 亿美元收购 Qiagen，该交易预计将在 2021 年上半年完成。

　资料来源：根据公开资料整理

### 3. 以 NIPT 等技术为代表的医疗健康应用成为主要增长点

NIPT 是基于高通量测序技术对母体外周血浆中的游离 DNA 片段进行测序的一种检测技术,是目前高通量测序技术临床应用最为成熟的一个细分领域,可以分为高通量全基因组测序和靶向区域测序两大类型。国际 NIPT 市场主要由美国西格诺(Sequenom)公司[1]、维里纳塔健康(Verinata Health)公司[2]、纳特拉(Natera)公司、美国控股实验室公司(LabCorp)以及欧洲欧陆科技集团(Eurofins)LifeCodexx 公司、阿瑞欧萨诊断(Ariosa Diagnostics)公司[3]和 Iviomics 公司占据。

从监管方面来看,美国相关公司 NIPT 实验室已获得美国病理学家学会(College of American Pathologists,CAP)和临床实验室改进修正法案(Clinical Laboratory Improvement Amendments,CLIA)认证,欧洲相关公司 NIPT 实验室已通过 ISO 15189 认证[4]。近年来,多项全球大规模人群的筛查应用验证了 NIPT 技术在染色体非整倍体(T21、T18、T13)筛查的可行性[5,6],未来有望将其筛查范围扩展至性染色体非整倍体、染色体微缺失、单基因遗传病的筛查。我国在 NIPT 行业发展得相对成熟,NIPT 市场目前形成双寡头局面,华大基因和杭州贝瑞和康基因诊断技术有限公司共占 50%～70% 市场份额,其他企业如博奥生物集团有限公司、安诺优达基因科技(北京)有限公司、中山大学达安基因股份有限公司等加速发展。多个公司研发的胎儿染色体非整倍体检测试剂盒产品获得了国家食品药品监督管理总局的批准(表 2-7)。

---

〔1〕该公司于 2016 年 7 月被美国控股实验室公司收购。

〔2〕该公司于 2013 年被 Illumina 公司收购。

〔3〕该公司于 2014 年 12 月被 Roche 公司收购。

〔4〕Allyse M, Minear M A, Berson E, et al. Non-invasive prenatal testing: A review of international implementation and challenges. International Journal of Women's Health, 2015, 7: 113-126.

〔5〕Norton M E, Jacobsson B, Swamy G K, et al. Cell-free DNA analysis for noninvasive examination of trisomy. New England Journal of Medicine, 2015, 372(17): 1589-1597.

〔6〕Pescia G, Guex N, Iseli C, et al. Cell-free DNA testing of an extended range of chromosomal anomalies: Clinical experience with 6, 388 consecutive cases. Genetics in Medicine, 2017, 19(2): 169-175.

表 2-7　国家食品药品监督管理总局批准国产胎儿染色体非整倍体检测试剂盒

| 产品名称 | 研发企业 | 批准时间 |
|---|---|---|
| 胎儿染色体非整倍体（T21、T18、T13）检测试剂盒（半导体测序法） | 华大基因生物科技（深圳）有限公司 | 2014 年 6 月（2018 年 1 月注销） |
| 胎儿染色体非整倍体（T21、T18、T13）检测试剂盒（联合探针锚定连接测序法） | 华大基因生物科技（深圳）有限公司 | 2014 年 6 月（2018 年 1 月注销） |
| 胎儿染色体非整倍体 21 三体、18 三体和 13 三体检测试剂盒（半导体测序法） | 中山大学达安基因股份有限公司 | 2014 年 11 月 |
| 胎儿染色体非整倍体（T21、T18、T13）检测试剂盒（半导体测序法） | 博奥生物集团有限公司 | 2015 年 2 月 |
| 胎儿染色体非整倍体（T13/T18/T21）检测试剂盒（可逆末端终止测序法） | 杭州贝瑞和康基因诊断技术有限公司 | 2015 年 3 月 |
| 胎儿染色体非整倍体（T21、T18、T13）检测试剂盒（联合探针锚定聚合测序法） | 华大生物科技（武汉）有限公司 | 2017 年 1 月 |
| 胎儿染色体非整倍体（T21、T18、T13）检测试剂盒（可逆末端终止测序法） | 安诺优达基因科技（北京）有限公司 | 2017 年 3 月 |

　　肿瘤诊断和个性化治疗是高通量测序临床应用目前发展得较快的一个细分领域。根据不同的监管分类级别，其相关检测产品分为辅助诊断和伴随诊断两大类型。基于高通量测序技术的肿瘤基因检测基因组合（Panel）可以辅助临床医生对癌症患者进行分型，以制定合理的治疗方案，具有巨大的市场潜力，包括美国基础医学（Foundation Medicine）公司、Genoptix 公司[1]、Illumina 公司、Life Technologies 公司和德国凯杰生物公司在内的公司以及一些癌症科研机构、医院都在积极推进肿瘤基因检测 Panel 的临床应用。2017 年 11 月 15 日，美国食品药品监督管理局（Food and Drug Administration，FDA）批准首个基于第二代测序技术的肿瘤基因检测 Panel 产品 MSK-IMPACT™，由美国纪念斯隆·凯特琳癌症研究中心（Memorial Sloan Kettering Cancer Center，MSK）研发，能够快速鉴定 468 种肿瘤相关基因的突变以及其他分子变化。伴随诊断能够提供有关患者针对特定治疗药物的治疗反应的信息，是接受特定药物的一个先决条件，支持肿瘤的个性化治疗。2016 年 12 月 19 日，美国 FDA 批准分子诊断公司 Foundation Medicine 的 FoundationFocus CDxBRCA 产品上市，用于鉴

------

〔1〕该公司于 2018 年 12 月被 NeoGenomics 公司收购。

定携带乳癌基因（*BRCA*）突变的卵巢癌，这是市场上首个获批的基于第二代测序技术的伴随诊断试剂盒。截至 2017 年 12 月，美国 FDA 已经批准了 4 款基于高通量测序的癌症伴随诊断试剂盒（表 2-8），突破传统伴随诊断一对一的模式，适用于多种癌症的诊断。

表 2-8　美国 FDA 批准基于高通量测序的伴随诊断试剂盒

| 适用癌症类型 | 伴随诊断试剂盒 | 企业 | 批准时间 | 备注 |
| --- | --- | --- | --- | --- |
| 卵巢癌 | FoundationFocus CDxBRCA | Foundation Medicine | 2016 年 12 月 | 首个基于第二代测序技术的伴随诊断试剂盒 |
| 非小细胞肺癌 | Oncomine Dx Target Test | Life Technologies/ Thermo Fisher | 2017 年 6 月 | 首个基于第二代测序技术可筛查多个生物标志物的伴随诊断试剂盒 |
| 结肠直肠癌 | Praxis Extended RAS Panel | Illumina | 2017 年 6 月 | 基于 MiSeqDx 系统开发的伴随诊断试剂盒 |
| 非小细胞肺癌、黑素瘤、乳腺癌、结肠直肠癌和卵巢癌 | Foundation One CDx | Foundation Medicine | 2017 年 11 月 | 适用于 5 种癌症的多个生物标志物筛查的伴随诊断试剂盒 |

　　我国的高通量测序技术在肿瘤诊断应用中处于起步阶段，华大基因具备先发优势。2014 年 9 月，华大基因推出国内首个基于高通量测序技术的肿瘤基因检测服务 Oseq™ -T，并于 2016 年推出无创肿瘤基因检测产品 Oseq™ -ctDNA，为晚期肿瘤患者提供无创的肿瘤基因检测，辅助医生实现肿瘤个体化治疗。国内其他高通量测序服务企业也纷纷布局，华大基因、北京博奥医学检验所有限公司、迪安诊断技术集团股份有限公司和中山大学达安基因股份有限公司入选首批肿瘤诊断与治疗项目高通量基因测序技术临床试点机构。2017 年 1 月 13 日，国家食品药品监督管理总局正式批准了中山大学达安基因股份有限公司 DA8600 高通量基因测序仪适应证变更，由原来的仅用于染色体非整倍体检测扩展为染色体非整倍体检测以及人体基因位点的检测，成为国家食品药品监督管理总局批准的首台可用于肿瘤和遗传疾病临床诊断的国产高通量测序仪。此前尚未有基于高通量测序的肿瘤诊断试剂盒获得国家食品药品监督管理总局批准，多家企业正积极研发并申报相关产品。截至 2017 年 12 月，国内已有 6 款基于高通量测序的肿瘤基因检测试剂盒被纳入创新医疗器械特别审批程序，有望缩短上市周期（表 2-9）。

表 2-9　被纳入创新医疗器械特别审批程序的基于高通量测序的肿瘤基因检测试剂盒

| 产品名称 | 机构名称 | 发布日期 |
|---|---|---|
| 人 EGFR 基因突变检测试剂盒（高通量测序法） | 深圳华因康基因科技有限公司 | 2015 年 8 月 |
| 人 EGFR/ALK/BRAF/KRAS 基因突变联合检测试剂盒（杂交捕获测序法） | 广州燃石医学检验所有限公司 | 2016 年 9 月 |
| 人类癌症多基因突变联合检测试剂盒（可逆末端终止测序法） | 厦门艾德生物医药科技股份有限公司 | 2017 年 3 月 |
| 肺癌靶向药物基因突变检测试剂盒（高通量测序法） | 南京世和医疗器械有限公司 | 2017 年 4 月 |
| 人 EGFR、KRAS、BRAF、PIK3CA、ALK、ROS1 基因突变检测试剂盒（半导体测序法） | 天津诺禾致源生物信息科技有限公司 | 2017 年 4 月 |
| 人类肿瘤多基因变异检测试剂盒（半导体测序法） | 厦门飞朔生物技术有限公司 | 2017 年 9 月 |

高通量测序技术在病原微生物检测应用方面有其独特的优势，不受限于传统 PCR 方式，无需利用已知物种的 DNA 序列设计 PCR 引物探针，即可实现对未知疾病相关微生物的快速鉴定，目前已经成功应用于 H1N1 病毒基因组的发现和结核杆菌分子分型等研究中。

## 2.3　基因测序技术的颠覆性影响及挑战应对

### 2.3.1　基因测序技术发展的价值与作用

基因测序技术在若干关键研发领域得到广泛应用，包括食物安全（如植物和动物育种）、生物技术产业化（如生物医药产品生产）和医药领域（个性化医药、疾病诊断和管理），具有显著的经济和社会效益。

1. 推动了诸多行业与应用场景的变革

在过去的数十年中，测序速度呈指数增长，与半导体工业发展的摩尔定律（Moore's Law）非常相似。这种高速的发展从根本上改变了人们研究所有生命蓝图的方式，并且推动了基因组学及其分支乃至其他密切相关学科的创立与发展。测序技术的每一次变革，都对基因组研究、疾病医疗研究、药物研发等领域产生巨大的推动作用。总体来看，人类基因组测序的影响才刚刚开始，对人类医疗、农业、能源及环境上的大规模效益才刚刚显现，未来还将产生更大的效益和影响。

基因测序技术目前可应用于医疗领域和非医疗领域。医疗领域的应用主要包括生殖健康医学、肿瘤诊治方法、遗传疾病检测、医学基础研究、宏基因组研究、药物基因组学以及新型药物研发，其中生殖健康医学、肿瘤诊治方法、医学基础研究和新型药物研发是目前最主要的应用领域。在非医疗领域的应用主要包括食品安全、司法鉴定、动植物分子育种、药食同源鉴定、环境污染治理及生物多样性保护等（图2-7）。

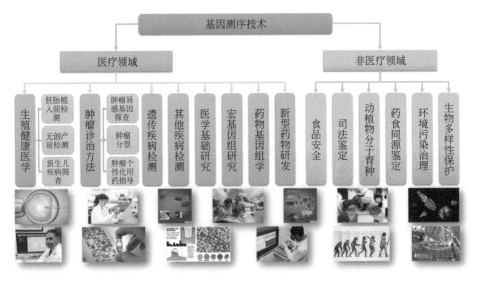

图 2-7　基因测序技术的主要应用领域

### 2. 重塑了生命科学数字化时代的基本格局

基因测序技术的蓬勃发展迅速成为推动并主导生命科学再度迈入大发现时代的强劲引擎，是现代生命科学发现方式向"第四范式"转化的主要动力与驱动因素之一。从本质上说，以基因测序为代表的系列技术成功地在生命科学的研究体系中引入了"数据"这一重要的组分，进一步会聚物理、化学、信息、计量、计算等科学及相关工程技术的创新，生命科学数据便迅速地提升到了大数据层级。这也意味着生命科学研究从传统的实验科学范式，迅速跨越尚欠成熟的理论科学和计算科学阶段，进入了数据密集型科学的"第四范式"。在大数据时代，人们已经有可能更迅捷、更精准地把生物医学的数据提取成信息，把信息转化为知识，再把知识转化为医生的智慧和健康医疗机构的工程，开辟了以 4P 个体化（personalized）、干预（preemptive）、预测（predictive）、参与（participatory）为特征的转化医学实践[1]。目前，以基因测序技术革新和基因测序大数据为基石的精准医疗已经出现，将有望从根本上改变人类在疾病抗争上的被动局面，实现对疾病个性化和精准化预测、预防、诊断和治疗。

### 3. 转化成极其显著的经济回报

众所周知，人类基因组计划推动了基因测序技术的蓬勃发展。美国巴特尔纪念研究所的《人类基因组计划的经济影响》（*Economic Impact of the Human Genomics Project*）[2]报告显示，基因组测序产生了巨大而广泛的经济影响和功能影响，如同"滴水涌泉"一般。1988 ～ 2010 年，人类基因组测序及相关的研究和产业活动（直接和间接地）产生了 7960 亿美元的经济产出，创造了 2440 亿美元的个人收入和 380 万个工作·年（1个工作·年相当于 1 个人全时就业 1 年）的就业机会；截至 2003 年 HGP 结束，美国联邦政府共投资了 38 亿美元（按照 2010 年价格计算，为 56 亿美元），这些投资是形成上述经济产出的基础，对美国经济的投资回报率（return on investment，ROI）为 141∶1，即联邦政府向 HGP 每投入 1 美元，就产生 141 美元的经济回报；仅 2010 年，由基因组学所催生的产业产生了超过 37 亿美元的联邦税收，以及 23 亿美元的州和地方税收，仅这一年，给美国政府带来的税收基本与 13 年来对 HGP 的总体投入相当。2013 年，该研究所更新了报告的内容，在重新评估之后得出 HGP 对美国经济的投资回报率 ROI 为 178∶1[3]。

---

〔1〕潘锋 . 抓住大数据时代生命科学 "会聚研究" 机遇——访中国科学院院士、中国科学院上海生命科学院赵国屏研究员 . 中国医药导报，2018，（2）：45.

〔2〕Tripp S, Grueber M. Economic Impact of the Human Genomes Project. https://www. battelle. org/docs/default-source/misc/battelle-2011-misc-economic-impact-human-genome-project. pdf [2019-09-30].

〔3〕Battelle Technology Partnership Practice for United for Medical Research. The Impact of Genomics on the U. S. Economy. https://web. ornl. gov/sci/techresources/Human_Genome/pu blicat/2013BattelleReportImpact-of-Genomics-on-the-US-Economy. pdf [2019-09-30] .

世界银行数据显示，除中低收入国家外，其余各类收入类型国家人均医疗支出占人均国内生产总值（GDP）的比重均呈现逐年上升趋势。医疗保健人均支出占比的提高，一方面来自医疗费用的上涨，另一方面则来自人们对健康的重视程度的提高。随着人均收入的增长，人们越来越重视自己的健康状况，因而人均医疗支出占比也呈现逐步上升的趋势。人们健康意识的提高，将有利于提高用户或病患对基因测序产品和服务的接受度和付费意愿。

### 2.3.2 基因测序技术发展的潜在风险和影响

基因测序技术在社会生活中大量应用，并与不同利益主体、商业资本、社会权力相纠缠，可能带来新的社会伦理问题。与此同时，基因测序技术的研究主体与客体均涉及人，其技术应用有可能侵犯人的权益，挑战公正、人的尊严等基本社会价值观[1]。由基因测序衍生而来的科研、诊断、治疗、预警等应用场景，正对已有的政策、监管、法律、伦理甚至是商业竞争逻辑形成挑战。

#### 1.数据安全与技术风险问题

基因测序技术所产生的数据资源已经成为国家战略资源。随着基因测序技术的不断发展，与中国人疾病有关的基因数据面临大批量流出的风险。由于目前国内相关检测机构使用的大多是进口设备，其数据安全受到的威胁更大。我国已被迫成为最大的数据输出国，将基因测序数据等原始数据提供给国外机构管理，造成中国人群基因组信息缺乏安全管理，严重影响国家安全。此外，由于直接面向消费者（direct to consumer，DTC）行业的监管缺位，更加剧了问题的严重性，消费者几乎无法选择和监督自己的基因和相关的表型数据是否能够以及如何被当作商品销售。有些企业为了商业利益或者因其保密意识淡薄，将大量样本的基因材料和检测数据泄密于境外。截至2018年12月，科技部共公布了6项与人类遗传资源管理相关行政处罚的决定书，涉及阿斯利康制药有限公司、药明康德新药开发有限公司、华大基因等行业巨头，发出了人类遗传资源应受保护的"信号弹"。

---

〔1〕张春美.基因伦理挑战与伦理治理.文汇报，2012-03-12，第D版.

目前，许多用于 DNA 测序数据处理与分析的开源生物信息学工具都没有遵循最佳的计算机安全保障方法，这给攻击者留下了潜在的漏洞。随着 DNA 存储技术的发展，已经有科学家证实，利用 DNA 存储恶意代码能够攻击计算机。如果黑客真的采用这项攻击方式，那么他们就可能获得有价值的知识产权，或者可能污染与犯罪有关的基因分析结果。由于任何一种工作的机器都会留下某种形式的痕迹（如物理残留物、电磁辐射、噪声等），犯罪分子还可以采取其他手段对测序技术展开定向破解，并应用到逆向工程中。破解后的信息可能会给生物技术、制药公司和学术研究机构乃至个人带来严重风险。

2. 隐私泄露与基因歧视问题

在基因测序技术开启了未来精准医疗世界大门的同时，海量数据的隐私安全"黑洞"令人防不胜防。随着基因检测技术的发展，理论上只需大概 75 个在统计学上独立的 SNP 位点即可确定一个唯一的人，所以说基因数据比指纹数据更敏感。当基因检测数据与一些病理数据相遇时很容易匹配到具体的人，从而侵犯个人隐私。特别是基因检测消费者在不知情与无意识的情况下，就会将其本人甚至其有血缘关系的亲属的基因信息泄露出去。即使提供基因检测的商业公司有保密条款，在信息时代，数据也难以做到绝对保密。

一方面，由于基因测序意味着个人遗传信息的数据化，如果企业把通过基因检测得到的数据放在网上或数据库中，那么个人信息容易被基因检测公司或其他组织滥用或非法利用。哈佛大学的一项调查显示，92% 的美国人之所以不愿意公开基因数据，是因为考虑到子孙后代的信息都有可能被公开。另一方面，参加基因检测后，个人的基因信息特别是致病基因信息存在泄露的可能性，极易造成基因歧视。2009 年 4 月，广东佛山发生"基因歧视第一案"，三位考生在公务员考试中成绩拔尖，但却因为携带了不影响正常生活的地中海贫血基因，未被录取。

此外，随着 NIPT 等技术的逐渐成熟，相关的伦理问题也亟待解决。例如，该不该根据基因测序信息来人为"选择"或"定制"子女，是否告知后代的疾病风险及如何应对其对基因测序结果的反应等。2018 年 8 月，高德纳（Gartner）公司发布了2018年新技术成熟度曲线，首次将生物黑客（biohacking）列为热点技术趋势，其涉及的技术与伦理问题再次引发市场关注。

### 3. 技术标准与数据价值问题

基因测序技术比常规分子检测复杂，实验操作部分和生物信息分析部分包括众多实验处理和分析程序。从样本制备到数据分析，过程每一步都可能混入错误，因此凸显临床检测质控重要性。但目前很多基因检测机构并没有独立的医学检验实验室，业务水平参差不齐。

由于消费级测序产品不受国家卫生和计划生育委员会、国家食品药品监督管理总局的监管，因此该领域呈现混杂的状况，实验手段、解读方法和结果等未获得有效约束，消费者也难以知晓不同公司检测结果的准确性、价格的合理性等。目前大多数基因报告提供的是"风险分析"，而风险应该如何解读，还没有医学和法规方面的定论。第一，风险分析是基于大数据的分析，在数据库体量不够大时，得到的很有可能仅仅是一个定量的数字（如风险高10%），而无法定性（是否致病或是否已经致病），因此不能够当作医学依据。第二，每家公司使用的具体技术不同（微阵列或是第二代测序技术），得到的定量数字也会有细微差别，加上每家公司的数据库组成也不同，分析结果很有可能会有出入。第三，检测结果可能是假阴性（有病没查出）或者假阳性（没病查出病）。2018年4月，《医学遗传学》期刊上的一项研究分析了49例利用消费级基因测序产品检测出遗传变异的原始数据。将其与临床试验数据比对发现，有高达40%的变异为假阳性，仅有60%的致病基因突变是真实的，这也意味着这种检测方式的错误率达到了40%。第四，很多疾病的患病风险，除了自身基因以外，个人行为、环境因素和随机事件也具有重要作用。即便知道了所有的遗传基因，预测疾病也只能是概率性结论，而不是确定性结论。这是由疾病本身的复杂性所决定的，所以单由基因来预测患病的风险也是不负责任的[1]。

---

〔1〕陈筱歪. 基因检测那些事儿（2）检测项目拾零解析. http://songshuhui.net/archives/94465 [2019-09-30].

### 2.3.3　有关国家和地区推进基因测序技术发展和风险治理的举措

1. 推动革命性技术的优先发展

人类基因组计划催生了不计其数的关键遗传学技术，并引发了其后的分子生物学、化学、物理学、机器人技术和计算科学的革新，同时也让工具和技术手段的使用策略更富有创意。在某些案例中，人们把多种细微的改进整合在一起，就获得了革命性的进步，譬如毛细管 DNA 测序设备最终被用于生成第一个人类基因组图谱。正如美国国家研究委员会在《图解与测定人类基因组序列计划》[1] 报告中所预见的那样，"虽然目前我们还不具备这样的能力，但如何开发测序技术的轮廓却是清晰可见的。因此，要乐观地坚信我们所需的先进 DNA（测序）技术将会从大量的试验项目和技术改进中出现"。

此外，提出一个与项目示范期平行的技术发展期，用来发展能够提供给未来产出期进行工作的新式"武器"，也尤为重要。以人类基因组计划为例，与测序技术配套的数据分析技术在计划之初未获得足够的重视。当第一个人类基因组数据由零化整地建立时，为了获得每条染色体上相邻的序列，必须由计算机把几千条单独整合的序列片段（每条长 100 ～ 300 kb）拼接在一起。此类计算处理的需求（其实也是技术挑战）在人类基因组计划后期变得愈发明显。通过生物信息学小组艰苦卓绝的努力，这一任务耗费了数月得以完成。如果在计划阶段多花点心思，完成这些工作就会轻松许多[2]。

2. 实施面向基因隐私权的立法保护

在基因隐私权立法保护方面，美国走在了世界前列。1996 年，美国 13 个州通过了旨在保护遗传信息的法律，尤以新泽西州的《遗传隐私法案》备受肯定。其明确规定，个人的遗传信息因其私人属性，未经书面同意不

〔1〕National Research Council (US) Committee on Mapping and Sequencing the Human Genome. Mapping and Sequencing the Human Genome. Washington , D. C. : National Academies Press (US). 1988.

〔2〕Green E D , Watson J D , Collins F S . Nature: 人类基因组计划回顾大生物学的 25 年 . 中国科技奖励，2015，(12): 37-39.

能被收集、保存或公开。2000 年 2 月，美国发布《禁止在联邦雇佣进行基因歧视》的行政命令，禁止政府利用基因资讯来决定是否雇请应征者或提拔员工，代表政府向全社会表明对基因歧视的态度。随后美国又通过众多基因隐私规程，确认各种形式基因歧视的非法性。2008 年 5 月，美国制定《反基因信息歧视法案》（The Genetic Information Nondiscrimination Act，GINA），其主要内容是禁止保险公司仅基于基因信息就拒绝健康的个人投保，或者向他们收取高额保费；此外，还禁止雇主在聘用、解聘或者人事更迭中利用基因信息。目前，美国立法对基因隐私权的内容、性质、责任构成、侵权方式、赔偿范围等都做了详尽规定。当基因隐私权受到侵害时，受害人可以将其作为独立的诉因，向法院请求司法救济。

我国目前还没有专门的隐私权保护法，对公民隐私利益的法律保护主要来自最高人民法院的司法解释，但其并未将隐私提升到一种具体人格权高度，而是仅仅作为一种具体的"人格利益"；对隐私的保护，虽然已从过去的"隐私利益放在名誉权中间接保护"改变为"直接保护"，但仍只能按"其他人格利益"进行保护[1]。

以目前对于直接面向消费者基因测序的法律规制为例，各国采取了不同的策略，大体上可以分为三类立法模式：严格禁止模式、不加管制模式和承认其合法但设置限制模式。由于该技术的前沿性，所以多数国家属于不加管制的开放模式。采取严格禁止模式的国家和地区包括德国和美国的亚利桑那州、佛罗里达州等 13 个州。运用法律或行政命令设置限制模式的国家和地区包括英国和美国的加利福尼亚州、密歇根州等 13 个州。

3. 建立兼顾监管与创新的合规机制

美国和欧洲在高通量测序技术的临床应用方面有效地兼顾了监管和鼓励创新。美国基因测序产业由医疗保险和医疗补助服务中心（Centers for Medicare and Medicaid Services，CMS）、美国 FDA 和联邦贸易委员会（Federal Trade Commission，FTC）共同监管。CMS 主要通过 CLIA 监管

---

[1] 项剑，谷振勇. 基因检测技术与基因隐私权法律保护. 科技与法律，2009，（5）：89-92.

消费级和科研级产品和技术服务应用，美国 FDA 负责临床级产品的审批，FTC 负责监管其中错误和有误导性的产品宣传。美国采用医学实验室自建检测项目模式（laboratory developed test，LDT），只要实验室经过 CLIA 认证，其产品和技术服务可以合法进入临床。欧洲 NIPT 的临床检测只需实验室通过 ISO15189 认证，并获得临床医生处方签字即可进行。

2014 年至今，我国高通量测序临床应用经历了从监管缺位到叫停，到相关仪器诊断产品受国家食品药品监督管理总局报批 / 临床应用试点单位申报，再到在相对成熟的产前筛查与诊断临床应用领域取消试点限制。高通量测序技术临床应用实现政府规范化管理。然而，由于消费级基因检测产品缺乏有效监管，实验手段、解读方法和检测报告等未获得有效约束，产品服务质量参差不齐，消费者也难以知晓不同公司检测结果的准确性、价格的合理性，且部分企业夸大基于基因检测的疾病风险预估、个性特征分析功能，容易造成对消费者的误导，因此亟须建立配套监管和认证体系，推动该领域的规范化发展。而美欧相对成熟的做法表明，在自由放任的现状与完善的法律法规形成之间，制定最低限度的行业标准可以避免行政权力对市场和个人自由的过度干涉[1]。

美国 FDA 为满足精准医疗和公共医疗方面的研究需求，正在对高通量测序技术制定新的审查管理机制。2013 年 11 月，美国 FDA 审批通过 MiSeqDx 测序仪及配套试剂盒可用于临床测试，这是高通量测序技术首次获得临床认证许可。2013 年 11 月 22 日，美国 FDA 发函要求"基因和我"（23 and Me）公司停止与健康有关的个人基因组检测及数据解读服务，认为该项服务没有获得美国 FDA 批准，违反了联邦法律。2014 年 2 月 9 日，中国国家食品药品监督管理总局、国家卫生和计划生育委员会联合发布《关于加强临床使用基因测序相关产品和技术管理的通知》（食药监办械管〔2014〕25 号文件），

---

〔1〕曹如冰，王岳. 商业化基因检测现状调查与法律规制建议. 中国卫生法制，2017，25（3）：1-5.

要求立即停止包括产前基因检测在内的所有医疗技术需要应用的检测仪器、诊断试剂和相关医用软件等产品。2016年，美国FDA先后四次针对以第二代测序技术为基础的种系疾病检测的研讨会，沿用一直以来通过医疗器械分级控制对人类DNA测序相关产业予以规制，并提出制定统一标准；与此同时还宣布制定相关指南，加强对下一代测序的监督力度。

23 and Me公司在美英两国的发展受到截然不同的两种态度：美国认为疾病检测具有一定风险，在检测失误的情况下，人们由于对疾病恐慌所造成的健康损失及相关的责任问题需要严格考量，故从医疗设备监管的角度对其持限制态度；英国研究伦理委员会（Research Ethics Committee）则许可23 and Me公司的检测设备纳入英国公民的公共医疗或私人医疗当中，这是由于其在某种程度上推动了英国十万人基因组计划的开展，故持开放态度。

### 4. 制定注重安全与隐私的标准规范

在推动测序技术快速发展的同时，各国都非常注重数据安全与个人隐私问题。例如，奥巴马政府在美国精准医学计划中，在出资1000万美元作为引进新技术与推动制定关于下一代测序技术法规的同时，资助500万美元用来建立相关规范及准则，以确保未来数据共享且不侵犯隐私与个体安全。这与人类基因组计划5%的经费投入伦理、法律、社会影响（ELSI）领域研究的观点非常契合。随着基因测序所带来的世代多样性（cohort diversity）、健康不均等（health disparities）、公众参与、隐私保护和信息安全等情况的出现，各个国家一般都会确立个人隐私保护原则与生物信息安全框架，以及应当遵循的知情同意、诚实信用、利益平衡等原则，构建相应的大数据资源平台保障信息安全和实现资源共享，同时加强法律规范及监管机制，保护隐私。

### 5. 加强公众参与度与教育普及

针对涉及政治、社会利益并存在争议的科技问题，管理部门、科研机构、非政府组织和公众展开交流讨论，形成一定共识，提供良好的技术决策。自 2009 年成立以来，美国生物伦理问题研究总统委员会（Presidential Commission for the Study of Bioethical Issues）采取民主磋商方式，针对卫生、科学和技术领域复杂的伦理学问题为总统提供建议。借鉴这一经验，该委员会提出了 5 个磋商步骤，以帮助其他政策咨询机构及学校、医院、社区组织等及时应对相关的伦理学问题，并基于对未来的预测绘制前瞻性路线图[1]。我国在诸如基因歧视案等一系列与基因测序技术相关的重大事件中，也已经出现了公众参与的雏形。但如何在公共决策中进一步建立沟通对话机制，形成多渠道、多层次的"反馈－协商"模式，消除公共焦虑和伦理分歧，在公共决策中体现公共伦理的影响力，依然任重道远。由于参与伦理学问题的对话与沟通需要具备特定的知识和技能，许多国家通过制订生命伦理教育计划，在科研人员、管理者和公众等不同层面展开生命伦理教育。其措施既包括各类层次的培训，也包括展开全球性伦理能力建设，还有专家呼吁将伦理学教育纳入从小学至职业培训的终生教育内容之中。

## 2.4　我国发展基因测序技术的建议

### 2.4.1　机遇与挑战

近年来，政策环境的趋暖、资本的持续注入、高通量测序平台技术的进步、测序成本的降低、高通量测序服务对象的拓展、企业服务能力的增强等因素，共同驱动了我国高通量测序行业的快速发展和市场的迅猛增长。

1. 发展机遇

（1）政策环境不断完善，资本市场高度关注

近年来，我国行业主管部门不断完善基因检测行业发展环境，制定了一系列促进行业发展的政策法规（表 2-10）。2014 年 2 月，国家食品药品监督管理总局首先明确基因测序仪为三类医疗器械，先后批准了基因测

---

[1] 王悠然. 美咨询机构：民主磋商有争议议题 加强公民伦理学教育. http://www.cssn.cn/hqxx/201605/t20160520_3017327.shtml [2019-09-30].

序仪（华大基因、中山大学达安基因股份有限公司等）以及相关测序试剂盒（胎儿染色体检测、肿瘤基因检测等）。回看高通量测序技术要求和指南，2014 年 2 月，国家食品药品监督管理总局和国家卫生和计划生育委员会发布《关于加强临床使用基因测序相关产品和技术管理的通知》，明确基因测序产品需要注册、批准。2017 年 3 月，国家食品药品监督管理总局发布了《胎儿染色体非整倍体（T21、T18、T13）检测试剂盒（高通量测序法）注册技术审查指导原则》。目前我国尚未引入伴随诊断试剂定义，伴随诊断试剂在我国仍按照体外诊断试剂进行注册管理；同时，我国也没有建立体系化的伴随诊断试剂监管制度，因此在临床验证、产品评价、上市后监管方面均需要有突破性创新来满足监管新需求[1]。与此同时，政府也鼓励行业的发展。国务院印发的《"十三五"国家战略性新兴产业发展规划》及国家发展和改革委员会发布的《"十三五"生物产业发展规划》，均提出推广基因检测等新兴技术应用，促进产业发展成果更多惠及民生。此外，政府还鼓励和支持以基因测序为基础的精准医疗，行业迎来政策红利。

表 2-10　中国基因检测监管政策一览表（2007 ～ 2018 年）

| 政策 | 时间 | 颁布部门 |
| --- | --- | --- |
| 《涉及人的生物医学研究伦理审查办法（试行）》 | 2007 年 1 月 | 卫生部 |
| 《基因芯片诊断技术管理规范（试行）》 | 2009 年 11 月 | 卫生部 |
| 《医疗机构临床基因扩增管理办法》 | 2010 年 12 月 | 卫生部 |
| 《卫生部办公厅关于调整基因芯片诊断技术管理类别的通知》 | 2011 年 5 月 | 卫生部 |
| 《人类遗传资源管理条例（送审稿）》公开征求意见 | 2016 年 2 月 | 国务院法制办公室 |
| 《食品药品监管总局办公厅关于基因分析仪等 3 个产品分类界定的通知》 | 2014 年 1 月 | 国家食品药品监督管理总局 |
| 《关于加强临床使用基因测序相关产品和技术管理的通知》 | 2014 年 2 月 | 国家食品药品监督管理总局，国家卫生和计划生育委员会 |
| 《关于开展高通量基因测序技术临床应用试点单位申报工作的通知》 | 2014 年 3 月 | 国家卫生和计划生育委员会 |

〔1〕曲守方. 测序技术产品监管政策的进展及展望. http: //www. iivd. net/article-14800-1. html[2019-09-30].

| 政策 | 时间 | 颁布部门 |
|---|---|---|
| 《关于印发创新医疗器械特别审批程序（试行）的通知》 | 2014 年 2 月 | 国家食品药品监督管理总局 |
| 《第二代基因测序诊断产品批准上市》 | 2014 年 6 月 | 国家食品药品监督管理总局 |
| 《关于开展高通量基因测序技术临床应用试点工作的通知》 | 2014 年 12 月 | 国家卫生和计划生育委员会医政医管局 |
| 《关于产前诊断机构开展高通量基因测序产前筛查与诊断临床应用试点工作的通知》 | 2015 年 1 月 | 国家卫生和计划生育委员会妇幼保健服务司 |
| 《关于辅助生殖机构开展高通量基因测序植入前胚胎遗传学诊断临床应用试点工作的通知》 | 2015 年 1 月 | 国家卫生和计划生育委员会妇幼保健服务司 |
| 《测序技术的个体化医学检测应用技术指南（试行）》 | 2015 年 3 月 | 国家卫生和计划生育委员会 |
| 《关于肿瘤诊断与治疗专业高通量基因测序技术临床应用试点工作的通知》 | 2015 年 4 月 | 国家卫生和计划生育委员会医政医管局 |
| 《药物代谢酶和药物作用靶点基因检测技术指南（试行）》 | 2015 年 7 月 | 国家卫生和计划生育委员会医政医管局 |
| 《肿瘤个体化治疗检测技术指南（试行）》 | 2015 年 7 月 | 国家卫生和计划生育委员会医政医管局 |
| 《关于加强生育全程基本医疗保健服务的若干意见》 | 2016 年 10 月 | 国家卫生和计划生育委员会等 |
| 《关于规范有序开展孕妇外周血胎儿游离DNA 产前筛查与诊断工作的通知》 | 2016 年 11 月 | 国家卫生和计划生育委员会 |
| 《涉及人的生物医学研究伦理审查办法》 | 2016 年 10 月 | 国家卫生和计划生育委员会 |
| 《胎儿染色体非整倍体（T21、T18、T13）检测试剂盒（高通量测序法）注册技术审查指导原则》 | 2017 年 3 月 | 国家食品药品监督管理总局 |
| 《药物非临床研究质量管理规范》 | 2017 年 7 月 | 国家食品药品监督管理总局 |
| 《感染性疾病相关个体化医学分子检测技术指南》 | 2017 年 12 月 | 国家卫生和计划生育委员会 |
| 《个体化医学检测微阵列基因芯片技术规范》 | 2017 年 12 月 | 国家卫生和计划生育委员会 |
| 关于公开征求《肿瘤相关突变基因检测试剂（高通量测序法）性能评价通用技术审查指导原则（征求意见稿）》意见的通知 | 2018 年 8 月 | 国家食品药品监督管理总局医疗器械技术审评中心 |

　　国家发展和改革委员会高技术产业司的数据显示，随着市场规模的迅速扩张和政策环境的不断优化，基因检测行业开始受到资本市场的关注和青睐。2012～2016 年，我国基因测序行业累计获得近 70 笔投融资，累

计披露的投资金额超过 5 亿美元，其中 2016 年基因测序行业获得 33 笔投资，披露投资金额超过 3.2 亿美元，为有统计数据以来的最高值。值得一提的是，我国基因测序行业龙头企业的华大基因也被资本市场疯狂追逐。2012 ~ 2015 年，相继有数十家机构成为华大基因的股东，其中不乏深圳和玉高林股权投资合伙企业、深圳市创新投资集团有限公司、北京荣之联科技股份有限公司、中国人寿保险（集团）公司、软银股份有限公司等熟悉的身影[1]。2017 年 7 月，华大基因上市市值已突破 500 亿元。

（2）技术手段更新迭代，产业成本急速下降

目前的基因测序行业现状是第二代、第三代测序技术并存，第二代技术仍为主导。虽然第二代测序技术改进了第一代测序技术在通量上的问题并大幅度降低了测序成本，但在读长上仍存在缺陷。而第三代测序技术虽在读长上优于第二代测序技术，但在准确率上较第二代测序技术差，同时成本较高，因此短期内商用价值不大。不过，第三代测序设备的价格和测序成本降幅很快，预计未来 5 年内，第三代测序技术能达到 100 美元全基因组测序的价格，远低于现在 1000 美元的费用，因此在技术上转换的窗口期为后来者创造了更多的机会[2]。

相比第一代测序技术，第二代测序技术最大的突破就在于通量的急剧提升，基因测序的价格以超摩尔定律趋势下降，这一态势使基因测序经济性推广成为可能。在过去的十年中，基因测序技术与设备发展迅猛，让整个领域展开了一场疯狂的"军备竞赛"。2007 年，一家美国公司宣布其技术可以将全基因组测序降到 35 万美元。2008 年，Illumina 公司则宣布全基因组测序的价格进一步降低到 10 万美元；2014 年，该公司推出了具有里程碑意义的 HiSeq X Ten 系统，将个人基因组测序的价格直接从 Hiseq 2000 测序系统所需的 5000 美元降到 1000 美元，实现了千元基因组目标，测序时间也降至 3 天；2017 年，该公司又推出了 NovaSeq 新型测序仪，

〔1〕姜江，韩祺. "十二五"期间基因检测产业发展回顾. http: //gjss. ndrc. gov. cn/zttp/xyqzlxxhg/201708/t20170802_856974. html [2019-09-30].

〔2〕Antpedia. 基因测序市场行业分析. https: //m. antpedia. com/news/1384737. html [2019-09-30].

进一步提高了测序通量。在 2018 年 JP Morgan 健康大会上，华大基因宣布 100G 高质量个人全基因组测序的价格仅需 600 美元。在未来，新型基因测序技术有望将个人全基因组测序的成本降至 100 美元左右。

（3）用户群体逐渐拓展，医疗支出持续提升

上海证券[1]与华金证券[2]所引用的报告数据显示，在人口老龄化和二孩政策的推动下，未来我国基因测序的受众将不断增加：①在未来很长一段时间内，我国高龄产妇（>35 岁）的比例将会居高不下，甚至可能出现持续走高的趋势。高龄产妇是产前检测需求最大的客户群体，因此 NIPT 未来的市场规模将会迅速增长。然而，2015 年国内 NIPT 的市场渗透率只有 4.75%，未来还有极大的成长空间。②中国的不孕不育率现已达到 12.5% ～ 15%，患者数量超过 5000 万，因此主要应用于辅助生殖领域的胚胎植入前筛查的市场会越来越大。③我国是一个遗传病多发国，平均遗传病发病率为 20% ～ 25%，每年约有 90 万新生儿存在出生缺陷，因此遗传病的检测对于优生优育、提高人口素质意义重大。④我国肿瘤发病率不断提升，每年新发肿瘤患者在 400 万人以上，且呈年轻化的趋势，因此肿瘤易感基因检测、液体活检、肿瘤靶向药物的个体化检测等项目市场前景广阔。⑤由于巨大的人口基数和不断递增的医疗需求，我国将逐步成为全球最大的基因测序市场。

（4）服务能力日益增强，市场规模逐步扩大

我国是基因组测序大国，基因测序水平全球领先。全国有数百家基因测序服务公司，主要分布在北京、上海、广州、深圳、杭州、成都、天津等城市。其中，华大基因、北京诺禾致源科技股份有限公司在测序能力和数据处理能力方面都有突出的表现。截至 2017 年，华大基因的基因测序服务已应用于英国、澳大利亚、西班牙等 100 多个国家和地区的 3000 多

---

〔1〕上海证券 . 基因测序技术 : 精准医疗之基石 . http: //pg. jrj. com. cn/acc/Res/CN_RES/INDUS/2016/8/10/4b4d844c-69fb-463b-9d2e-4378566b855d. pdf [2019-09-30] .

〔2〕华金证券 . 基因测序 : 开启生物大数据时代（上）. http: //pdf. dfcfw. com/pdf/H3_AP201709140884457341_01. pdf [2019-09-30] .

家医院或单位，成为全球测序通量最大的基因组中心之一[1]。此外，消费级基因测序服务企业层出不穷，目前我国已有超过150家企业和机构从事基因测序相关业务。随着测序服务机构数量的增长，测序服务市场的竞争加剧，在一定程度上也将驱动测序服务价格的下降。

2017年，美国市场调查与咨询公司Markets and Markets发布的市场报告显示，预计到2022年全球高通量基因测序市场规模将增至124.5亿美元，2017～2022年复合年均增长率（AGR）为20.5%[2]。近5年来，基因检测以更高的测序通量、更准确的检测精度、更加平民化的检测费用，开始加速走进人们的生产生活，犹如"旧时王谢堂前燕，飞入寻常百姓家"。赛迪顾问股份有限公司发布的《2018中国基因测序产业演进及投资价值研究》白皮书中的数据显示，2017年，中国基因测序市场规模约为72亿元，以中国为首的亚洲市场拥有最快的基因测序市场规模增长速度，预计到2022年，中国基因测序市场规模将达到183亿元。

2. 面临挑战

由于技术标准不够规范统一、测序技术的自身局限性、遗传咨询人才的稀缺等因素影响，我国基因测序技术及衍生行业面临系列挑战。

（1）标准化规范流程与国家级数据中心的缺失造就大量"数据孤岛"

大数据、云计算等信息技术正在加速融入基因测序产业应用之中，并逐渐成为未来测序产业竞争的制高点。基因数据库的建设将成为未来基因测序服务的核心所在，至于能否在精准医学和临床应用中充分发挥作用，完全取决于数据采集的质量控制和标准化。虽然各机构大都建立了自己的

---

〔1〕国家发展和改革委员会.基因检测产业成为我国经济发展新动能的重要力量.中国战略新兴产业，2017，（41）：30.

〔2〕Markets and Markets. Next-Generation Sequencing (NGS) Market by Product (Hiseq, Miseq, Hiseq X Ten/X Five, NextSeq500, Ion Proton, PGM, Ions5, PacBio RSII), Services (Targeted, RNA, Exome, De Novo), & Application (Diagnostics, Biomarker, Agriculture)-Global Forecasts to 2022. https://www. prnewswire. com/news-releases/next-generation-sequencing-ngs-market-by-product-hiseq-miseq-hiseq-x-tenx-five-nextseq500-ion-proton-pgm-ions5-pacbio-rsii-services-targeted-rna-exome-de-novo--application-diagnostics-biomarker-agriculture-300437529. html [2019-09-30] .

信息系统和平台，但由于种种原因，各个平台采用的技术、标准等各有不同，技术水平参差不齐。2015 年底，全国性的肿瘤二代测序实验室质量评估报告结果显示，其中 55% 的实验室是不合格的，甚至 22% 的实验室居然得分是 0 分。而中国食品药品检定研究院做过的一项样本封盲检测显示，国内 4 家测序企业对于同样的样本给出的诊断结果并不一致[1]。在建设过程中，由于缺乏一个统一、科学、标准的数据库，因此各个机构针对同一种疾病对象，花费大量资金对相关人群建立了自己的数据库。各个公司之间的数据库建立范式可能会存在差别，基因数据库的建设面临着碎片化、重复建设等问题，形成了无法有效共享和开发利用的数据孤岛，亟待有效整合。这不仅影响了各平台的服务水平，也使得跨单位、跨平台的数据利用面临很大的困难。

此外，我国的基因测序数据资源流失严重，目前尚无国家级、规模化、权威性的管理中心与基础设施，影响国家战略安全与科技创新发展。中国是名副其实的"数据大国"，但国家生物医学大数据基础设施的建设仍未精准落地，亟待落实推进。由于缺乏国家级数据设施，这些海量数据分散存储在机构甚至个人手中，碎片化严重，交互共享效率低下。此外，因为缺乏统一的国际交流窗口，国家数据管理规范难以落实，数据流失严重，成为最大的数据输出国，严重影响国家数据安全。我国数据被国外三大生物数据中心垄断会影响中国人群组学数据的安全管理；有些企业为了商业利益或者因其保密意识淡薄，甚至将大量样本的基因材料和检测数据泄密于境外。如前所述，截至 2018 年 12 月，科技部已公布 6 项与人类遗传资源管理相关行政处罚的决定书，涉及阿斯利康制药有限公司、药明康德新药开发有限公司、华大基因等行业巨头。

（2）测序技术水平限制基因组数据的分析解读

如前文所述，如果将基因（组）测序的过程比作拼图游戏，那么其技术难点主要面临以下挑战。①碎片数量众多。基因链的长度有 30 亿 bp，

---

〔1〕张佳星. 基因检测走向临床还缺点啥. http://www. jl. chinanews. com/jkzx/2018-07-19/42617. html [2019-09-30].

按照主流的 NGS 技术来说，如果每个测序片段为 150 bp，那么目标基因链至少包含 1000 万以上的测序片段。②碎片严重雷同。测序仪的初始步骤将导致拼图中存在大量的重复片段。③缺少部分碎片。由于测序过程中需要引入化学试剂，导致测序后期的精度降低，从而部分低质量的结果要被丢弃，不能参与目标基因链的还原过程。④存在干扰碎片。因为每一个人的基因组都不是完全一致，所以目标基因与参考组肯定会存在差异。另外，采样的时候，也许会有其他细菌干扰。⑤拼图自身存在重复区域。同一条基因链中，本身就存在大量的重复序列[1]。

目前，在 NGS 测序读长较短的限制下，解读能力主要受限于基于精确疾病分类的基因组数据匮乏。生物通（Ebiotrade）的调查显示，69% 的被调查人员认为数据的分析解读是限制测序产业链发展的最大瓶颈。人体基因组包含超过 60 亿个碱基，通过 NGS 测序得到的基因组，由于测序读长较短导致部分位点信息缺失，只能对其中单个碱基的突变或 20 bp 以下的碱基突变进行分析，仅有 3% 序列能从临床上给予解释。然而分析基因组序列的结构变异（SV）和拷贝数变异（CNV）是攻克复杂疾病的突破口，无法提供基因组上关于 SV、CNV 的具体信息，就会导致肿瘤诊断与治疗、遗传病风险评估和辅助生殖等领域部分下游应用受限[2]。

（3）遗传咨询人才的稀缺制约基因测序服务发展

中国基因测序数据临床解读方面存在的不足成为制约测序服务产业发展的一个重要因素，这是由于遗传咨询人才的匮乏所造成的。NGS 测序技术已非常成熟，而真正开展测序服务需三类人才：做实验的生物技术（biotechnology，BT）人才，做数据分析的生物信息技术（information technology，IT）人才以及涉及医学诊断治疗的遗传咨询人才。我国最缺

〔1〕赵钰莹. 什么是基因测序，为什么要跑在云上？ http: //blog. itpub. net/31077337/ viewspace-2212405/[2019-09-30] .

〔2〕李平祝. 基因测序的发展趋势与商业模式——探讨精准医疗系列报告之一 . http: //pg. jrj. com. cn/acc/Res/CN_RES/INDUS/2015/10/15/7fd0cc72-8ac2-4ba4-9f25-61f93be07538. pdf [2019-09-30] .

乏遗传咨询人才，因为其专业要求既懂基因，又懂临床，未来需要更多有临床经验的人来学习基因测序知识。换个角度来说，基因测序应用市场以临床医院为主，临床医师缺乏对基因组学的认知也是影响基因测序临床应用的重要瓶颈。基因测序数据非常复杂，大多数医生难以对其进行分析，这可能导致医生对 NGS 新技术产生抵触情绪。此外，仅有少数医院拥有 NGS 测序相关的仪器设备，大部分设备都在基因测序服务公司中，医疗机构在将患者资料交给其他专业人员进行分析时也非常慎重。即使在将基因测序应用置于最前沿的美国，临床医师对基因组数据的临床治疗指导也有诸多不适[1]。

（4）公众认知度不高导致基因测序与现行医疗体制脱节

人们对基因与疾病关联的社会认识程度还不高。大部分患者、医生、政策部门乃至投资人都不是很了解基因测序的知识。在这样一个现实环境下，基因测序在未被充分检验之前就被投入到医疗这个高度监管行业中应用，在某种程度上讲这是危险的。对基因测序技术应用的误读误用，会影响其本身健康发展，损害它作为一种新的技术所需要成长的空间，会出现劣币驱逐良币的现象。全社会还需要更多地参与到基因科技的普及中。

由于互联网的发展带来信息量的大增，今天患者越来越多地参与到对他们自身诊疗的决策过程中，而知识程度的不对称和诊疗话语权的分配无法协调是今天医患矛盾的原因之一。这是一个传统医疗体制正在变化的时代，基因测序若得不到正确的理解和实施，会被拔苗助长，最终和体制不能结合而失去发展。基因测序用于临床干预来说很多结果还很模糊，又不能带来健康行为的根本改变，相关的法规尚有缺失。临床诊疗过程需要的是基因测序的临床解读而非技术解读，但目前实施医疗的主体——医院和临床医生，对这一传统医学知识体系之外的技术还需要学习，而基因测序

---

〔1〕李平祝．基因测序的发展趋势与商业模式——探讨精准医疗系列报告之一．http: //pg. jrj. com. cn/acc/Res/CN_RES/INDUS/2015/10/15/7fd0cc72-8ac2-4ba4-9f25-61f93be07538. pdf [2019-09-30]．

的检测提供者只提供技术，临床应用责任因为缺乏相应法律保护而没有承担主体，这一体制瓶颈约束了基因测序的发展[1]。

### 2.4.2 发展基因测序技术的路径与建议

随着基因（组）测序等科技领域取得突破性进展，各个国家都十分关注如何权衡高新技术的风险与回报。每当一项新的技术产生，人们都会面临创新和预防的博弈。因此需要以治理举措为核心，发挥政府、科研机构、伦理学家、民间团体和公众的不同作用，通过各个相关利益方参与的方式，进行风险与回报的权衡，共同解决前瞻性问题。现基于前文的分析，提出如下基因测序技术前瞻性治理路径建议。

1. 基于高通量测序全产业链实现平台集成与整合

布局上、中、下游完整体系的高通量测序企业有望在高通量测序竞争中胜出，其中美国 Illumina 公司和中国华大基因已经做出了最好的示范。美国 Illumina 公司在行业上游测序设备和试剂耗材方面已经处于主导地位，其依托上游优势，不断向中、下游拓展，于 2013 年收购美国 Verinata Health 公司，进军 NIPT 市场，在肿瘤诊断领域相继推出基于高通量测序技术的肿瘤基因 Panel 检测试剂盒产品 TruSeq Amplicon Cancer Panel 和 TruSight 系列。中国行业龙头公司华大基因率先开展高通量测序产业全链条布局，向上游仪器端延伸，于 2013 年收购美国 Complete Genomics 公司，在其核心技术和专利基础上研发推出 BGISEQ 系列测序设备，同时向下游临床应用终端布局，入选第一批高通量测序技术临床应用试点单位，覆盖遗传病诊断、产前筛查与诊断、植入前胚胎遗传学诊断、肿瘤诊断与治疗四个专业。

2. 基于多个市场增长点优先布局高通量测序医疗应用

肿瘤诊断与个性化治疗将成为高通量测序医疗应用市场的爆发性

---

[1] 生物探索 . 基因测序，风口上的思考（二）：基因测序的误区和瓶颈 . http: // www. biodiscover. com/news/industry/120408. html [2019-09-30] .

增长点。美国 BCC Research 市场研究公司发布的调研报告显示，2017年，高通量测序在肿瘤诊断、药物指导、复发监测的应用市场规模达到8.39 亿美元；到 2022 年，将增至 40.93 亿美元，复合年均增长率达到37.3%。近年来，美国 FDA 已经批准了多款基于高通量测序技术的肿瘤药物伴随诊断试剂盒。中国国家食品药品监督管理总局虽然还未批准任何一款试剂盒，但已批准肿瘤诊断与治疗临床应用试点单位，多家企业正积极申报相关产品。高通量测序在其他疾病如免疫系统疾病、线粒体疾病、心血管和神经系统疾病诊断中的应用将迎来一轮市场布局。临床研究证实基因变化与这些疾病的发生发展相关，伴随疾病遗传学基础知识的积累，基于高通量测序的相关疾病诊断需求将会快速增长。此外，通过高通量测序技术进行人类微生物组信息挖掘，进而应用于疾病预警预测、特定病原体定点筛查、靶向药物精确研发等，这些将成为高通量测序医疗应用的另一重要突破口。

3. 基于统一标准规范实现数据安全保密前提下的知情共享

目前 NGS 缺乏统一的行业规范和检测标准，导致不同实验室不同平台的检测结果无法比较。需要对 NGS 实验操作部分和生物信息分析部分建立执行标准和质控监测事项，包括建立标准操作流程、验证流程、质量管理体系、数据可靠性验证等。生物信息分析部分应包括：变异结果描述、附带结果报道、数据储存和版本可追溯性等。此外，标准品应用应贯穿在 NGS 检测的整个流程。此外，基因测序企业在运营过程中必然会生成或保存大量的人体基因信息。这些生命密码，从个体上讲，涉及人的隐私；从群体上讲，涉及人种基因，关系国家和民族战略安全。这些基因信息必须得到保护。基因测序经营者自身应建立一整套严格的基因测序数据的保护制度与机制[1]。

---

〔1〕邓勇，曹彬. 基因测序经营者法律风险防控. 医药经济报，2016-05-27（3）.

### 4.形成基于社会认知与公众参与的民主磋商与公共决策体系

通过制订生命伦理教育计划与科学普及计划，在科研人员、管理者和公众等不同层面展开生命伦理教育及科普工作，包括各类层次的培训及全球性伦理能力的建设，并将伦理学教育纳入终生教育内容之中，提升公众的认知度、科技素养与伦理水平。与此同时，在公共决策中进一步建立沟通对话机制，形成多渠道、多层次的"反馈－协商"模式，消除公共焦虑和伦理分歧，在公共决策中体现公共伦理的影响力。可以针对基因测序技术及相关衍生技术，从开放性问题入手，站在不同利益相关方的角度思考各种迥异的观点；合理安排民主磋商的时间，使其影响最大化；邀请专家和公众发表意见；组织公开的探讨和辩论；制定详细、可执行的建议。

### 5.建立基于四种层级的"自上而下"联动监督机制

针对基因测序的监督机制分为四种层级，其程度从严格到宽松分为：法律监管、政府指导、行业自律、公共商讨[1]。这种联动监督机制在顶层通过外在路径（即"社会的外部管理"，包括法律监管和政府指导）解决"控制人的行为后果"的问题，在底层通过内在路径（即"公众与科学共同体的内部治理"，包括行业自律和公共商讨）来解决"约束和控制人的动机"的问题。

首先，最具强制力的是法律监管，因此将其置于联动监督机制的最顶层。在不同的国家中会有各种法律、政策来禁止或者鼓励测序技术的发展。它们不仅会对新产品进入国内的难易程度产生深远的影响，而且关涉到一项技术从基础实验到临床研究，再到市场供应的速度。其次，政府指导是一种社会标准，相较政策法规而言执行力较弱，但是说服力强。基因测序技术相关的企业如果遵循政府指导，就可以避免一系列政策法规的纠缠。同时，政府也可以设置全面的、强有力的专利保护，给拥有成果的科研团

〔1〕Committee on Science, Technology and law, Policy and Golobal Affairs, National Academies of Sciences, Engineering, and Medicine. International Summit on Human Gene Editing: A Global Discussion//International summit on human gene editing: A global discussion. Washington, D. C. : National Academies Press (US), 2016.

体财政上的激励，促进科研创新。再次，行业自律也是预先避免政府繁琐行为的恰当方式，可以作为基因测序监督机制中的重要一环。行业自律要求科研者不能接受特定方式的捐款或者服务，以防科学共同体发展过快或被商业机构利用。最后，公共商讨作为一种替代政府直接审查的方案，使公民可以通过去中心化的方式给政府或企业施加压力，从而改变基因测序技术创新的速度。但它不具有强制性，效果不明显，所以将其置于联动监督机制的最底层[1]。

〔1〕史晨瑾. 创新和预防的博弈：人类基因编辑的监管. https: //www. thepaper. cn/newsDetail_forward_1586037 [2019-09-30] .

# 第3章 基因组编辑技术

基因组编辑技术近年来发展迅猛，已在生命科学基础理论研究、经济物种遗传改良以及人类健康等领域受到广泛重视，其成功应用将掀起一场颠覆性的革命。自 2012 年以来，基因组编辑技术经常登上《科学》或《麻省理工科技评论》等国际权威学术期刊评选的年度十大突破技术榜单，引起了科学界和产业界的广泛关注。国际社会也高度关注基因组编辑技术的发展，世界经济合作与发展组织、联合国相关组织以及波士顿咨询公司等先后发布了一系列报告，聚焦基因组编辑技术的应用及发展前景。

## 3.1 基因组编辑技术的概念与内涵及发展历程

### 3.1.1 基因组编辑技术的概念与内涵

基因组编辑（genome editing），也常称为基因编辑（gene editing），是一类能够利用切割特定 DNA 序列的核酸酶改变目标基因序列的技术，其功能如同生活中常见的"文字"修改工具，也有人称之为"上帝的剪刀"。正如人们可以根据修改意图使用工具对"文字"进行插入、删除和改写等操作一样，基因组编辑也可以在细胞内对基因序列进行类似的操作，但其过程要远比编辑文字复杂得多。尽管目前大多数人将"基因组编辑"和"基因编辑"两个概念等同使用，但其实两者还是略有区别的：前者比后者的覆盖范围更广、更为准确，因为基因组不仅涵盖了所有基因，还包括了本身不表达的 DNA 序列，如内含子等序列。

根据核酸酶种类的不同，基因组编辑技术又可分为归巢核酸酶（mega-nucleases，MN）、锌指核酸酶（zinc finger nucleases，ZFN）、转录激活因子样效应物核酸酶（transcription activator-like effector nucleases，

TALEN）和常间回文重复序列丛集关联蛋白系统（clustered regularly interspaced short palindromic repeats/CRISPR-associated proteins，CRISPR/Cas）四类[1, 2]。四种技术识别、切割靶序列的原理不尽相同，其中 MN、ZFN 和 TALEN 均是通过蛋白质与 DNA 的特异性结合来识别靶序列进行双链切割，CRISPR 则是通过向导 RNA 与靶 DNA 的特异性结合来识别靶序列并进行双链切割。

### 3.1.2　遗传工程领域和基因组编辑技术的发展历程

#### 1. 遗传工程领域发展历程

基因组编辑作为遗传工程领域的主要研究手段，其发展是伴随着人们对生命遗传本质的认识而不断深入的（图 3-1）。19 世纪之前，人们通过性状来选择物种加并以利用，对生物的认识也仅仅停留在表面性状水平。直到 20 世纪 50 ～ 60 年代，DNA 是遗传物质、DNA 分子的双螺旋结构等重要发现，推动人类对生命的理解进入分子水平。自 20 世纪 70 年代开始，核酸酶和同源重组技术的发展，使得人类可以通过 DNA 损伤修复的天然机制（自然重组）来实现靶基因的定点修饰，从而使操纵基因成为现实。由于真核生物体内自发的双链断裂十分罕见且随机，为了实现在真核生物基因组指定位置进行更加精准的编辑，研究人员开始寻找具有特异性的限制性内切酶来实现指定位置的双链断裂。20 世纪 90 年代初，一系列可以精确识别靶序列并进行定点切割的核酸酶陆续被发现或成功改造，MN、ZFN、TALEN 和 CRISPR/Cas 等新基因组编辑技术不断涌现。随着基因组编辑技术的应用范围不断拓展，这些既简单又灵活的核酸酶已成为遗传工程领域的研究前沿热点方向。

〔1〕National Academies of Sciences, Engineering, and Medicine. Human Genome Editing: Science, Ethics, and Governance. Washington, D. C. : National Academies Press(US), 2017.

〔2〕EASAC. Genome Editing: Scientific Opportunities, Public Interests and Policy Options in the European Union. https: //www. easac. eu/fileadmin/PDF_s/reports_statements/Genome_Editing/EASAC_Report_31_on_Genome_Editing. pdf [2019-09-30].

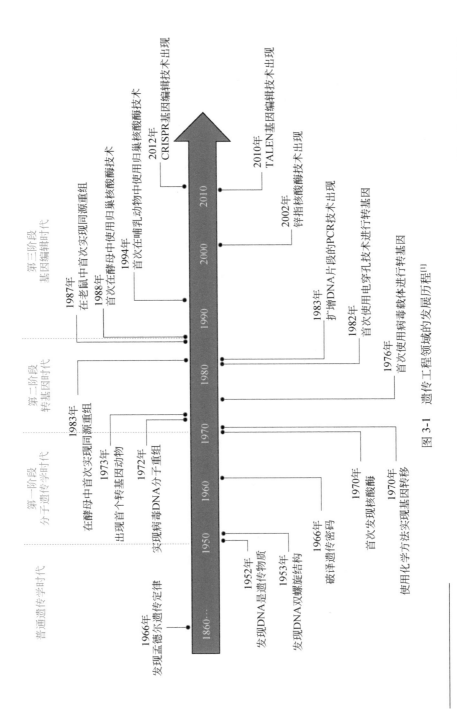

图 3-1　遗传工程领域的发展历程[1]

〔1〕Boglioli E, Richard M. Rewriting the book of life: A new era in precision gene editing. Boston Consulting Group (BCG), 2015.

2. 基因组编辑技术发展历程

在基因组编辑的过程中，找到一把自带"导航系统"的"剪刀"至关重要[1]。因此，基因组编辑技术的发展历史就是一部寻找不同类型的"分子剪刀"的发展史。

归巢核酸酶开启了基因组编辑时代序幕。其中，I-SceI 于 1985 年被发现，此后瑞士科学家利用一种归巢核酸酶辅助同源重组技术在烟草中实现了目的基因的导入。这类酶可以特异性地识别 12 ～ 40bp 长度的碱基序列并对双链进行切割，然后再利用同源重组进行基因组编辑，从真正意义上实现了精确的基因组编辑。此后，由于受到天然的归巢核酸酶的酶切位点少、人工改造难度大等因素的限制，该技术逐渐被其他主流技术所取代。

第一代人工改造基因组编辑技术 ZFN。锌指蛋白是真核生物中普遍存在的基因调控因子，能与各种功能结构域融合成不同用途的人工蛋白分子，以实现对基因组的各种定点修饰或调控。1993 年，研究人员通过序列分析得到能识别特异 DNA 位点的全新锌指蛋白，在锌指蛋白设计方面做出了开创性工作。随着对锌指蛋白和 FokI 核酸内切酶的深入了解，美国研究人员于 1996 年提出利用锌指蛋白和 FokI 形成新嵌合蛋白的设想。2002 年，美国科学家实现了这一设想，并利用嵌合蛋白定点敲除果蝇的内源基因，使其成为第一种人工构建并成功应用的人工核酸内切酶，促进了基因组靶向修饰技术的发展。由于获得有效的 ZFN 仍然是一个相当大的技术难题，科学家开始寻找其他更为简便的基因组编辑工具，希望能找到新的、特异性更强、可预测的 DNA 结合结构域。

第二代人工改造基因组编辑技术 TALEN。2009 年，德国和美国两个研究组同时报道破译了黄单胞菌转录激活样效应蛋白（TALE）中各氨基酸重复序列对 DNA 单核苷酸的识别特征，其相关作用具有较强的严谨性。因此，基于 TALE 重复模块对核苷酸的特异性，美国研究人员于 2010 年将该蛋白与 FokI 核酸内切酶融合成新的基因组编辑技术 TALEN，进一步丰富了基因组编辑工具的种类。TALEN 技术出现短短几年内，就成功地

[1] 黄三文. 什么是基因组编辑. http://scitech. people. com. cn/n1/2017/0605/c1057-29316704. html [2019-09-30].

应用于多个物种以及体外培养的哺乳动物细胞。同时,《科学》杂志在评述中将 TALEN 技术称为基因组的"巡航导弹",并将其评为 2012 年十大科学进展之一。

第三代人工改造基因组编辑技术 CRISPR/Cas。就在 TALEN 技术出现短短两年时间内,另一重磅基因组编辑新技术 CRISPR/Cas 横空出世,并迅速受到各界追捧。CRISPR/Cas 技术的发现源自人们对细菌自身防御系统的研究。其中,CRISPR 序列于 20 世纪 80 年代由日本研究人员首先在大肠杆菌中发现,并于 2002 年被正式命名。随着不同细菌基因组测序及其他研究工作的积累,CRISPR/Cas 的作用机理逐渐清晰,并被证实是细菌用于抵抗病毒的一种基因系统。2012 年,美国加州大学伯克利分校和瑞典于默奥大学的合作团队首次证明了 CRISPR/Cas9 能够作为新一代的基因组编辑工具。此后,张锋、Church 等多个实验室相继证明人工设计的 CRISPR 序列与 Cas9 蛋白结合可以高效编辑真核生物人类基因组。随后该技术多次荣登《科学》《麻省理工科技评论》等权威杂志评选的年度十大突破进展榜单,掀起了一股全球基因组编辑研究与应用的浪潮,相关研究的科学论文和专利文献出现井喷式增长(图 3-2)。

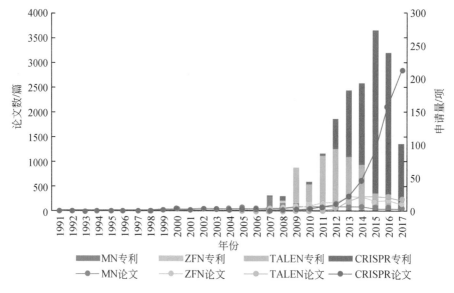

图 3-2　基因组编辑技术论文和专利年度趋势

总体而言，TALEN 和 CRISPR/Cas 技术在设计、性能、精准性和高效率（切割效率）方面优势明显，成为基因组编辑技术的首选工具。其中，CRISPR 技术适合用于科学研究，TALEN 技术则更适合用于临床治疗（图 3-3）[1]。

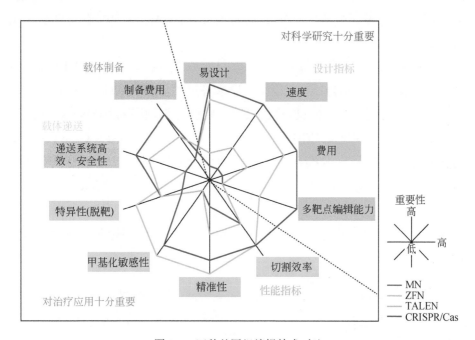

图 3-3　四种基因组编辑技术对比

资料来源：Boglioli E, Richard M. Rewriting the book of life: A new era in precision gene editing. Boston Consulting Group（BCG），2015：1-27.

### 3.1.3　各种基因组编辑技术的特点

基因组编辑技术具有传统遗传操作技术无法比拟的优势。基因组编辑技术是当前生命科学研究的前沿领域，已经在动植物、微生物基因组改造中得到了广泛的应用。该技术的出现，使遗传工程领域的研究与应用进入一个新的阶段，使人类能够以极高的效率、精准度对基因组进行人工修饰。

---

〔1〕Boglioli E, Richard M. Rewriting the book of life: A new era in precision gene editing. Boston Consulting Group (BCG), 2015: 1-27.

与传统的以同源重组和胚胎干细胞技术为基础的基因打靶技术相比，基因组编辑技术保留了可定点修饰的特点，摆脱了对胚胎干细胞的依赖，能够应用于更多的物种，并且效率更高、构建时间更短、成本更低。与传统的随机诱变方法相比，基因组编辑技术不仅能够获得同样的诱变类型，而且能够实现高效、稳定的定向突变，大幅缩短物种重要性状的遗传改良周期。

CRISPR/Cas 是最具颠覆性的基因组编辑技术。ZFN 和 TALEN 等技术中的蛋白分子的合成、组装、筛选等过程较为复杂且成本较高，而 CRISPR/Cas 则省去了这一步骤，仅仅需要设计与靶序列互补的 RNA 序列即可，不需要构建复杂的识别蛋白。上述特点使得 CRISPR/Cas 技术比前两代基因组编辑技术的操作难度和成本都大幅降低，极大地简化了实验流程，使普通的实验室也可以自行完成构建。因此，尽管 CRISPR/Cas 技术出现的时间最晚，但其高效性和简易性等优点为基因组编辑技术带来革命性变化，并使其在短短几年内快速发展为当前主流的基因组编辑技术（图 3-4）。

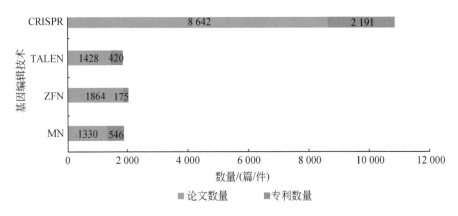

图 3-4　基因组编辑技术的论文和专利产出情况（数据截止到 2017 年）

单碱基编辑技术是目前最先进的可实现单个碱基精准替换的基因组编辑工具。近两年来，由美国研究人员首先提出的一项基于 CRISPR/Cas 的单碱基编辑技术备受青睐，使 CRISPR 基因组编辑技术实现了升级。该技术仅需一个 DNA 单链切口就能实现单碱基精准编辑，可有效避免编辑过程中产生的基因组损伤，能够实现高效且安全的单个碱基的替换。单碱基编辑技术可以规避同源重组修复和降低不需要的错误，将会在生物学及基因组编辑领域引发观念性的转变。因此，该技术一出现便备受瞩目，并在其出现的短短一年内入选 2017 年度《科学》十大突破。随着单碱基编辑系统被改造得愈发精准，未来该技术有可能极大地推动疾病模型制备、动植物的育种和人类疾病的临床治疗。2019 年 7 月，北京大学魏文胜课题组首次报道了名为 LEAPER 的新型 RNA 单碱基编辑技术[1]。该系统仅需要在细胞中表达向导 RNA 即可实现靶向目标 RNA 的编辑，为生命科学基础研究和疾病治疗提供了一种全新的工具。

## 3.2　基因组编辑技术的重点领域及主要发展趋势

### 3.2.1　基因组编辑技术的重点发展领域

基因编辑作为一种基因组操作工具，其发展的重点除了技术原理的探究和技术的改良完善，更重要的是基于该技术的生物改造，以及医疗、农业、化工等领域的应用开发。

#### 1. 基础研究

基因组编辑技术的分子机制研究及相关衍生技术的发展是当前基础研究的一个重要方向。目前，中国科学家已对如 Cpf1-crRNA 复合物等多种不同效应蛋白复合物进行了结构解析及机制分析，为理解基因组编辑工作原理及其调控机制提供了重要依据[2]。哈佛大学的科学家通过对 Cas9 蛋白的改进，构建了单碱基编辑新方法。

此外，利用基因组编辑技术对基因组进行插入、缺失或替换等定点改造，也受到了广泛的关注。尤其是新一代基因组编辑技术 CRISPR/Cas 可以同时实现对多个基因的编辑，从而使研究人员对基因家族的功能研究变

〔1〕Qu L, Yi Z, Zhu S, et al. Programmable RNA editing by recruiting endogenous ADAR using engineered RNAs. Nature Biotechnology, 2019, 37(9): 1059-1069.

〔2〕陈一欧，宝颖，马华峥，等. 基因编辑技术及其在中国的研究发展. 遗传，2018，40（10）：900-915.

得更为便捷。近年来，ZFN、TALEN 及 CRISPR/Cas9 基因组编辑技术广泛应用于烟草、拟南芥、大鼠、小鼠、斑马鱼、果蝇等模式生物的功能基因转录调控研究。同时，基因组编辑技术在哺乳动物细胞、体外人源细胞等的功能基因研究中也发挥着重要作用[1]。

　　2. 生物医学领域的应用

　　目前，基因组编辑用于遗传性疾病治疗是进展最快的领域。2017 年，桑加莫（Sangamo）公司利用 ZFN 技术首次通过体内基因组编辑治疗遗传疾病（亨特氏综合征）；同时，基于基因组编辑技术的基因治疗已经在杜氏肌营养不良（DMD，又称假性肥大型肌营养不良）、帕金森病、血友病等遗传疾病中取得进展。此外，基因组编辑技术联合细胞免疫疗法开展肿瘤治疗也成为当前生物医学领域的热点。2015 年，Cellectis 公司使用 TALEN 技术改造后的供体 T 细胞，治疗了患儿白血病。2017 年，基于 TALEN 技术的急性淋巴细胞白血病 CAR-T 免疫疗法，也已进入临床试验阶段。

　　近年来，基因组编辑在重大疾病动物模型研究中也取得一系列突破性进展。2014 年，全球首对靶向基因组编辑猴在中国出生，为建立猴疾病模型和研究人类疾病奠定了重要基础。2017 年，美国科学家通过基因组编辑消除了猪内源性逆转录病毒（porcine endogenous retroviruses，PERVs），为动物器官人体移植提供了可能的途径。随着科学家对疾病致病机理和基因组编辑越来越深刻的认识以及对基因组编辑方法的不断改良，基因组编辑逐渐从实验室走向临床的广泛应用[2]。

　　近期，科研人员也将基因组编辑技术用于新冠病毒检测和治疗。美国华人科学家张锋等研究人员基于 CRISPR 开发新型冠状病毒的检测工具[3]，

---

〔1〕李想，崔文涛，李奎. 基因编辑技术及其应用的研究进展. 中国畜牧兽医，2017，44（8）：2241-2247.

〔2〕佚名. 全球基因编辑技术的发展和管理现状. http://www.sohu.com/a/212P38242_334528 [2019-09-30].

〔3〕Broadinstitute. A protocol for detection of COVID-19 using CRISPR diagnostics. https://www.broadinstitute.org/files/publications/special/COVID-19%20detection%20(updated).pdf [2020-03-30]

我国企业基于自有 CRISPR 平台开发出"新型冠状病毒（2019-nCoV）核酸检测试剂盒"[1]。同时，科学家正在利用 CRISPR 技术对新型冠状病毒基因组开展相关研究，未来基因组编辑有也可能成为对抗病毒感染的一大潜在治疗方法。

### 3. 农业领域的应用

在植物育种中，与随机且不受控制的化学或放射诱变、种内或种间杂交中基因或等位基因随机分布等传统杂交育种方法相比，基因组编辑育种技术极大地改进了植物育种的精准度。近年来，基因组编辑技术已经在小麦、水稻、大麦、蘑菇和芸薹属作物等物种中实现了定点突变；基因组编辑的耐低温储存马铃薯和无反式脂肪酸大豆油的商业化开发已获得重要进展；基因组编辑蘑菇和基因组编辑糯玉米于 2016 年相继免受美国农业部（USDA）的监管。

在动物育种中，基因组编辑可以利用更精确、更快速的方法来获得期望的表型。目前，利用基因组编辑改善畜牧健康养殖的进展包括：英国科学家通过基因组编辑技术培育出一种"超级猪"，可抵御对致命性的猪蓝耳病毒感染；美国科学家利用基因组编辑技术培育出无角荷斯坦牛，避免了牛割角的痛苦；中国科学家利用基因组编辑技术培育出低脂抗寒猪，为猪的新品种培育提供良好育种材料。

### 4. 其他领域的应用

基因组编辑在工业微生物领域中也有重要应用前景。目前，基因组编辑系统尤其是 CRISPR/Cas 已经广泛应用于微生物代谢工程。研究人员已经在大肠杆菌、酵母、丝状真菌等模式微生物中开展了深入研究，涉及改造菌株、解析基因功能或者改变代谢流等方面[2]。相关企业也非常关注

---

〔1〕微远基因. 微远基因首推超高敏新型冠状病毒 CRISPR 试剂盒. https://mp.weixin.qq.com/s/LhmG3G3UkyyGcrZpy8nG9g [2020-03-30]

〔2〕张玉洁，宋育阳，秦义，等. CRISPR-Cas 系统在食品微生物中的应用研究进展. 食品科学，2017，38（11）：269-275.

基因组编辑在工业菌种改造中的应用，如吉诺玛蒂卡（Genomatica）等公司已对 1, 4- 丁二醇、丙烯酸、异丙醇等化工产品的生物制造路线申请了70 多份概念型专利[1]。

此外，基于基因组编辑开发的基因驱动系统在对有害生物防控的研究中也备受关注。基因驱动是指特定基因有偏向性地遗传给下一代的一种自然现象，被认为在如根除疟疾、登革热、寨卡病毒等虫媒疾病、消灭或控制入侵物种等方面具有非常广阔的应用前景。目前，英国科学家已经开展了"进攻疟疾"（Target Malaria）项目，旨在利用基因驱动技术对疟蚊DNA 进行绝育改造，从而阻止疟疾传播。该项目已获得比尔及梅琳达·盖茨基金会 7500 万美元的资助，是迄今对基因驱动技术的最大额投资，并首次成功将基因驱动技术应用于蚊子种群改造中[2]。

### 3.2.2 基因组编辑技术的未来发展趋势

#### 1. 现有基因组编辑系统的优化与改良

降低基因组编辑的脱靶概率，提高编辑的精准性，是各国科研人员的主攻方向之一。以 CRISPR/Cas9 为例，其特异性主要取决于引导链 RNA的识别序列，设计的引导链可能与非靶位点 DNA 形成错配，导致非预期的基因突变，即脱靶效应。研究引起脱靶效应的分子机制及关键决定因素，进而对现有系统进行改良，显得尤为重要。近年来，有关这一方面的研究逐渐深入，人们已在导向 RNA（sgRNA）设计、Cas9 蛋白改造、递送体系优化等方面取得了诸多重要进展，以期在不久的将来能攻克基因组编辑技术瓶颈问题。

#### 2. 新型高效核酸酶系统的筛选与发现

尽管基于 CRISPR/Cas9 的基因组编辑工具已成为基因组编辑研究的主

──────────────

〔1〕朱林江，李崎.工业微生物基因组编辑技术的研究进展.生物工程学报，2015，31（3）：338-350.

〔2〕网易科技.比尔盖茨引争议 多国联名抵制基因驱动技术.http://kejilie.com/163/article/qmMBby.html [2019-09-30].

流，但是该系统依然存在诸如前间区序列邻近基序识别序列的存在、Cas9蛋白分子过大等固有缺陷，限制了其应用的进一步拓展。近年来，随着CRISPR 系统研究的深入，科学家们发现了多种 CRISPR/Cas，筛选出了数种具有独特性质的 Cas 效应蛋白如 Cas12a、Cas13a 等，并成功地应用于基因组编辑研究中。随着 CRISPR 相关基础研究的进一步深入，新型高效核酸酶系统会被逐渐筛选出来，限制其应用的一些问题将会被有效解决。

3. 新型微生物核酸免疫系统及基因组编辑新资源的研究

微生物是地球上生物量最大、多样性最丰富的生物资源，但目前约99% 的微生物尚未得到培养和系统研究，与微生物相互作用的病毒则更是远未得到深入的解析。风靡全球的 CRISPR/Cas9 基因组编辑技术，从2007 年发现细菌免疫系统的抗病毒功能到 2013 年发展成为基因组编辑领域的革命性技术，只用了短短 5 年多时间。2018 年，以色列的 Rotem Sorek 研究团队通过分析海量的微生物基因组信息，预测并鉴定了一系列新型防御系统[1]，并指出微生物中尚未发现的核酸免疫系统的种类和数量可能远远超过人们的想象。这类核酸免疫系统正是创新基因组编辑技术的源泉，也是国际上的战略必争领域。因此，未来科研人员通过对不同微生物核酸免疫系统的研究，发现其中具有靶向功能的新颖性核酸免疫系统并揭示其工作机制，将为新型基因组编辑原创性工具的建立提供关键基础。

4. 基因组编辑技术应用拓展

CRISPR/Cas 等基因组编辑工具的出现以及日渐完善，大大提高了人类对生物体遗传信息的"读写"能力，让研究者能够轻松地对基因组序列或者基因转录产物进行人为编辑，从而改变目的基因或调控元件的序列、表达量或功能。这一革命性技术一经问世就冲击到生命科学的各个研究领域，必将在未来相当长的时间内对人类健康、疾病治疗、新药研发、物种改良以及生命科学基础研究等诸多方面产生广泛深远的影响，也是世界范

---

〔1〕Doron S, Melamed S, Ofir G, et al. Systematic discovery of antiphage defense systems in the microbial pangenome. Science, 2018, 359(6379): eaar4120.

围内竞争最为激烈的下一代核心生物技术。因此，通过对现有 Cas 蛋白的改造或新型 Cas 蛋白的筛选发现，拓展基因组编辑技术的应用范围也必将成为该技术研究的重要方向。

### 3.2.3 基因组编辑技术的全球竞争态势

1. 以美国为代表的欧美国家是基因组编辑技术基础研究的发源地和高质量产出国家

基因组编辑技术起源于欧美等发达国家，其中美国是最早进行相关基础研究的国家，并且其研究产出成果最多。同时，美国也是基因组编辑技术核心论文（TOP 10% 高被引论文）数量最多的国家，占比超过全球核心论文数量的一半以上，远多于其他国家。此外，以英国、德国为代表的欧洲国家也是该技术最早发源地之一（表 3-1）。

表 3-1  主要国家研究论文产出情况

| 国家 | 产出年份 | 数量 / 篇<br>（通讯作者发文） | TOP 10% 高被引论文的数量 / 篇 | 高被引论文占全球高被引论文总量比例 /% |
|---|---|---|---|---|
| 美国 | 1974 ～ 2017 | 6617 | 854 | 57 |
| 中国 | 2005 ～ 2017 | 1534 | 114 | 8 |
| 日本 | 1992 ～ 2017 | 1140 | 54 | 4 |
| 德国 | 1979 ～ 2017 | 1209 | 103 | 7 |
| 英国 | 1999 ～ 2017 | 774 | 75 | 5 |

2. 欧美是基因组编辑技术核心专利技术的掌控者

当前基因组编辑领域的核心专利主要由欧美的大学和企业所掌控。其中，MN 的专利主要掌握在法国皮埃尔大学、Cellectis 公司、美国杜克大学和 Precision 公司等手中。ZFN 技术的核心专利由美国犹他大学、Sangamo 公司和 Sigma-Aldrich 公司把持。TALEN 技术的核心专利主要由德国马丁·路德大学、美国明尼苏达大学、艾奥瓦州立大学和 Sangamo 公司掌控。CRISPR/Cas 技术的重要专利主要集中在 Broad 研究所、麻省理工学院、加州大学、哈佛大学和 Caribou 生物科学公司等机构（图 3-5）。鉴于 CRISPR/Cas 技术在基础研究和商业应用中的巨大潜力，Broad 研究所和加州大学对于 CRISPR/Cas 技术专利授权的归属仍在展开激烈争夺。

| | 1992 | 2002 | 2003 | 2004 | 2005 | 2006 | 2007 | 2008 | 2009 | 2010 | 2011 | 2012 | 2013 | 2014 | 2015 | 2016 |
|---|---|---|---|---|---|---|---|---|---|---|---|---|---|---|---|---|
| 法国皮埃尔大学 | ♠ | | | | | | | | | | | | | | | |
| Cellectis公司 | | ♠ | | | | | | | | | | | | | | |
| 美国杜克大学 | | | | ♠ | | | | | | | | | | | | |
| Precision公司 | | | | | | ♠ | | | | | | | | | | |
| 美国犹他大学 | | | ♣ | | | | | | | | | | | | | |
| Sangamo公司 | | | ♣ | | | | | | | ♥ | | | | | | |
| Sigma-aldrich公司 | | | | | | | | ♣ | | | ♣ | ♣ | | | | |
| 德国马丁·路德大学 | | | | | | | | | ♥ | | | | | | | |
| 明尼苏达大学 | | | | | | | | | ♥ | | | | | | | |
| 艾奥瓦州立大学 | | | | | | | | | ♥ | | | | | | | |
| Broad研究所 | | | | | | | | | | | | ♦ | | ♦ | ♦ | ♦ |
| 麻省理工学院 | | | | | | | | | | | | ♦ | | ♦ | ♦ | |
| 哈佛大学 | | | | | | | | | | | | ♦ | | ♦ | | |
| 加州大学 | | | | | | | | | | | | ♦ | | | | |
| Caribou公司 | | | | | | | | | | | | | ♦ | | ♦ | |

♠ MN技术　　♣ ZFN技术　　♥ TALEN技术　　♦ CRISPR技术

图 3-5　基因组编辑技术核心专利的分布情况

3. 基因组编辑初创企业不断涌现并受到资本青睐, 市场规模快速增长

基因组编辑技术自问世起就成为各界关注的焦点, 涌现出一批专注基因组编辑的初创型科技企业, 如 Caribou 公司、Crispr 公司、Editas 公司、Intellia 公司、Sangamo 公司、Cellectis 公司和 Precision 公司。其中, 前三家公司分别由 CRISPR/Cas 三大先驱人物 Jennifer Doudna、Emmanuelle Charpentier 和张锋建立, 这些公司的主要商业模式是与大型药企或农业企业合作开发或独立开发再进行授权转化, 不断推动了该技术发展与商业化进程。同时, 这些基因组编辑企业受到了金融资本的关注, 吸引了大量投资。美国波士顿咨询集团 2015 年发布的报告显示, 自 2013 年以来, 美国基因组编辑公司已经吸引了超过 10 亿美元的风险投资。另据美国 Markets and Markets 咨询公司发布的报告, 全球基因组编辑市场（包括 CRISPR/Cas、TALEN 和 ZFN）的规模将从 2017 年的 31.9 亿美元增长到 2022 年的 62.8 亿美元, 复合年均增长率高达 14.5%[1]。

---

〔1〕Research and Markets. Genome Editing/Genome Engineering Market by Technology (CRISPR, TALEN, ZFN), Application (Cell Line Engineering, Animal Genetic Engineering, Plant Genetic Engineering), and User (Biotechnology & Pharmaceutical Companies, CROs)-Global Forecast 2022. https://www. researchandmarkets. com/reports/4430910/genome-editinggenome-engineering-market-by [2019-09-30].

**4.初步形成上、中、下游完整产业链，制药企业和育种公司纷纷布局基因组编辑技术的应用**

目前基因组编辑技术市场已经初步形成了上、中、下游的完整产业链（图3-6）。上游主要是高校和一些基础研究机构，主要是提供基础研究成果的专利技术授权，如约翰·霍普金斯大学、马丁·路德大学、明尼苏达大学、博德研究所和加州大学伯克利分校等。中游是提供基因组编辑相关产品和技术服务的生物科技公司，它们是将上游学术研究机构的基础研究成果转化为商业化应用技术的关键，主要是提供试剂盒的产品类供应商和技术开发类的基因组编辑公司，如 Sigma-Aldrich、Caribou 公司、Crispr 公司、Editas 公司、Intellia 公司、Cellectis 公司、Sangamo 公司等。下游则包括制药企业、临床试验企业（CRO）以及动植物育种公司等终端用户，通过技术许可和合作研发等模式转战基因组编辑领域，以期开拓新的业务板块，如福泰制药（Vertex）、朱诺治疗公司、诺华、辉瑞公司等制药企业和 Calyxt 公司、重组科技、杜邦（Dupont）、孟山都、先正达等动植物育种公司。

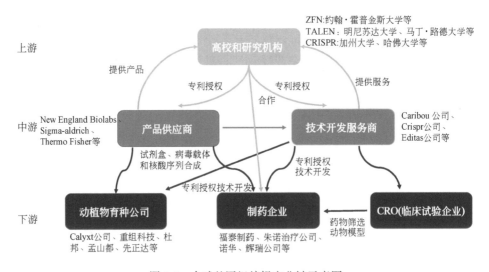

图 3-6　全球基因组编辑产业链示意图

## 3.3　基因组编辑技术的颠覆性影响及挑战应对

### 3.3.1　基因组编辑技术发展的价值与作用

对目的基因进行精准靶向修饰的基因组编辑技术使得解决基础生命科学、生物技术和生物医学等领域的许多问题成为可能，尤其是具有设计简单、操作方便、费用低廉等巨大优势的基因组编辑技术 CRISPR/Cas 的出现，将给遗传操作领域带来了一场革命性的改变。以前瞻性闻名的 *Wired* 网站将基因组编辑技术称为"创世纪引擎"（genesis engine），称其"有可能用来建造一个无疾病、无饥饿、无污染的新世界"。

#### 1. 推动医疗行业的重大变革

基因组编辑技术的出现和应用为人类疾病的治疗带来了福音。它比传统的基因治疗特异性更强、基因修饰更精确，被认为具有类似"手术刀"的潜力，可以从根本上治疗从癌症到罕见遗传病等大量疾病，可能代表了药物研发的新纪元。目前，大量创新公司正在引领基因组编辑治疗产品的开发工作，专注于将 CRISPR/Cas 基因组编辑技术转变为医疗手段，并吸引了来自风险投资机构和制药公司的大量投资。

基因组编辑技术发展所产生的重大影响尤其体现在生物制药和基因/细胞治疗等方面。在生物制药方面，科研人员成功构建了基于基因组编辑技术的全新制药方式，以获得一些难以用单纯的化学方法合成或在生物体中难以大量提取的药物，如胰岛素、干扰素等都可通过此类技术获得。在基因/细胞治疗方面，CRISPR+CAR-T 疗法能够提高 CAR-T 疗法的疗效、降低副作用与成本，在癌症、遗传性疾病和逆转录病毒相关的传染病等疾病的治疗方面取得许多堪称跨时代的佳绩，有望成为免疫治疗的突破口。

此外，基因组编辑技术对整个医疗产业产生的重要影响还表现在其可能会颠覆传统的医药销售模式。由于基因编辑技术具有较高的技术门槛，需要医院配备专人进行操作，基因组编辑产品销售会更倾向于在学术上去推广和临床技术上的支持。这也意味着未来将会有一批新兴的生物医药公司快速崛起并替代传统的化学制药公司，而且这些新基因组编辑公司不需要通过传统的医药公司的推广渠道，有可能会颠覆传统的以医药代表为重要标志的医药销售格局。

2. 重塑种业竞争格局

优质的动植物品种资源是保障国家粮食安全、促进现代农业可持续发展的必要前提，品种改良对提高家畜生产性能和作物产量有着不可替代的作用。然而，传统的动植物品种改良方法基本是通过杂交育种的方式，将优良性状筛选出来，整个育种过程不但周期漫长，而且耗费大量人力和财力，育种成果很难取得突破性进展。而基因组编辑技术的兴起能够帮助育种家准确快捷地分离优良与不利性状，使得短时间内在某一品系中集成多个优质基因成为可能，大大缩短育种周期。此外，基因组编辑技术是一种比传统的物理或化学诱变育种技术更精准的育种技术，可以更准确、更精细地替换和删除生物体内的目标基因，快速获得育种家所期望的目标性状。

目前，美国已豁免了多例基因组编辑产品的监管，这种宽松的创新环境将给美国农业新技术的研发与应用带来深远的影响。一是使研究开发者节省数年的时间和大量的资金。以往传统转基因作物的开发、销售花费可能高达 1.5 亿美元、品种培育周期可能需要 12 年时间，而由于基因组编辑作物免受监管，将使得其开发成本大幅降低（有望下降 90%），并且能使其商业化的时间缩短为 5 年[1]。二是可能改变大型农业公司垄断生物技术种业市场的局面。过去转基因作物的监管成本高昂，限制了中小企业和公共研发机构的创新力和竞争力，只有少数大公司能负担得起，因此转基因作物商业化只集中在孟山都、先正达和杜邦等种子开发巨头手中。

一旦取消对基因组编辑技术的监管，抬升技术门槛的最大限制因素将不复存在，可能会促进大公司和小公司、大学以及其他公共研究机构之间进行更多的合作和授权，同时也会促使更多传统作物育种公司、技术公司和食品公司以及公共研发机构参与其中，使未来基因组编辑技术研发和种业市场呈现"百花齐放、百家争鸣"的竞争格局。

---

[1] 前瞻网 . 基因编辑技术正颠覆美国农业 但它能否避免重蹈转基因的覆辙 . https://baijiahao. baidu. com/s?id=1608408845549665735&wfr=spider&for=pc [2019-09-30].

3. 推动生命科学领域基础研究的有力工具

在基础医学研究中，当前各类基因敲除和基因置换的基因工程动物及细胞系研究已经成为现代医学认识疾病发生发展规律、疾病预防和治疗的重要实验工具和手段。构建适当的疾病动物模型对于人类疾病发生机理研究或进行疾病治疗是必不可少的，对于药物开发、器官移植等也有着重要的作用。然而，传统构建疾病动物模型的方法主要依赖于胚胎干细胞的建立，因此模式动物仅限于小鼠等容易获得胚胎干细胞的动物。此外，利用传统的基因打靶技术制备基因修饰动物还存在周期较长、具有生殖系统传递失败风险等因素限制。因此，新型基因组编辑系统的出现，使得科研人员可以直接在小鼠受精卵中进行基因组编辑，也可以进一步实现快速、高效、低成本、无物种限制地生产基因工程动物，从而促使基础医学领域未来突破性成果不断涌现。

此外，新一代基因组编辑技术的出现，推进了功能基因组学的研究。相比早期经典的突变技术及同源重组技术等基因功能研究手段而言，CRISPR/Cas 可以同时实现对多个基因的编辑，这使得对基因家族的功能研究变得更为便捷。此外，面对大量的测序数据，基因组编辑技术将在基因组功能的解读与对基因的修饰和改造中发挥重要作用，并将深刻影响着生命科学、医学和农业等领域的研究模式，进一步推动各学科的快速发展。

随着现代生物技术的不断发展和完善，基因组编辑技术已经成为科研人员的新宠，越来越多的科学家运用其与其他技术相结合的方式进行各种学术研究。这些技术的融合和广泛应用，将使生物、医学、农业等领域的基础研究更为高效、便捷，从而加速基础研究领域突破性成果的产生，最终推动生命科学领域科研的快速发展。

### 3.3.2　基因组编辑技术发展的潜在风险和影响

1. 基因组编辑的技术风险

与其他任何新技术一样，基因组编辑技术进步带给人类的不仅是机遇和福音，也可能带来无法预知的不确定性或风险问题。一方面，基因组编辑技术存在较严重的脱靶现象，核酸酶除了能对特定 DNA 序列进行编辑外还可能会删减基因组的其他部分，从而导致细胞毒性。2019 年 3 月，中国学者在《科学》杂志上发表的两篇文章指出，通过新的全基因组检测方法都发现碱基编辑技术会导致大量无法预测的脱靶突变。另一方面，由于人类对许多疾病基因的功能以及相关生物学机制尚未完全了解，如果没有开展更多研究就对大量基因进行编辑，则有可能产生非预期的效果或副作用。2018 年，瑞典卡罗林斯卡学院和芬兰赫尔辛基大学的两个团队分别独立发现，一些基因编辑成功的细胞可能会缺失一种关键的抗癌机制，因此利用 CRISPR/Cas 技术进行临床治疗可能会无意中增加其患癌症的风险。

2. 伦理问题

基因编辑技术在人体的运用尤其是对人类生殖细胞与胚胎细胞的相关操作还涉及伦理问题。对生殖细胞和胚胎细胞的基因编辑，涉及人类后代的繁衍与发展，会引发破坏人类基因的多样性、造成后代疾病易感染性和公平与否等多重伦理学问题。

### 3.3.3　有关国家和地区推进基因组编辑技术发展和风险治理的举措

为了应对上述风险与问题，美欧等国家和地区纷纷采取系列措施，推动基因组编辑技术的发展。

美国高度重视和支持基因组编辑技术的发展。2016 年 9 月，美国国防部高级研究计划局宣布启动"安全基因"项目，以期在进一步发挥基因组编辑技术潜力的同时，解决基因组编辑研究中关键的安全问题，防范这一领域的潜在风险。2017 年 1 月，加州大学宣布资助 CRISPR 技术，并扩展其在农业、微生物、环境、前沿技术和社会伦理等更广泛领域的开创性研究和潜在应用。2018 年 1 月，美国宣布将在未来 6 年出资 1.9 亿美元，支持体细胞基因组编辑研究，以开发安全有效的基因组编辑工具，治疗更多的人类疾病。近年来，美国农业部豁免了多例基因组编辑作物的监管，包括基因组编辑的蘑菇和糯玉米等。

欧洲关注新技术的发展与应用，主流科学团体相继发布一系列相关咨询报告，推动基因组编辑等新技术监管"松绑"。其中，德国科学院和欧洲科学院分别在其报告中指出，欧盟应重视在植物、动物、微生物及医疗领域开展基因组编辑的开创性研究，并建议监管应基于性状而不是技术、监管过程应透明且公开。英国生物技术与生物科学研究理事会于 2014 年发表的立场声明指出，欧盟目前采用的新育种技术监管体系存在局限性，需要改进才能满足发展需求。欧盟首席科学顾问组从科学视角探讨基因组编辑产品的监管现状及转基因指令对其产生的影响，并提出修改欧盟现有的转基因生物（GMO）指令，尤其关于基因组编辑和已有的基因修饰技术，以适应当前的科技发展。

### 3.3.4　基因组编辑的伦理问题与治理

随着基因组编辑技术尤其是 CRISPR/Cas9 技术的普及，人类基因组编辑与改造已成现实，随之而来的伦理道德争议也愈加激烈。

1. 人类胚胎与生殖细胞的基因组编辑成为公众关注的焦点

（1）首次人类胚胎编辑研究引发科学团体对伦理问题的关注

2015 年 3 月，《麻省理工科技评论》首先披露中国科学家正在进行修改人类基因的研究。随后，《自然》杂志援引这一消息并发表评论文章称，修改人类基因存在严重风险，呼吁停止相关研究。此后，《自然》和《科学》在其网站刊发多篇相关新闻报道，关注这一研究的伦理问题。4 月，中国国内杂志《蛋白与细胞》在线刊登了广州中山大学黄军就等研究人员首次成功修饰人胚胎基因的研究成果，随即引发了国际科学界尤其是西方学者广泛的伦理争辩。12 月，由美国国家科学院（NAS）、美国医学科学院、中国科学院、英国皇家学会联合组织的首次人类基因组编辑峰会在美国华盛顿召开，并于会后立即成立了由 22 位学者组成的人类基因组编辑研究委员会，就人类基因组编辑的科学技术、伦理与监管开展全面研究。

（2）首例"基因组编辑婴儿"引发社会公众广泛担忧

2018 年 11 月 26 日，时为南方科技大学副教授贺建奎宣布，世界首例免疫艾滋病的基因编辑婴儿在中国诞生。消息一出，立即引发了各界热议。国内相关部委、研究机构与大学、科学家团体均对基因组编辑婴儿事件纷纷表明立场，认为相关研究违反了我国的相关法规条例，突破了学术界坚守的道德伦理的底线。科技部表示将与有关部门一道，共同推动、完善相关法律法规，健全包括生命科学在内的科研伦理审查制度；国家卫生健康委员会也于 2019 年 2 月发布《生物医学新技术临床应用管理条例（征求意见稿）》，拟加强基因组编辑技术等高风险生物医学新技术的监管。

国外相关研究机构和学者也对该事件深表关注，来自美国等七个国家的领衔科学家和伦理学家们呼吁全球范围内暂停使用基因编辑修改人类生殖系的临床应用。美国 NIH 也发表声明，支持暂停生殖系基因编辑的临床应用。此外，该事件也引发相关国际科学团队和国际组织的关注，如第二届人类基因组编辑国际峰会组委会发表声明，认为当下任何可遗传生殖细胞编辑的临床应用都是不负责任的，并呼吁加强国际社会对于基因组编辑技术的潜在利益、监管的讨论。世界卫生组织（World Health Organization，WHO）宣布组建新专家委员会，启动人类基因组编辑研究全球登记，同时在线征询人类基因组编辑治理相关意见。2019 年 8 月，美国国家科学院、国家医学科学院和英国皇家学会在华盛顿联合主持了首次"国际人类种系基因组编辑临床应用委员会"会议，旨在为全球科学家、医生和监管机构提供一个共识框架，探讨和规范人类种系基因编辑技术应用的科学、医学和伦理道德等问题。

2. 国际社会对人类基因组编辑的治理获得一定共识

基因组编辑研究和临床试验是新鲜事物，各国目前都没有现成的监管经验。全球各界非常重视与基因组编辑相关的监管问题，纷纷围绕"基因组编辑是否可以用于人体细胞或胚胎编辑以及人体中的基因组编辑应如何监管"等问题开展了热烈讨论，并达成了部分共识。

（1）鼓励基因组编辑应用于人体的基础研究

基因组编辑有助于了解人类的细胞和组织，以及辅助了解哺乳动物的生殖和发育等，因而受到各国的广泛关注和资金支持。欧洲科学院科学咨询理事会（European Academies Science Advisory Council，EASAC）在其 2017 年发布的《欧盟基因组编辑的科学机遇、公众利益和政策选择》报告中表示，将在遵照适当的法规和伦理规则前提下，加强基因组编辑的基础研究和临床研究。在监管建议方面，美国国家科学院 2017 年的报告《人类基因组编辑：科学、伦理和监管》表示，人类基因组编辑实验室里的基础研究，在美国现有的地方、州和联邦的伦理规范和监管框架下已经可控，对现行的用人类细胞和组织进行基础的基因组编辑研究的评估监管体系和监管流程，也适用于对未来实验室的人类基因组编辑基础研究进行评估。

（2）广泛支持人体细胞基因组编辑的应用研究

体细胞指人体组织中除了精子和卵细胞及其前体细胞以外的所有细胞，意味着体细胞基因组编辑的影响仅限于治疗个体，而不会在后代之间遗传。在体细胞基因组编辑方面，各国对开展临床研究与临床治疗基本持支持态度。2015 年 12 月，首次召开的人类基因组编辑国际峰会的与会专家认为[1]，现阶段可在适当的法律法规、伦理准则的监管下开展人体细胞相关的基础研究和临床前研究，也可开展针对体细胞的临床研究与临床治疗。美国国家科学院发布报告，表示使用基因治疗（或是基因组编辑）来治疗或预防疾病是受到社会大众支持的，并且相关研究应该遵循现有的针对人类基因治疗的监管准则和法律规范[2]。EASAC 报告同样支持基因组编辑技术在人体细胞研究中的应用，但认为需要了解体细胞基因组编辑的临床应用的风险（如编辑错误）与可能收益，应在现有和不断发展的监管框架内对其进行严谨的评估。

（3）人类胚胎和生殖细胞基因组编辑尚未达成广泛共识

人类生殖细胞编辑产生的基因变化会遗传给下一代，导致可能逾越很多伦理上不可侵犯的界限，因此，目前对人类生殖细胞与胚胎基因组编辑具有较大争议。总体来看，全球主要国家均反对基因组编辑应用于生殖目的，但也有很多国家对人类胚胎进行基因组编辑没有立法或者态度暧昧，而多数国家均支持公共资本注入以探究其潜在的临床应用价值。

---

〔1〕The National Academies of Sciences, Engineering, and Medicine. International Summit on Human Gene Editing. http: //nationalacademies. org/gene-editing/Gene-Edit-Summit/ [2019-09-30].

〔2〕美国国家科学院，美国国家医学院人类基因编辑科学、医学、伦理指南委员会 . 人类基因组编辑：科学、伦理与监管 . 曾凡一，时占祥，等译 . 上海：上海科学技术出版社，2017：10-11.

美国虽然没有通过有关人类生殖细胞或者人类胚胎基因组编辑研究的相关法律，但是美国 NIH 明确表示禁止对人类生殖细胞和人类胚胎进行任何形式的基因组编辑研究。《欧洲人权和生物医学理事会公约》早在 1997 年就明确禁止对人类生殖细胞和人类胚胎进行任何程度的基因组编辑和基因修饰。EASAC 认为，生殖细胞基因组编辑的临床应用既要考虑个人遗传改变，也要考虑下一代遗传改变的责任，可以开展人类早期胚胎或生殖细胞的基因组编辑，反对经编辑的细胞 / 胚胎用于妊娠。

相比而言，英国支持人类基因组编辑相关研究。英国允许人体胚胎研究，并于 2016 年宣布正式批准伦敦弗朗西斯·克里克研究所对人类胚胎进行编辑的请求，成为全球首个胚胎医学改造合法化国家。2018 年 7 月，英国纳菲尔德生物伦理学协会发布报告称，在充分考虑科学技术及其社会影响的条件下，基因编辑婴儿"伦理可接受"。

## 3.4 我国发展基因组编辑技术的建议

### 3.4.1 我国基因组编辑技术发展现状

近年来，我国在基因组编辑领域的科技创新活动呈现明显追赶态势，所发表的科技论文和专利数量仅次于美国，居全球第二位。其中，近 5 年来，我国在基因组编辑领域发表的论文数量占全球论文总量的比例从 6.7% 提高到 14%，专利数量占比从 20.5% 上升至 60%（图 3-7）。

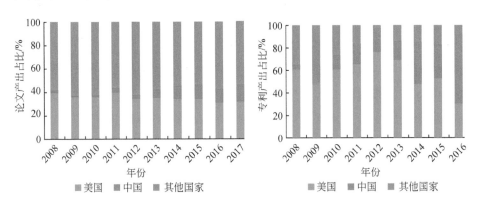

图 3-7　我国在基因组编辑领域的论文和专利产出占比年度趋势

同时，我国基因组编辑相关基础研究也取得了一系列重要研究成果。在动植物育种方面，中国科学院遗传与发育生物学研究所利用 TALEN 和 CRISPR/Cas9 技术获得具有广谱抗白粉病的小麦品种，中国科学院动物研究所利用 CRISPR/Cas9 技术培育出低脂抗寒猪。在医学基础研究方面，广州中山大学首次修改人类胚胎中与地中海贫血症相关的基因，为治疗地中海贫血症提供了可能；南京医科大学等机构在全球率先培育出首对靶向基因组编辑猴，为建立猴疾病模型和研究人类疾病奠定了重要基础。在临床应用方面，我国是全球首个将 CRISPR/Cas 用于人体试验的国家，迄今至少有 86 名患者接受了基因组编辑治疗，批准了至少九例基于 CRISPR/Cas 技术的肿瘤治疗临床研究。在基因功能研究方面，中国科学院于 2017 年启动了基因组标签计划（Genome Tagging Project，GTP），利用世界领先、独创技术在体外编辑"人造精子细胞"，构建了可大规模生产标签小鼠文库的平台，有望在未来开展基于该特色平台的大科学研究计划。此外，我国政府非常重视基因组编辑技术的研发，并将基因组编辑技术列为多个国家级发展规划的重点发展方向。这些均为我国基因组编辑技术快速发展奠定了坚实的基础和有利的创新环境。

然而，未来我国基因组编辑技术在发展的同时还存在诸多挑战与问题。与发达国家相比，我国尚未形成完整、顺畅的基因组编辑产业链（图 3-8）。其中，我国高校和科研院所集中在基因组编辑技术产业链上游，主要从事

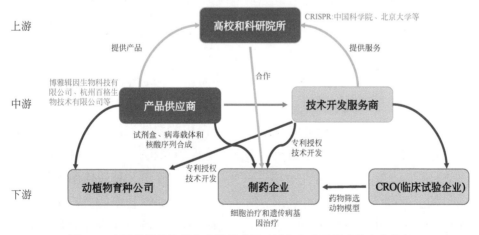

图 3-8　中国基因组编辑产业链示意图（浅灰色表示无或较少布局）

基因组编辑技术的基础研究。在中游，国内相关企业主要集中在试剂盒开发和提供基因敲除、载体构建等服务上，没有较为成熟的技术研发企业；同时，由于整体技术实力较弱，其核心技术被欧美企业垄断，因此没有吸引到相关的金融投资。在下游，以 CAR-T 为代表的基因治疗技术临床探索初步展开，然而主要以医院为主体，企业很少参与相关研发。

总体而言，我国高校和科研院所等研发主体在基因组编辑技术领域没有掌握相关核心技术，缺少基础原创性和突破性的重要研究成果，从而使得我国基因组编辑技术发展与应用可能受制于人，存在较大风险。

### 3.4.2 发展基因组编辑技术的路径与建议

1. 加强基因组编辑技术的原创性研究，改进与优化基因组编辑技术

尽管我国已经是基因组编辑领域的研究论文和专利产出大国，但我国的研究更多属于跟踪型或应用拓展型，未掌握相关领域的核心技术。因此，我国未来应该采取以下措施，扭转上述不利局面。一是鼓励和支持更具源头创新的研究，如加强新型微生物核酸免疫系统作为基因组编辑新资源的研究，探索其重编程能力以及特异识别外源 DNA 或 RNA 的分子机制，为发展新型基因组编辑工具提供源头创新。二是加强针对基因组编辑技术瓶颈以及衍生技术的研究，尤其是在提高基因组靶向修饰的精度与效率、降低脱靶效应、提高特异性、对细胞的影响等方面，仍有很大的提升空间。

2. 重视基因组编辑的应用研究，推动我国基因组编辑技术的产业化发展

基因组编辑技术进入产业化已是大势所趋，其潜在的经济效益更是不可估量，必将对农业生产、医疗、制药等国计民生产业产生重大而深远的影响。欧美等国家和地区的多家公司已经在相关领域先行启动了商业化运作，并取得了一些突破性的进展。因此，建议国家相关部门采取以下措施，推进基因组编辑技术产业化发展。一是尽快制定政策和行业使用规范与指南，按照不同领域的具体情况，逐步推进基因组编辑技术的产业化发展。例如，根据我国的研究基础以及先前的监管经验，可以优先推动基因组编

辑技术在农业领域的产业化应用，再将其逐步扩展到制药、临床等方面的应用。二是组织法律、政策、学科等相关专家对我国基因组编辑技术应用的知识产权风险进行评估，建立一套知识产权运营和预警机制，为基因组编辑技术未来的产业化发展保驾护航。

3. 加强风险评估和风险管理，制定适合我国国情的基因组编辑治理框架

目前，我国对基因组编辑等新技术及产品是否需要监管以及如何监管等尚未给出明确说法。因此，国家相关部门应尽快建立一个基于科学证据，明晰、适中的监管框架，以促进新技术的快速发展与合理应用，同时保障生物安全和社会稳定。其具体措施包括：一是相关部门组织专家研讨或者委托第三方机构开展基因组编辑技术风险评估工作，为后续监管框架的制定提供科学证据基础。二是根据不同应用领域（如医学、农业等）特点，制定适合本国国情的监管重点和监管内容。三是明确监管主体。例如，监管对象是技术还是应用、使用什么标准进行监管、哪个部门来主管、由谁来制定治理标准等。

4. 建立健全相关法律法规体系，顺应新技术发展需求

我国相关法律和制度的建设应该跟上基因组编辑技术的发展，并且需要适度把握好科学规范、避免误用滥用和鼓励科研探索之间的关系。一是组建法律与技术专家委员会，以制定相关法律法规、检查法律与技术的适用性并减少运行障碍等。二是梳理我国现有与生物技术、临床治疗、干细胞治疗、转基因生物安全等相关的法律法规，了解基因组编辑技术及其产品的监管政策或法律是否存在空白。三是制定新的管理政策和法律法规，明确责任主体，并就将来有可能出现的违法违规问题做出严格的规定，并能根据需求和技术发展进行适时的更新调整。

5. 加强基因组编辑技术的科学知识普及，建立科学家－公众对话机制

作为一项新兴的技术，基因组编辑技术在各领域的应用将会不可避免地带来生物安全与社会伦理等问题。因此，政府主管部门、科研界、产业

界应高度重视公众的理解和参与，充分保障公众对基因组编辑技术的知情权。其具体措施包括：一是政府相关部门应构建相关利益方参与的平台和沟通对话渠道，通过设立专门网站等形式及时发布政府权威消息，使每一项新型技术的立项研发、应用推广都在公众的监督之下。二是科学团体通过多种形式的科普活动，努力提高公众的科学素养，既要让公众了解基因组编辑技术的积极作用，也要及时让公众意识到其潜在的风险，使公众能够更加理性地看待基因组编辑技术及其相关产品。三是产业界需建立科研与行业的自律意识和行为规范，严格按照国家的法律法规开展相关实验，适时公开其研究所取得的重要进展，使公众及时了解基因组编辑技术的研发和应用现状。

# 第 4 章  合成生物学

合成生物学是一个正在快速发展的新兴领域。近年来，合成生物学高速发展，重大突破不断涌现。"人造生命"正帮助人们接近生命起源和进化的真相；随着基因组合成、设计技术的飞速进步，合成生物学的研究也从单细胞向多细胞复杂生命体系的活动机理，向人工遗传线路和底盘生物定量、可控设计构建，以及人工细胞设计调控层次化、功能多样化的方向发展，不仅会进一步人们深化对"人造生命"理论的理解，还将由此催生一场科学、文化、技术与产业的革命。合成生物学的主要目标，一方面是希望可以从头设计、合成新的生命过程或生命体，为生命科学研究开拓新思路、新方法、新领域。另一方面，利用合成生物学的方法和技术，将"设计、构建、测试"的工程学思路真正引入现代工业生物技术和生物医学领域，通过对现有生物体的有目的的、工程化的改造，或将解决人类发展面临的若干重大挑战，推动人类社会的可持续发展，保持和恢复地球环境的生态平衡。此外，合成生物学还将有助于人类攻克生命起源和生物进化等根本性难题，或将影响哲学和其他思想理论体系的发展[1]。未来，随着合成生物学的发展、相关技术的广泛应用和产业发展，相关产品的复杂性、新颖性，以及应用范围、规模向前所未有的深度和广度发展，将会对其政策和监管体系带来巨大挑战。

## 4.1  合成生物学的概念与内涵及发展历程

### 4.1.1  合成生物学的概念与内涵

20世纪90年代以来，随着基因组科学不断发展，系统生物学应运而生，合成生物学也发展起来，以帮助人们对细胞的行为进行创造、控制及编程。

---

[1] 赵国屏. 合成生物学：从科学内涵到工程实践. 生物产业技术. 2010, 5: 87-89.

由于合成生物学的快速发展，人们对合成生物学概念和内涵的理解也在不断地发展；同时，因为合成生物学高度交叉的特性，来自不同领域的科学家都参与到合成生物学的研究中来，他们也会根据自己的知识和经验，从不同的角度解释合成生物学。在某些人看来，合成生物学仅仅是基因工程（genetic engineering）的自然延伸。在另一些人看来，合成生物学以数十年来生物技术的研究成果为基础，是实现大规模制造的一个途径，其发展或将导致一种新型制造模式的产生。

总的来说，合成生物学是以生物学研究为基础，融入工程学的思想和概念，综合利用化学、物理、信息科学的知识和技术，从头合成或改造重新合成具有特定生物学活力的生物分子及其复合物、功能线路和细胞器，从而创造细胞、组织、器官、生物个体乃至生态系统，其最终目的是构建自然界中不存在的，或者是重新设计已有的生物系统。

### 4.1.2　合成生物学的发展历程

合成生物学一词最早出现于法国物理化学家 S. Leduc 于 1911 年所著的《生命的机理》（*The Mechanism of Life*）一书中。书中专门设有章节讨论合成生物学（Synthetic Biology），并指出，德国化学家 M. Traube 于 1866 年创造的第一个"人造细胞"（artificial cell），用于研究膜的渗透性能及形成的模式，应算是合成生物学研究的开端。

合成生物学研究可以追溯到 F. Jacob 和 J. Monod 在 1961 年发表的标志性文章[1]。他们对大肠杆菌乳糖操纵子（lac）的研究成果让他们提出这样的设想：细胞中存在调节线路，使其得以对复杂多变的环境产生响应。紧接着，他们展望可以使用分子元件组装出新的调节系统[2]。20 世纪七八十年代，分别出现了分子克隆和 PCR 技术，这些基因操作手段广泛应用于微生物的研究中。到 20 世纪 90 年代中期，研究人员利用自动 DNA 测序技术以及不断完善的计算技术已经可以对微生物进行全基因组

---

〔1〕Monod J, Jacob F. General conclusions: Teleonomic mechanisms in cellular metabolism, growth, and differentiation. Cold Spring Harb. Symp. Quant. Biol. , 1961, 26: 389-401.

〔2〕Jacob F, Monod J. On the regulation of gene activity. Cold Spring Harb. Symp. Quant. Biol. , 1961, 26: 193-211.

测序，此外还有用于 RNA、蛋白质、脂质和代谢物测定的高通量技术。这些技术都让科研人员获得了一大批细胞组分元件，并且开始研究它们之间的相互作用。总体看来，合成生物学的发展大致可以分为三个阶段。

### 1. 创建阶段

在这一阶段形成了许多具备领域特征的研究手段和理论。对于早期的合成生物学家们来说，领域开创的起点是人们构建出了简单的基因调控线路，这个线路的功能和电路相似。2000 年，《自然》杂志发表的"基因开关"[1]和"压缩振荡子"[2]文章，被认为是合成生物学领域的奠基性工作。简单的通路能够帮助人们了解真核、原核生物中，基因表达和分子噪声之间的关系，这也较早地表现了合成生物学能够帮助人们深化和清晰对基础生物学的认识。尽管早期的工作主要专注于通路设计，但这一时期也开始了一些简单基因调控网络的工作。2001 年，首个细胞-细胞通信通路的建立[3]，为未来工程微生物的工作奠定了基础。

### 2. 发展阶段

这一阶段的特征是领域有扩大的趋势，但工程技术进步缓慢。2005 年前后，合成生物学的规模和范围都有了很大程度的提高。2004 年夏，在美国麻省理工学院举办了合成生物学领域的首个国际会议——合成生物学 1.0（SB1.0）。会议吸引了来自生物学、化学、物理学、工程学和计算机科学等多个领域的研究人员。会议的召开对这一新兴领域起到了广泛、重大的积极意义，促进了生物系统设计、构建和描述工作，具备了全基因组工程的长期目标。随着越来越多的学科联合到一起，当代工程中的一些观点也为分子生物学研究所广泛应用，这也为各领域间的兼容性提出了新的问题。合成生物学能像电子工程或机械工程那样，发展成复杂精细的工

---

〔1〕Gardner T S, Cantor C R, Collins J J. Construction of a genetic toggle switch in *Escherichia coli*. Nature, 2000, 403: 339-342.

〔2〕Elowitz M B, Leibler S. A synthetic oscillatory network of transcriptional regulators. Nature, 2000, 403: 335-338.

〔3〕Weiss R, Knight T F. Jr. Engineered communications for microbial robotics// Condon A, Rozenberg G. DNA Computing. Heidelberg: Springer-Verlag Berlin Heidelberg, 2001:1-16.

程学科吗？像元件标准化（parts standardization）这样的做法能照搬到生物系统中吗？研究团体首先明确了改善基因系统工程的目标，通过构建模块元件集合，发展相关方法，对特别的线路设计进行构建和调试来实现相关的目标[1]。在这个时期，最具影响力的科学成就应属于代谢工程领域。一项进行了数十年、有关类异戊二烯生物合成的基础研究与合成生物学正向工程的理论原理相融合，成功实现了以异源前体物为原料生产青蒿素——一种原产于植物黄花蒿（*Artemisia annua*）的抗疟药品[2]。在国际上通过合成生物学合成得到青蒿酸的基础上，上海交通大学的研究团队通过催化一步合成得到青蒿素，使得青蒿素的价格大大下降。

3. 快速创新和应用转化阶段

这一阶段涌现出的新技术和工程手段使研究人员能够将其应用、改进生物技术和医疗水平。近几年，无论在进步的速度还是成果的质量上，合成生物学领域都正在快速发展。自 2008 年开始，文献报道的线路表现出高度复杂的趋势。这些线路由已深入了解的生物元件构建而成，制作更加精良、性能更加稳定。尽管在线路设计过程中，生物元件的环境依赖性和可互操作性仍是一项重要障碍，但是生物构建的工程工艺不断进步或将平衡这一不足。

## 4.2　合成生物学的重点领域及主要发展趋势

### 4.2.1　合成生物学发展的重点领域

各国政策的大力支持及遗传学、分子生物学、生物化学、基因组学、系统生物学、生物信息学、计算机科学等学科和技术工具、方法的快速发展，极大地促进了合成生物学的发展。尤其从 2008 年开始，合成生物学不仅在元件、通路、调控等基础研究的各个方面都取得了许多重要成果，在技术研发方面，例如基因组合成技术、基因组编辑技术、生物系统设计与模拟技术等，也取得了突破性的进展。

---

〔1〕Endy D. Foundations for engineering biology. Nature, 2005, 438: 449-453.
〔2〕Ro D K, Paradise E M, Ouellet M, et al. Production of the antimalarial drug precursor artemisinic acid in engineered yeast. Nature, 2006, 440: 940-943.

1. 基因组合成技术

2010 年，美国克雷格·文特尔研究所的 Gibson 等利用人工合成的、长达 1.08 Mb 的蕈状支原体基因组支持 JCVI-syn1.0 的存活，成功创造出第一个完全由合成基因组构成的原核生物[1]；2016 年，该研究所设计并合成出一个最小的细菌基因组，并获得了最小合成细胞 JCVI-syn3.0，它仅含有维持生命所需的 473 个基因[2]。从 2011 年开始，来自世界多个国家的研究人员开始实施第一个真核生物基因组合成计划——合成酵母基因组计划（Sc2.0），2014 年，研究人员利用计算机辅助设计技术，成功构造了酵母染色体Ⅲ[3]，尽管合成的仅仅是酿酒酵母 16 条染色体中最小的一条，但这是通往合成一个完整的真核细胞基因组的关键一步；2017 年 3 月，研究人员完成了 2、5、6、10 和 12 号染色体的合成与组装，中国的研究人员在其中 4 条染色体的工作中做出了贡献，《科学》以封面文章进行了报道[4]。2018 年 8 月，中国科学院分子植物科学卓越创新中心 / 植物生理生态研究所的研究团队与国内多家机构合作，将真核生物酿酒酵母天然的 16 条染色体人工合成为有功能的单条巨大染色体，并在线发表在《自然》杂志上[5]，标志着我国在该领域已经达到国际领先水平。

2. 基因组编辑技术

CRISPR/Cas9 技术给生物技术领域带来了巨大的冲击。2012 年，加州大学伯克利分校的 Jinek 等报道，利用 RNA 介导 CRISPR/Cas 可实现基因组编辑[6]，证实 CRISPR/Cas 可作为基因组编辑工具。2013 年，来自麻

〔1〕Gibson D G, Glass J I, Lartigue C, et al. Creation of a bacterial cell controlled by a chemically synthesized genome. Science, 2010, 329(5987): 52-56.

〔2〕Hutchison C A, Chuang R Y, Noskov V N, et al. Design and synthesis of a minimal bacterial genome. Science, 2016, 351(6280): aad6253.

〔3〕Annaluru N, Muller H, Mitchell L A, et al. Total synthesis of a functional designer eukaryotic chromosome. Science, 2014, 344(6179): 55-58.

〔4〕Mercy G, Mozziconacci J, Scolari V F, et al. 3D organization of synthetic and scrambled chromosomes. Science, 2017, 355(6329): eaaf4597.

〔5〕Shao Y Y, Lu N, Wu Z F, et al. Creating a functional single-chromosome yeast. Nature, 2018, 560: 331-335.

〔6〕Jinek M, Chylinski K, Fonfara I. A programmable dual-RNA-guided DNA endonuclease in adaptive bacterial Immunity. Science, 2012, 337(6096): 816-821.

省理工学院和哈佛大学的研究团队首次证明了 CRISPR/Cas9 能用于哺乳动物细胞基因组的编辑[1]。2016 年，美国 Salk 研究所的研究人员首次证实，基于 CRIPSR 的技术能够将 DNA 插入到非分裂细胞的靶向位置[2]。这项突破对于编辑成年活有机体的基因组来说具有革命性意义，将使新技术成为医学研究领域非常有前景的工具。2018 年，哈佛大学 G. Church 领导的研究组提出了一个新的基于 CRISPR/Cas9 的技术方法，利用酵母开发了一种高通量方法，能够在单个酵母细胞中同时精确改变数百种不同基因或者某个基因的多个特征[3]，为 CRISPR/Cas9 技术的最新应用开辟了另一条途径，即发现先前未知的细胞调节其生理学的分子机制。

3. 生物系统设计与模拟技术

2014 年，华盛顿大学、波士顿大学等利用"合成生物学开放性语言"（synthetic biology open language，SBOL），通过多机构、多学科合作，设计、构建和测试了一种基因开关，以探讨信息共享和设计结果的可重复性[4]。近年来，计算机建模专家不仅已经超越了自然的限制，设计出人工蛋白[5]，还已开始模拟细胞的发展历程，开展全细胞计算模型的开发研究，以实现预测和理性设计[6]。此外，科学家们还设计合成出了"分子机器人"[7]

---

〔1〕DiCarlo J E, Norville J E, Mali P, et al. Genome engineering in *Saccharomyces cerevisiae* using CRISPR-Cas systems. Nucleic Acids Res. , 2013, 41(7): 4336-4343.

〔2〕Suzuki K, Tsunekawa Y, Hernandez-Benitez R, et al. In vivo genome editing via CRISPR/Cas9 mediated homology-independent targeted integration. Nature, 2016, 540(7631): 144-149.

〔3〕Guo X G, Chavez A, Tung A, et al. High-throughput creation and functional profiling of DNA sequence variant libraries using CRISPR-Cas9 in yeast. Nature Biotechnology, 2018, 36(6): 540-546.

〔4〕Galdzicki M, Clancy K P, Oberortner E, et al. The synthetic biology open language (SBOL) provides a community standard for communicating designs in synthetic biology. Nature Biotechnology, 2014, 32(6): 545-550.

〔5〕Thomson A R, Wood C W, Burton A J, et al. Computational design of water-soluble $\alpha$-helical barrels. Science, 2014, 346(6208): 485-488.

〔6〕Purcell O, Jain B, Karr J R, et al. Towards a whole-cell modeling approach for synthetic biology. Chaos, 2013, 23(2): 155-178.

〔7〕Erlich Y, Zielinski D. DNA fountain enables a robust and efficient storage architecture. Science, 2017, 355(6328): 950-954.

和"DNA 机器人"[7]。

### 4.2.2　合成生物学主要发展趋势

2013 年以来，随着人工生命密码子、非天然氨基酸实现人工设计与合成，合成生物学正在从模仿生命走向设计生命。同时，工程学观念的普及，元件库和底盘细胞范围的拓展，以及模块、线路设计能力及基因编辑与合成能力的提升，使合成生物学开始迈入全面提升生命科学、生物技术的阶段。合成生物学使能技术的快速发展，不仅为人们对生命现象及其本质的认识提供了便捷、高效的研究工具，同时也极大地促进了包括生物制造、癌症治疗、疫苗研发及疾病或环境污染物监测等多个领域的迅速发展[1]。2019 年 6 月，美国工程生物学研究联盟（EBRC）首次发布了《工程生物学：下一代生物经济的研究路线图》，提出了未来 20 年的发展目标。合成生物技术主题聚焦于工程生物学研发的 4 个关键领域：①基因编辑、合成和组装；②生物分子、途径和线路工程；③宿主和工程联合体；④数据整合、建模和自动化。

首先，为实现对生命系统的理性设计，生物元件的标准化与模块化一直是合成生物学家追求的目标。从启动子、核糖体结合位点到终止子，目前均实现了强度跨度大、梯度密集的元件库的构建，并且其强度可进行软件预测，为后续生物合成途径的代谢流平衡优化与复杂遗传环路的设计等提供了坚实的保障。

其次，DNA 合成与组装技术作为合成生物学最基础的工具，其发展很大程度上决定着人们对生命系统的改造能力。如今，基因合成借助于芯片技术与下一代高通量测序平台，已从传统的柱式合成发展为高通量、高保真的芯片合成。同时，不同尺度（从 bp 至 Mb）的高效 DNA 组装方法也相继被开发，尤其是 Gibson 等人的等温一步法和 Noskov 等人发展的酿酒酵母体内组装法。

〔1〕Thubagere A J, Li W, Johnson R F, et al. A cargo-sorting DNA robot. Science, 2017, 357(6356): eaan6558.
〔2〕李雷，姜卫红，覃重军，等 . 合成生物学使能技术的研究进展 . 中国科学：生命科学，2015，45（10）：950-968.

最后，对生命系统的改造已经从单基因的操作，进入了对整个基因组设计改造时代。无论是对遗传物质的直接修改还是转录或翻译层面上的整体优化，全局扰动的理念产生了各种优秀的基因组编辑工具，如多元自动化基因组工程（MAGE）、全局转录工程（gTME）与 CRISPR/Cas9 基因组编辑技术等。这些使能技术的创新发展也促进了理想底盘细胞的构建，从而为不同遗传环路与生物合成途径等提供了适配的反应系统。

## 4.3 合成生物学的颠覆性影响及发展举措

### 4.3.1 合成生物学发展的价值与作用

合成生物学被称为"第三次生命科学革命"。在现代生命科学中，第一次生命科学革命是 DNA 双螺旋结构的发现，使生命科学研究进入到分子遗传学和分子生物学时代；第二次生命科学革命是人类基因组测序成功，使人们能够大规模地"读取"遗传信息，并引领生命科学研究进入组学和系统生物学时代；而合成生物学是在系统生物学的基础上，结合工程学理念，采用基因合成、编辑、网络调控等新技术，来"书写"新的生命体，或者改变已有的生命体，这将使人们对生命本质的认识水平获得极大提升，被认为是第三次生命科学革命[1]。

此外，麦肯锡咨询公司将合成生物学评价为未来的十二大颠覆性技术之一；2014 年，美国国防部将其列为 21 世纪优先发展的六大颠覆性技术之一；英国商业创新技能部将合成生物技术列为未来的八大技术之一；我国在 2014 年完成的第三次技术预测中，将合成生物技术列为十大重大突破类技术之一；在技术创新研究与咨询机构勒克斯研究公司（Lux Research）发布的《展望 2018：未来这些颠覆性技术将重塑世界》中，合成生物学是 18 项颠覆性技术之一。

1. 对社会经济发展的影响

目前，合成生物学已经并将持续给世界各国经济、社会发展等带来深刻的变革。2011 年，美国市场研究公司 BCC Research 的一份研究报告显

---

〔1〕张先恩 . 2017 合成生物学专刊序言 . 生物工程学报，2017，33（3）：311-314.

示：2011 年合成生物学全球市值超过 16 亿美元，至 2016 年，增长到 108
亿美元，预计未来将以复合年均增长率 45.8% 的速度发展，至 2016 年有
望突破 108 亿美元[1]。未来全球合成生物市场将分为三部分，即潜力产品、
核心产品、实用产品。其中，潜力产品是未来合成生物深远发展的驱动力；
核心产品，诸如标准化 DNA 模块、合成基因、底盘细胞等是构建生产实
用产品细胞工厂和系统的工具；实用产品，诸如药物、诊断试剂、化学
品、生物燃料、农用化学品等着眼下游巨大的市场机会，而每一类实用产
品每年市场价值都超过 100 亿美元。2013 年，麦肯锡全球研究所（McKinsey
Global Institute）发布的报告中，对能够引起人类生活及全球经济发生革命性
进展的颠覆性科技进行描述，认为合成生物技术作为 "编写基因组" 的关键
技术，将对医药、农业、高附加值产品合成及生物燃料等领域有重要的应用
潜力[2]。美国联合市场研究 (Allied Market Research)2016 年的报告《全球合成
生物学市场：机遇与预测，2014—2020》显示，2015 年全球合成生物学市场
达 52.457 亿美元，预测期内的复合年均增长率 (CAGR) 为 23%[3]。这些报告
充分显示出了合成生物学将对人类社会带来巨大影响及重要意义。

2. 对促进产业转型与变革的影响

合成生物学是利用系统生物学知识，借助工程科学概念，从基因组合
成、基因调控网络与信号转导路径，到细胞的人工设计与合成，完成单基
因操作难以实现的任务，将极大地提升基因生物技术的能力并拓展其应用
范围。合成生物学的快速发展，吸引了许多技术投资者。风险投资的增加，
对合成生物学的产业发展起到了巨大的推动作用。例如，Zymergen 公司和
Twist 公司都是世界级别的合成生物学公司，它们 2015 年的经费达到了 5.607
亿美元，其中有 2.27 亿美元用于大范围普及 CRISPR/Cas9 基因编码技术。

〔1〕BCC Research. Synthetic Biology: Emerging Global Markets. http: //www.
bccresearch. com/report/global-synthetic-biology-markets-bio066b. html [2019-09-30].
〔2〕Manyika J, Chui M, Bughin J, et al. Disruptive Technologies: Advances that will
Transform Life, Business, and the Global Economy. http: //www. mckinsey. com/insights/
business_technology/disruptive_technologies [2019-09-30].
〔3〕陈大明，刘晓，毛开云等. 合成生物学应用产品开发现状与趋势. 中国生物工程
杂志. 2016,, 36(7): 117-126.

投入合成生物学初创公司的资金急剧上升，其中大部分资金源于技术投资巨头。2015 年，有 24 家新创建的合成生物学公司筹措到了资金，而在 2012 年还不到 6 个[1]。此外，英国石油公司（BP）、壳牌（Shell）、巴斯夫（BASF）、拜尔（Bayer）、杜邦、道化学（Dow Chemical）等大型跨国石油和化工集团也斥巨资投入生物化工产业，发展面向生物制造的合成生物学与工业应用技术[2]。2016 年，Lux Research 的分析报告称，虽然 2010 ~ 2015 年，投资聚焦于成熟化学品的替代产品，但是从 2016 年开始，风险投资重点已向颠覆性合成生物学和转换技术转移[3]。2017 年，水晶市场研究（Crystal Market Research）公司发布的一份合成生物学市场研究报告指出，到 2025 年全球合成生物学市场有望达到 260 亿美元左右，主要包括了寡核苷酸合成、DNA 合成、标准 DNA 元件、合成基因、底盘生物等产品，以及在农业、化学品、生物燃料和保健品等领域的应用。

3. 应用前景

在合成生物学发展的十余年，这一领域快速成长，获得了许多重要成就，也展现出医药领域、能源领域、环境保护、农业生产等方面应用的巨大潜力。

（1）医药领域

慢性病已经成为影响全球健康水平、阻碍经济社会发展的重大公共卫生和社会问题。随着人类生活方式的改变、工作压力增大及环境污染等影响，我国各种疾病发病率不断增高，尤其癌症发病率急剧增加，已成为危害人类生命健康的危险因素。据世界卫生组织统计，心脏病、脑卒中、癌症、慢性呼吸系统疾病和糖尿病等慢性病是迄今世界上最主要的死因，约占所有死亡原因的 63%[4]。如何攻克慢性病，降低死亡率，提高医疗水平，保

〔1〕Hayden E C. Synthetic biology lures Silicon Valley investors. Nature News, 2015, 527(7576): 19.
〔2〕马延和. 合成生物学及其在生物制造领域的进展与治理. 科学与社会，2014，4（4）：11-25.
〔3〕Marketwired. VCS Invest $5. 8 Billion in Bio-Based Chemicals, as Focus Shifts to Disruptive Synthetic Biology. http: //www. luxresearchinc. com/news-and-events/press-releases/read/vcs-invest-58-billion-bio-based-chemicals-focus-shifts [2019-09-30].
〔4〕世界卫生组织. 慢性病. http: //www. who. int/topics/chronic_diseases/zh/ [2019-09-30].

证人类健康已成为不容忽视的重大问题。20 世纪，世界人口寿命发生了巨大变化，其平均预期寿命与 1950 年相比延长了 20 年，达到 66 岁，预计到 2050 年将再延长 10 年。到 21 世纪，60 岁以上的人口将从 2000 年的大约 6 亿增加到 2050 年的将近 20 亿，预计全球划定为老年的人口与所有人口相比将从 1998 年的 10% 上升到 2025 年的 15%。在发展中国家，这种增长幅度最大、速度最快，预计今后 50 年里，这些国家的老年人口将增长至目前的 4 倍。人口老龄化也成为发展中国家的一个主要问题。老龄化趋势的加剧，导致心血管疾病、老年退行性疾病、糖尿病等慢性病发病率不断攀升。如此庞大的患病人群，对药物的巨大需求可想而知。如何预防并监测慢性病发生，并降低慢性病用药费用成为亟待解决的社会问题。

利用合成生物学方法，运用必需基因及基因合成技术，改造微生物代谢途径，构建新的生物底盘，可在发酵友好、高效的微生物中设计、构建目标化合物的生物合成途径，并经系统调控及优化，利用重组微生物发酵获得来源稀缺的天然产物类药物或前体。这是解决药物来源、降低药物生产成本的最好途径之一。基因组编辑技术、基因线路构建技术可以帮助人们对基因进行大规模改造。利用这些技术可以帮助人们在当前癌症治疗的主要方法——手术、化学药物治疗（化疗）、放射治疗（放疗）的基础上，实现个性化医疗，从而根据患者的具体情况给予最合适的治疗。基于基因线路构建、生物底盘构建等技术，可以有针对性地设计出更有效的药物和治疗手段，比如人工改造的生物分子、合成的基因网络，甚至是程序性生物体等，将其带入到患者体内，进而发挥作用，纠正失衡的生理机能，让患者恢复健康。这将从根本上为治疗癌症提供一种有效手段[1]。

1）药物开发。随着全球化的发展，病菌和其他传染性病原体可以在世界各地迅速蔓延，加之耐药性的增加，给人们带来了新的挑战。来自细菌、真菌和植物次级代谢的天然产物已经成为新的治疗导向。但是，大量收集纯天然产物是罕见的，很难通过传统发酵方法获得。新一代测序技术和合成生物学的融合为药物发现开启了创造大规模可靠的纯天然产物库的

〔1〕Ruder W C, Lu T, Collins J J. Synthetic biology moving into the clinic. Science, 2011, 333(6047): 1248-1252.

机会。合成生物学方法生产抗疟疾药物前体二氢青蒿酸已成为合成生物学在医药领域应用的典范。通过将植物的青蒿素途径基因转移到一个发酵底盘微生物中，并促使其生产青蒿素前体，青蒿素的成本减少了一半，使发展中国家的低收入疟疾患者获得了青蒿素联合疗法。目前，Amyris公司正在全面推进半合成青蒿素技术的产业化及商业化进程。另一个例子是紫杉醇，其在肺癌、卵巢癌和乳腺癌方面具有较高的化疗价值。紫杉醇前体目前通过植物细胞培养生产，并通过化学合成转化成紫杉醇。该过程代价较高，因为植物细胞培养的产量较低。合成生物学为其提供了一种更廉价、更有效的途径，通过在大肠杆菌和酿酒酵母中组装完整的生物合成途径来生产紫杉醇。

2）疾病预防。合成生物学原理为设计疫苗提供了新的机遇。例如，2002年，在活细胞外首次人工合成了脊髓灰质炎病毒。在开拓一株安全的活疫苗时，研究人员为了减毒活脊髓灰质炎病毒候选疫苗的合理设计从头合成了大量DNA分子。他们推测，这种策略可以用来减弱许多病毒的活性。另外，蚊子传播的病毒性疾病登革热是一个日益严重的公众卫生问题。利用含有合成基因网络的转基因昆虫抑制昆虫媒介，可以通过在天然昆虫种群间传播一种一定条件下不会飞的雌性表型的方式来提供害虫防治。未来，这个策略可以控制疟疾寄生虫的传播。

3）癌症治疗。手术目前仍是常用的癌症治疗手段，而放疗和化疗中出现的对患者的脱靶效应可能会对其健康组织造成相当大的损害。新的专门针对病变组织而使正常组织完好的治疗方案将给癌症治疗带来具有里程碑意义的改变。这一直是一些合成生物学家的目标。合成生物技术可用于解决许多与细菌治疗如毒性、稳定性和有效性有关的关键挑战，允许"完美"癌症疗法工程化。合成病毒颗粒也被设计成仅打包治疗性蛋白，并以剂量依赖的方式释放。这种方法讲能够消除体外和体内的肿瘤细胞。

（2）能源领域

能源是人类活动的物质基础，是人类生活必不可少的力量来源。目前，人类生活依然主要依赖于化石能源等不可再生性能源。随着人类的不断开采，化石能源日益枯竭。根据经济学家和科学家的普遍估计，到21纪中叶，亦即2050年左右，如果新的能源体系尚未建立，能源危机将席卷全球。

同时，能源消耗排放出的大量 $CO_2$ 等温室气体及 $SO_2$ 等有害气体，危及全球生态。因而，寻找可再生的清洁、替代能源成为人类最紧迫的任务之一。

利用合成生物技术，通过对产油微生物的基因组等进行系统鉴定与改造，改变其当前的代谢途径，实现生物能源的大规模生产，有可能缓解能源危机。例如，开发生物异戊二烯是工业生物技术和合成生物学的一项重大成就，因为它有可能利用可再生原料生产异戊二烯，并且是一种关键生物基中间体，可被转化成嵌入式运输燃料添加剂添加至 $C_{10}$ 和 $C_{15}$ 生物基烃燃料用于性能汽油、喷气燃料和生物柴油市场。

（3）环境保护

现代工业的发展，加剧了当前的环境问题，城镇工业与生活废气排放量增多、固体废弃物产生量剧增、水污染等情况不断加剧。环境问题也日益严重，成为影响社会安定、危害人民健康的首要问题。根据世界卫生组织发布的估计数字，2018 年，空气污染造成约 700 万人死亡，也就是全球每 8 位死者中就有 1 位死于空气污染。这一数字表明，空气污染是世界上最大的环境健康风险之一。减少空气污染可以挽救数百万生命[1]。此外，石油开采过程中，原油泄漏等造成的海洋污染，也对海洋生态造成了威胁。提高固体废弃物处理能力、减少固体废弃物产量、有效监测并治理水污染、降低水污染对地球生命的威胁，也是各国政府部门需要重点考虑的问题。

利用合成生物技术，可帮助我们有目标地设计、改造甚至重新合成"人工细菌"，使其在土壤检测、固体废弃物处理、水污染及大气污染中大显身手，并分解污染物，实现污染物生物治理和净化环境等目的。此外，必需基因、基因线路构建技术等可以帮助人们鉴定并构建微生物富集重金属的相关功能模块，并在模式植物和植物促生菌中进行组装和调试，利用微生物与植物间互利共生等方式，利用植物吸收、富集重金属，实现对重金属污染土壤、水源等的治理。从长远来说，利用适当的底盘生物和元器件组装技术等，可以构建可降解石油等污染物的新的代谢途径，对石油降解等提供新的技术手段和方法，实现环境修复等功能。

---

〔1〕世界卫生组织. 每年有 700 万例过早死亡与空气污染有关. http://www.xinhuanet. com/tech/2018-05/02/c_1122773934.htm [2019-09-30].

（4）农业生产

根据 2019 年发布的联合国报告《世界粮食安全和营养状况》统计[1]，2018 年全球超过 8.2 亿人没有充足的食物，高于前一年的 8.11 亿人，世界饥饿人口连续第三年出现增长。这表明到 2030 年实现零饥饿可持续发展目标存在巨大挑战。粮食安全问题是关乎国家稳定和社会发展的全局性和根本性问题。此外，水是全球农业的主要限制因素，但是随着城市发展及农业灌溉和开荒使土壤和底层水变形，作物用水的供应和质量在降低。至 2025 年，预计人类将占用可用淡水的 70% ~ 90%。由于农业用水几乎占所有人类用水的 70%，因此采取措施节约农业用水是至关重要的。

通过合成生物技术，基因组和基因功能的鉴定，可以获得部分耐辐射微生物的完整修复系统和抗逆系统，重新设计元件和模块，并将其导入到植物中进行表达，提高植物对干旱、盐渍等环境的抗性，扩大粮食种植面积，提高粮食生产产量，有效解决粮食安全问题。水资源供需之间的差距要求人们在通过更有效地利用水资源及提高对盐碱地的耐受性使作物适应干旱和盐胁迫。植物对缺水和其他非生物胁迫的适应受到遗传控制和表观遗传调控，合成生物学的合理设计方法将可能对作物改造及节约用水产生帮助。

### 4.3.2 合成生物学发展的潜在风险和影响

合成生物学快速发展带来了广阔的应用前景，同时也带来了潜在风险问题。这些潜在风险也越来越引起人们的重视。

1. 合成生物实验品的变异、逃逸与产品的不可预知性

合成生物技术的不确定性，使其可能对环境产生负面影响。随着技术的不断发展，实验室合成生物的生存能力不断完善，一旦逃逸出去，可能造成难以控制的局面，产生的安全风险也难以评估。当前，人们的担忧不仅在于实验室中的合成生物分子或有机物的变异和逃逸，还有合成生物学

---

〔1〕世界饥饿人口连续三年未出现减少，且肥胖人口仍在增长. https://www.who.int/zh/news-room/detail/15-07-2019-world-hunger-is-still-not-going-down-after-three-years-and-obesity-is-still-growing-un-report [2019-07-15].

产品的不可预知性。

## 2. 合成生物技术的应用安全风险

合成生物学发展的最终目标，是将合成生物技术应用到更多的领域，如临床、工业、环境等，因此就必须要考虑更多有关合成生物技术的应用安全风险问题。例如，用于治理环境污染的细菌是否会残留、进化；合成生物分子或有机物与自然环境中的细菌是否会整合并影响局部生态系统；可以靶向性侵袭肿瘤细胞的细菌是否会感染正常细胞，或引起不可预知的作用？这些生物安全问题，受目前科学水平的限制，其安全性评估和监测能力都十分有限，更谈不上成熟的防范技术措施。

## 3. 没有经过系统生物安全培训的公众行为风险

合成生物学的愿景之一就是将合成元件标准化，可以通过任意组装合成相关产品。因此，未来可能有越来越多的没有接受过生物学、遗传学及生物安全教育的人们能够自行制造生物系统。如何监督和管理这些没有经过系统的生物安全培训的科研爱好者的行为将是未来一个很大的挑战。

2010 年，美国生物伦理问题研究总统委员会发表了一份报告，建议采用"仔细监控、识别并降低随时间变化的潜在风险的审慎戒备"系统。该报告重点强调了 5 项伦理学原则和 18 项建议，包括对从事该领域的工程师进行强制性伦理培训、确定风险评估实践中的漏洞、在合成生物体非故意/意外释放到环境中时采取能够限制其存活/寿命的措施、随着该领域的发展持续评估制度和非制度环境中合成生物学科研活动的具体安保和安全风险。欧洲多家咨询机构建议欧洲委员会应将合成生物信息编入欧洲现行的风险评估程序中，以确定监管是否存在漏洞。此外，对于合成得到的生物体，预防原则是健全的法律、监管和政治决策的一个重要部分。2018年 7 月，欧洲法院裁定，应将包括基因编辑在内的基因诱变技术视为转基因技术，接受欧盟转基因相关法律的监管。欧盟法院认为，"通过基因诱变获得的生物是转基因生物，因为基因诱变以非天然发生的方式修改了生物的遗传物质"。欧盟是对转基因技术管理极为严格的地区之一，这项裁定也引起了诸多争议。大多数生物科学领域的科学家对欧盟的裁决表示震惊。英国作物科学教授 J. Napier 称："将基因编辑生物分类为转基因，这会影响技术的发展，这是退步，而不是进步。"

### 4.3.3 有关国家和地区推进合成生物学发展和风险治理的举措

1. 积极制定合成生物学战略计划，部署研究项目

合成生物学已成为全球研发的热点领域，很多国家看好合成生物学未来的发展前景，并给予大量投入。根据伍德威尔逊研究中心的《美国合成生物学研究资助的趋势》报告给出的数据，美国政府对合成生物学的投资每年约 1.4 亿美元，而美国国防部已经成为合成生物学研究的重要资助者。美国能源部、国家科学基金会、国立卫生研究院、农业部等都大力支持合成生物学的研究，并建立相关机构；一些基金组织及风险投资集团也参与和支持合成生物学研发项目，促进其转化应用。2017 年以来，美国的半导体行业开始关注与合成生物学领域的交叉研究，并与相关的信息通信公司、合成生物学公司以及国家科学基金会等政府部门合作，支持推动"半导体合成生物学"的相关研究，旨在开创两大领域的新技术突破，促进两个领域的发展。

英国在引领合成生物学发展中占有重要地位。2012 年，英国发布了"合成生物学路线图"，建立了合成生物学知识与创新中心（SynbiCITE）。其在路线图的推动下，相继建立了 6 个合成生物学研究中心，并持续资助合成生物学相关项目，截至 2015 年，已经成立了 7 个多学科交叉的合成生物学研究中心和 1 个产业中心，形成了全国性综合研究网络。2009～2015 年，英国政府在合成生物学领域的总投资已经达 3 亿英镑。2016 年 2 月，英国合成生物学领导理事会（SBLC）发布了《英国 2016 年合成生物学战略计划》，旨在 2030 年，实现英国合成生物学 100 亿欧元的市场，并在未来开拓更广阔的全球市场，以获取更大的价值。

合成生物学的研究活动几乎遍布欧洲。为了加强欧洲在合成生物学领域的竞争力，整合相关的研究活动，欧盟最早推动并起草了《合成生物学路线图》。该路线图既是技术路线图，也是政策路线图，体现了欧盟 2008～2016 年对合成生物学的设计和规划。根据该路线图，欧盟至少已

资助了 20 多个合成生物学相关研究项目。2014 年 4 月，欧洲合成生物学研究区域网络（ERA SynBio）发布了题为《欧洲合成生物学下一步行动——战略愿景》的报告，提出了欧洲合成生物学未来发展的大胆设想，以及未来 5 ～ 10 年的重大的机遇与挑战；并绘制了欧洲合成生物学在基础科学、支撑技术、产业和应用领域短期（2014 ～ 2018 年）、中期（2019 ～ 2025年）和长期（2025 年以后）的路线图。

我国已经具备开展合成生物学研究的基础，同时我国也高度关注合成生物学领域的发展。2010 年以来，国家重点基础研究发展计划（简称 "973"计划）陆续启动了包括 "人工合成细胞工厂""新功能人造生物器件的构建与集成""微生物药物创新与优产的人工合成体系""用合成生物学方法构建生物基材料的合成新途径""合成微生物体系的适配性研究""抗逆元器件的构建和机理研究""微生物多细胞体系的设计与合成""合成生物器件干预膀胱癌的基础研究""生物固氮及相关抗逆模块的人工设计与系统优化"等合成生物学项目。2012 年，科技部组织启动了国家高技术研究发展计划（简称 "863"计划）重大项目 "合成生物技术"。该项目主要以酵母为模型，研究基因组的合成和生物技术利用。这些项目的设立大大加快了我国合成生物学的发展进程。

除此之外，德国、荷兰、瑞士等欧盟国家及日本、印度、新加坡等亚洲国家对合成生物学也给予了支持，并相继资助了合成生物学相关研究。例如，新加坡政府在 2016 年成立了新加坡合成生物学联合会（Singapore Consortium for Synthetic Biology）；2018 年 1 月，新加坡国立研究基金会设立合成生物学研究计划，并以菌株产品商业化、药用大麻素，以及制造稀有脂肪酸为三大研究重点。

2. 整合合成生物学监管措施

合成生物学可能带来人类及其生活环境的巨大变革，但也面临许多管理的新问题。目前，并没有国家专门针对合成生物学制定相应监管治理体系。

美国的主导思想是将现行针对生物技术应用的政策和监管框架稍作调整，覆盖合成生物学。例如，美国国主卫生研究院的重组 DNA 咨询委员会（Recombinant DNA Advisory Committee，RAC）得出结论，在大多数情况下，合成核苷酸的研究代表了与重组 DNA 研究相当的生物安全风险，而现行的风险评估框架能够用于评估合成得到的核苷酸，并注意到这项技术的独特方面。NIH 阐明了针对涉及重组 DNA 分子研究的指导原则的范围，以具体涵盖合成核苷酸分子，从而为涉及此类合成核苷酸研究的风险评估和管理提供原则和程序。根据 NIH 最新版的指南，可能产生潜在有害的多核苷酸或多肽（如毒素或药理学活性剂）的合成 DNA 片段被作为其天然 DNA 的副本进行监管。如果合成 DNA 片段不像生物活性多核苷酸或多肽产物一样在体内表达，那么就不受 NIH 指南的约束。对于合成生物学的预期环境释放来说，涉及美国国家环境保护署（United States Environmental Protection Agency，EPA）、美国农业部（United States Department of Agriculture，USDA）和美国 FDA 的生物技术产品协调监管框架也是恰当的。

欧盟方面则相对更加谨慎。他们认为，目前合成生物学的应用，如代谢途径工程、"生物砖"的使用或者最小基因组生物体的合成，都采用了定义明确的遗传物质，其功能是已知的，且根据预定的计划对其进行操纵。这就意味着，在目前的风险政策内，采用目前的风险分析方法，有充足的知识来评价和管理短期内合成生物体潜在的风险。如果在以遗传信息和过程为基础改造基本化学方面取得了重大进展，或者对一些不一定属于现在立法范围内的合成生物学领域，则可能需要重新考虑现行立法。

## 4.4 我国发展合成生物学的建议

### 4.4.1 机遇与挑战

1.发展机遇：学科交叉融合带来科技创新革命

21 世纪之交，基因组学将分子生物学技术推向了"大规模、高通量、定量化"的新高度。在此基础上，不仅产生了以计算生物学为导向的"自上而下"的系统生物学，又融入工程学理念，产生了"自下而上"的合成生物学。这些新型交叉学科前沿，已被称为生命科学的"会聚"（convergence）研究范式，成为自分子生物学和细胞生物学、基因组学两大范式以来的生命科学的"第三次革命"。

合成生物学从成功合成支原体染色体 DNA，并在此基础上创建"新物种"，证明人工合成生命的可行性，到合成自然界中不存在的天然抗体（XNA）和 XNA 酶，证明 DNA 不再是唯一的生命密码载体，"人造生命"正帮助人们接近生命起源和进化的真相。另一方面，随着高效低价的寡核苷酸合成及大片段 DNA 拼接技术的快速发展，"人造生命"的对象已从病毒、细菌发展到酵母、微藻等真核生物，其目的也逐渐从最初的概念证实迈向复杂生命体系活动机理研究，以及人工遗传线路和底盘生物设计构建等工程体系的建立，促使生命科学从以观测、描述及经验总结为主的"发现"（discovery）科学，跃升为可定量、计算、预测及工程化合成的"创新"（innovation）科学。因此，合成生物学超越了传统生物技术的研究范式及产品应用领域，被认为是可能改变未来人类社会的颠覆性技术，有可能为改善人类健康，解决资源、能源、环境等重大问题提供全新解决方案，为现代工业、农业、医药等产业带来跨越性乃至颠覆性发展的机遇。

2. 面临挑战：把握时机形成我国的创新优势

我国科学家在"人造生命"的探索中，曾经走在世界的前列。我国政府和相关科研机构对合成生物学的重要性的认识较早，也有相应的规划；同时，通过十多年国家对人才的引进和培养，各类人才相对齐备，我国合成生物学的加速发展具有良好的基础。然而，在合成生物学的基础研究方面，我国科学家的原创性工作与美国等相比还有一定差距；在应用研究方面，平台化、工程化规模还有待加强，产业转化相对不足[1]。

我国早在 973 计划已有对合成生物学应用基础研究的系统支持，一定程度上推动了我国 DNA 大规模合成技术的产业发展。后续的"合成生物学"重点专项围绕物质转化、生态环境保护、医疗水平提高、农业增产等重大需求，旨在为将来促进我国生物产业创新发展与经济绿色增长提供重要科技支撑。但同时，随着技术的快速发展，相关产品的复杂性、新颖性，以

---

〔1〕熊燕, 刘晓, 赵国屏. 合成生物学的发展：我国面临的机遇与挑战. 科学与社会. 2015, 5(1):1-8.

及应用范围、规模向前所未有的深度和广度发展，将会带来组织架构、资助模式，文化、教育，以及监督、管理等方面的新挑战，这些也应该引起政府、科研工作者、产业界等的重视。

### 4.4.2 发展合成生物学的路径与建议

近年来，合成生物学发展迅速且应用日益具体化，但由于缺乏具体的风险分析数据，难以进行准确的风险评估。安全与风险成为合成生物学研究的重要问题之一。目前，针对合成生物学的风险管理，国际上也发布了相关的报告、文章等，针对这些潜在的安全与风险问题进行了激烈的讨论，也提出了很多相关的建议与措施。

1. 聚焦交叉融合领域，部署重点任务

合成生物学在快速发展的同时，与其他领域和其他技术（例如工程领域、信息技术领域等）的交叉融合越来深入。美国在 2018 和 2019 年先后发布了有关半导体合成生物学和工程生物学的研究路线图，鼓励和促进领域间的融合发展，推动前沿技术研发。我国在 2019 年的"生物技术与信息技术交叉融合"香山会议也在探讨了我国生物技术与信息技术融合发展的方向和路径。未来，我国应对标发达国家的前沿布局，在技术融合发展方面进行系统布局和重点支持，形成我国在交叉融合领域发展的优势。

2. 开展合成生物学的风险研究

我国虽然在合成生物学领域的研发工作开展时间与国际基本同步，但在其风险研究和风险讨论方面开展的工作相对较少，且资金支持有限。研究机构应该通过合作项目将基础研究和环境风险研究联系起来，要求获得资助的研究人员从一开始就与环境科学家协同工作，并对合成生物学的风险研究有固定的研究资金投入。

3. 鼓励开展多方的安全监管的探讨

对新技术监管的矛盾在于：如果管控得太谨慎，将会阻碍新技术的发展和推广；如果管控不够严谨，某些产品有可能会对人类产生难以估量的损害。我国在国家重点研发计划"合成生物学"重点专项中 2018 年度首次设立了"合成生物学伦理、政策法规框架研究"项目，其中包括探讨合成生物学涉及的生物安全与生物安保问题。虽然现在对合成生物学的生物安全问题还处于激烈讨论阶段，提出的相关的管理方式也有一定的局限性，但这些都有助于提高生物安全意识，提前预防可能的风险，其目的是为了更好地促进合成生物学发展。

4. 及时修订相关指南和操作规范

梳理我国现有管理政策中存在的问题、漏洞和空白，适时进行补充、修改。我国目前相关的管理办法相对滞后，甚至是缺位的，这对于合成生物学这样的新兴技术领域的管理是不利的。需根据技术的发展，及时修订更新现有政策。例如，美国 NIH 指南的及时更新，增加了对合成核酸分子操作的描述，以及两用性研究监管和功能获得性研究的相关规定的制定和更新，都为合成生物学的监管起到了指导和参考作用。

# 第 5 章　基因治疗技术

基因治疗（gene therapy）是一种新兴的治疗方式，为多种疾病带来了全新的治疗选择，其原理是利用分子生物学方法将外源正常基因导入患者体内，以纠正或补偿缺陷和异常的基因，从而达到治疗疾病的目的。

虽然早在 20 世纪 60 年代基因治疗的理念就已经提出，但直到 20 世纪末随着基因工程技术及转运载体技术的迅速发展，基因治疗才得以真正实施及临床应用。之后，基因治疗得到快速发展，并且很快涉及多个疾病领域，包括遗传病、恶性肿瘤、感染性疾病等。近年来在临床中的进展使得基因治疗被列入美国《科学》杂志 2009 年度十大科学进展[1]。基因治疗已经成为当代生命科学中最有前景的科学技术之一，也是最具革命性的治疗技术之一。

## 5.1　基因治疗技术的概念与内涵及发展历程

### 5.1.1　基因治疗技术的概念与内涵

#### 1. 基因治疗定义与范畴

对于基因治疗，国际人类基因组组织（HUGO）的定义是："通过基因的添加和表达来预防或治疗疾病，这些基因片段能够重新构成或纠正那些缺失的或异常的基因功能，或者能够干预致病过程。"[2]美国 FDA 对基因治疗的定义是"通过各种手段修复缺陷基因，以实现减缓或者治愈疾病

---

〔1〕Science News Staff. Breakthrough of the year: The runners-up. Science，2008，322(5909): 1768.

〔2〕李芳. 国际人类基因组组织（HUGO）伦理委员会关于基因治疗研究的声明. 医学与哲学，2002，23（12）：60.

目的的技术"[1]。我国学者将基因治疗定义为"通过基因转移技术将外源正常基因（治疗基因）导入到病变部位的特定细胞（靶细胞）并有效表达，以纠正或补偿基因缺失或异常，从而达到治疗疾病的目的的一种新型疗法"。

由此可知，基因治疗是通过直接操控与介入基因来治疗疾病的治疗方案，主要指运用基因工程技术将正常基因导入细胞，以纠正或补偿因基因缺陷而引起的功能缺陷，从而达到预防或治疗疾病的目的[2]。通常基因治疗的策略包括基因修正、基因替换和基因增补。基因修正是对有缺陷基因进行原位修复；基因替换是用正常的外源基因替换有缺陷的基因，这是最理想的基因治疗方案，但是由于其必须在生殖细胞内进行，难度很大；基因增补是在不去除异常基因的基础上，转入与缺陷基因同源的有正常功能的基因来弥补其功能缺陷，这是目前临床应用的首选方案。值得一提的是，随着基因编辑技术的发展，越来越多治疗技术有望通过基因修饰后增强或改善治疗效果，尤其是在近两年，基因修饰的免疫细胞治疗发展迅速。

基因治疗中有关经基因修饰的免疫细胞治疗内容将在"免疫细胞治疗技术"章节中进行介绍，本章不作分析和讨论。

2. 基因治疗分类

根据受体细胞种类不同，基因治疗可分为体细胞基因治疗和生殖细胞基因治疗两种方式。体细胞基因治疗是向已分化的细胞转导治疗基因，以修复体细胞中 DNA 的基因缺陷，使细胞内基因功能表达正常，从而达到预防或治疗疾病的效果。体细胞基因治疗对遗传信息的改变仅限于受试者本人，其导入的外源基因不能传递给后代。生殖细胞基因治疗则是将配子、受精卵或胚胎中的缺陷基因替换，改变生殖细胞内病变的遗传物质，从根本上根治疾病，避免疾病的基因传递给下一代[3]。

---

〔1〕US Food and Drug Administration. Application of current statutory authorities to human somatic cell therapy products and gene therapy products. Notice, 1993, 58(197): 53248-53251.

〔2〕张新庆. 基因治疗的含义、特点及影响. 自然杂志，2003，25（3）：153-156.

〔3〕于秀俊，杨静利. 基因治疗概述. 生物学教学，2007，32（1）：10-11.

从实现途径来看，基因治疗有体内法和体外法。体内法是直接将治疗基因装配于特定载体上导入受试者体内，这种途径需要确保载体的安全性及治疗基因进入靶细胞后能正常表达，技术难度很大。体外法则将靶细胞从机体内取出，转入治疗基因纠正其基因缺陷，并经过体外培养、扩增之后输回患者体内，使治疗基因正常表达从而达到治疗目的[1]。

从治疗目的看，基因治疗有医学目的和非医学目的。出于医学目的的基因治疗有肿瘤的基因治疗、传染病（如艾滋病）的基因治疗、遗传病的基因治疗，目前遗传病的基因治疗主要针对单基因遗传病，包括血红蛋白病、囊性纤维化病、血友病等 20 余种疾病。HUGO 提出"基因增强是指意在修改人类非病理特性的基因转移"。因此，出于非医学目的的基因治疗就是通过基因增强技术，向人的体细胞或生殖细胞内插入特定的基因片段，增强其某种特征和性状的表达，如高个子、蓝眼睛等外在性状，从而满足人们的个人偏好[2]。目前出于非医学目的的基因治疗应用和报道较少，因此本章将主要从医学目的进行讨论。

### 5.1.2 基因治疗技术的发展历程

基因治疗最早可追溯到 1963 年。美国分子生物学家乔舒亚·莱德伯格（Joshua Lederberg）当时提出："我们可以参与……改变染色体和片段，最大限度运用分子生物学方法可以直接控制人染色体核酸序列，与识别、选择和所需基因的整合，……只是一个时间问题……多核苷酸序列可以用化学方法加载于病毒 DNA"，并据此提出了基因交换和基因优化的理念[3]。1968 年，美国科学家迈克尔·布莱泽（Michael Blaese）在《新英格兰医学杂志》上发表了名为《改变基因缺损：医疗美好前景》的文章，

---

〔1〕陈勇，戴和平，龙志高，等. 人皮肤成纤维细胞的分离和体外培养. 湖南医科大学学报，2002，27（5）：477-478.

〔2〕曹雪涛，顾健人，刘德培，等. 我国基因治疗的研究前景与战略重点. 中华医学杂志，2001，81（12）：705-708.

〔3〕Rosenberg S A, Aebersold P, Cornetta K, et al. Gene transfer into humans—Immunotherapy of patients with advanced melanoma, using tumor-infiltrating lymphocytes modified by retroviral gene transduction. New England Journal of Medicine, 1990, 323(9): 570-578.

首次在医学界提出了基因治疗的概念[1]。1972 年，生物学家西奥多·弗里德曼（Theodore Friedmann）等在《科学》期刊上提出了基因治疗是否可以用于人类疾病治疗的设问[2]。1977 年，帕特森（Paterson）等首先在无细胞体系中用单链 DNA 与 RNA 互补结合抑制 RNA 基因转录，随后查美尼克（Zamecnik）和斯蒂芬森（Stephenson）使用 13 个核苷酸的单链 DNA 反义抑制劳斯氏肉瘤病毒（rous sarcoma viurs）的复制，开创了干预和抑制基因表达的基因核酸药物研究方向[3]。1979 年，美国加州大学洛杉矶分校的马丁·克莱因（Martin Cline）领导的研究组基于钙转的方式，成功把人免疫球蛋白基因导入小鼠的骨髓细胞，用于缺陷小鼠的治疗。随后在 1980 年，克莱因教授在没有任何机构批准的状况下对两名危重患者实施了类似小鼠实验的基因治疗，但这次尝试未能获得成功[4]。

20 世纪七八十年代，基因重组工程技术得到发展，病毒载体出现，促使基因治疗的技术体系初步形成。1983 年，得克萨斯州休斯敦市贝勒（Baylor）医学院的研究人员提出采用基因疗法治疗莱施－奈恩综合征［Lesch-Nyhan，次黄嘌呤－鸟嘌呤磷酸核糖转移酶的遗传缺陷（HGPRT 完全缺失）］，将编码酶的正常基因体外注射到细胞中，基因复制后把细胞回注到 Lesch-Nyhan 综合征患者体内。这些细胞可以纠正这些患者体内存在的遗传缺陷，从而治愈疾病。得益于 DNA 重组技术的发展，短短 30 年第一例转入基因治疗就已经成功运用。史蒂文·罗森博格（Steven Rosenberg）等运用逆转录病毒将新霉素抗性基因转入来自 5 个患者的转移淋巴瘤细胞，体外培养增殖以后回输到相应患者体内，结果表明该方案安全可行，并引发了相关研究深入进行。1989 年，美国批准了世界上第一

〔1〕邓洪新，田聆，魏于全. 基因治疗的发展现状、问题和展望. 生命科学，2005，17（3）：196-199.

〔2〕Friedmann T，Roblin R. Gene therapy for human genetic disease? Science，1972，175(4025): 949-955.

〔3〕Stephenson M L，Zamecnik P C. Inhibition of rous sarcoma viral RNA translation by a specific oligodeoxyribonucleotide. Proceedings of the National Academy of Sciences，1978，75（1）：285-288.

〔4〕Wade N. Gene therapy caught in more entanglements. Science，1981，212(4490): 24-25.

个基因治疗临床试验方案，当然这不是一个真正意义上的基因治疗，而是用一个示踪基因构建一个表达载体，了解该示踪基因在人体内的分布和表达情况。

1990 年 9 月，美国 NIH 的弗伦奇·安德森（French Anderson）博士团队开始了世界上第一个真正意义上的基因治疗临床试验，他们用腺苷脱氨酶（ADA）基因治疗了一位因腺苷脱氨酶基因缺陷导致严重联合免疫缺陷病（severe combined immunodeficiency disease，SCID）的 4 岁女孩，并获得了初步成功。这促使世界各国都掀起了基因治疗的研究热潮，成为全球基因治疗产业化发展的里程碑[1]。

在这之后，基因治疗在全球各个国家、地区，针对不同疾病开展了研究治疗（表 5-1）。例如，2002 年，法国巴黎内克尔（Necker）儿童医院利用基因治疗，使数名有免疫缺陷的婴儿恢复了正常的免疫功能[2]。2004 年 1 月，深圳赛百诺基因技术有限公司将世界上第一个基因治疗产品重组人 *p53* 腺病毒注射液［商品名：今又生（Gendicine）］正式推向市场[3]。2005 年，美国 FDA 暂时终止了所有利用逆转录病毒来基因改造血液干细胞的临床试验，随后又允许基因治疗试验继续进行。2012 年，荷兰 UniQure 公司生产的格利贝拉（Glybera）由欧盟审批通过，该项目采用腺相关病毒作为载体，用于治疗脂蛋白脂肪酶缺乏引起的严重肌肉疾病[4]。Glybera 的获批上市开启了基因治疗的新时代。2014 年，美国 FDA 授予圣迭戈医药公司 Celladon 针对心衰的基因治疗药物 MYDICAR "突破性疗法"的地位，这也是美国 FDA 首次批准的基因治疗药物[5]。2016 年，制药巨

〔1〕Blaese R M, Culver K W, Miller A D, et al. T lymphocyte-directed gene therapy for ADA-SCID: Initial trial results after 4 years. Science, 1995, 270(5235): 475-480.

〔2〕Hacein-Bey-Abina S, Hauer J, Lim A, et al. Efficacy of gene therapy for X-linked severe combined immunodeficiency. New England Journal of Medicine, 2010, 363(4): 355-364.

〔3〕郭文. 鼻咽癌治疗药 重组人 *p53* 腺病毒（rhAd-*p53*）. 世界临床药物，2006，27（7）：443.

〔4〕Samulski R J, Muzyczka N. AAV-Mediated gene therapy for research and therapeutic purposes. Annu Rev Virol, 2014, 1(1): 427-451.

〔5〕Kitson C. The Future for Genomic Medicine in Inflammatory Diseases//Mina-Osorio P. Next-Generation Therapies and Technologies for Immune-Mediated Inflammatory Diseases. Springer, Cham, 2017: 53-72.

头葛兰素史克公司的基因治疗药物 Strimvelis 被欧盟批准上市，成为世界上第一个被批准上市的针对儿童重症联合免疫缺陷病进行基因修复的疗法[1]。

表 5-1　基因治疗历史事件（例举）

| 时间 | 对象 | 事件 | 国家 / 地区 |
|---|---|---|---|
| 1990 年 9 月 | 1 人 | 腺苷脱氨酶基因直接注射，治疗了一位因腺苷脱氨酶缺乏而患重度联合免疫缺陷病的 4 岁女孩，并获得了初步成功 | 美国 |
| 1992 年 | — | 腺苷脱氨酶缺乏而患重度联合免疫缺陷病和免疫系统功能低下 | 意大利 |
| 2002 年 10 月 | 4 人 | 针对儿童 X 连锁严重联合免疫缺陷病（X-SCID）的基因治疗取得初步成功，但 3 年后部分患者出现类似白血病的症状 | 法国 |
| 2003 年 3 月 | — | 聚乙二醇（PEG）包被的脂质体将基因送入脑部跨越血 - 脑屏障用于治疗帕金森病 | 美国 |
| 2004 年 1 月 | — | 重组人 p53 腺病毒注射液 "今又生"，第一个获得国家批准的基因治疗抗癌药物上市应用，用于治疗头颈癌、肺癌 | 中国 |
| 2005 年 1 月 | 豚鼠 | 以腺病毒为载体将 Atoh1 基因导入耳蜗的毛细胞，治疗后豚鼠恢复 80% 的听力 | — |
| 2006 年 5 月 | — | 注射免疫细胞 microRNA 调节、抑制免疫系统排斥导入的治疗基因 | 意大利 |
| 2006 年 11 月 | 5 人 | 慢病毒载体导入人类免疫缺陷病毒（HIV）外膜基因反义核酸 VRX496 治疗 HIV，其中 4 人 CD4+T 细胞升高，5 人对 HIV 抗原和其他病原免疫升高 | 美国 |
| 2007 年 1 月 | 小鼠 | 脂质纳米微粒（lipid-based nanoparticles）作为药物载体运送两个肿瘤抑制基因用于肺部肿瘤治疗 | 美国 |
| 2007 年 5 月 | 狗 1 人 | 重组腺相关病毒（adeno-associated virus，AAV）携带 RPE65 基因用于遗传性视网膜利伯先天性黑矇病（LCA）治疗，治疗后视力改善，且未见副作用 | 英国 |
| 2009 年 | 2 人 | 慢病毒载体将一个具有功能的 ALD 基因拷贝导入到这些细胞之中以纠正其基因上的缺陷，治疗 X 连锁性肾上腺脑白质营养不良症（X-ALD）。2 年后 ALD 蛋白仍可在患者血细胞中查到。神经学症状得到了改善，而该治疗对疾病的缓解与骨髓移植疗法效果相似 | 德国 |
| 2009 年 10 月 | 12 人 | 用于莱贝尔先天黑内障治疗，4 人重新获得视力 | 美国 |
| 2009 年 10 月 | 6 人 | 帕金森氏患者转入 3 个基因提高多巴胺分泌 | 法国 |
| 2009 年 10 月 | 猴 | "探色" 蛋白质基因注入先天红绿色盲猴眼内，治疗后其能看到红色和绿色 | 美国 |
| 2009 年 11 月 | 2 人 | 肾上腺脑白质营养不良，慢病毒载体导入正常基因，成功终止了致命性的脑病（X-ALD） | 法国 |

〔1〕国际农业生物技术应用服务组织（ISAAA）. 葛兰素史克首个用于治疗儿童免疫疾病的基因药物获欧盟批准 . 中国生物工程杂志，2016（6）：128.

续表

| 时间 | 对象 | 事件 | 国家 / 地区 |
|------|------|------|------------|
| 2012 年 | — | 荷兰 UniQure 公司生产的 Glybera 由欧盟审批通过，该项目采用腺相关病毒作为载体，用于治疗脂蛋白脂肪酶缺乏引起的严重肌肉疾病 | 荷兰 |
| 2014 年 | — | 美国 FDA 授予圣迭戈医药公司 Celladon 针对心衰的基因治疗药物 MYDICAR "突破性疗法" 的地位 | 美国 |
| 2016 年 | — | 葛兰素史克公司的基因治疗药物 Strimvelis 被欧盟批准上市 | 欧盟 |

## 5.2　基因治疗技术的重点领域及主要发展趋势

### 5.2.1　基因治疗技术发展的重点领域

#### 1. 基因治疗载体技术

基因治疗涉及靶基因和基因载体。靶基因，简而言之就是治疗用的外源基因，而基因载体是将治疗用的外源基因导入到靶向细胞的运输工具。这一运输过程是基因治疗的最关键步骤。

基因载体可分为两大类：病毒载体与非病毒载体，其中病毒载体主要包括逆转录病毒载体、慢病毒载体、腺病毒载体等，非病毒载体主要是纳米载体和高分子载体（表 5-2）。目前的基因治疗中以腺病毒和腺相关病毒载体应用得最多，而新型的、高效的、安全的病毒载体至今尚未得到完全成功的开发[1]。目前，病毒载体系统和非病毒载体系统均在深入研究，其目的是制备一个低免疫原性、有靶向性、无毒、高效的基因治疗载体。1999 年，出现首例因使用腺病毒载体而致患者死亡的事件。该事件发生后美国许多科研机构已停止使用病毒类载体，重点转向非病毒类载体研究。

从长远看，非病毒载体具有更好的临床应用前景，因为它具有靶向性、低免疫原性、低成本、易规模化等病毒载体所没有的显著优点。但是目前非病毒载体的研究尚处于婴儿期，还存在着较多尚未解决的问题。

---

〔1〕张明明，邱峰. 基因治疗载体的研究进展. 科技资讯，2011，（17）：225.

表 5-2　基因治疗常用载体的优势、劣势和应用举例

| 载体名称 | 优点 | 劣势 | 临床应用疾病 | 备注 |
|---|---|---|---|---|
| γ-逆转录病毒载体 (retrovirus vectors, RV) | 高效地感染宿主细胞，稳定地整合到基因组并持续表达 | 不能感染非分裂细胞，转录终止能力相对较弱，可能产生有复制能力的病毒，可能造成插入性突变，包装外源基因能力有限 | 黑色素瘤、阿尔茨海默病、多形性成胶质细胞瘤、艾滋病、慢性肉芽肿、X-SCID | 2002 年，治疗 10 例 X-SCID 患者，4 例患者因为整合在原癌基因 LMO2 附近，患白血病 |
| 慢病毒 (lentivirus) | 可以同时感染分裂和非分裂细胞，而且免疫反应比腺病毒载体小，转移基因片段容量大，能长期稳定表达 | 会导致机体过度的免疫反应 | 艾滋病、β-地中海贫血、ALD、异染性脑白质营养不良 (MLD)、奥尔德里希综合征等 | HIV、黏多糖贮积症 (MPS) 型Ⅶ |
| 腺病毒 (adenovirus, AV) | 可以感染分裂细胞也可以感染非分裂细胞，容易制备高滴度病毒颗粒，在数组细胞内不发生没有插入突变的风险，载体容量大 | 缺乏特异靶向性，在一些缺乏其相应受体的细胞中感染效率低，不能整合入宿主染色体导致不稳基因表达时间较短，要重复治疗 | 恶性神经胶质瘤、头颈部肿瘤、肝胆肿瘤等 | 重组人 p53 腺病毒注射液"今又生"为世界上首例上市的基因治疗药物 |
| 腺相关病毒 | 非致病性和最小限度的免疫原性，不与任何人类疾病相关，载体安全性好，具有广泛的组织细胞取向 | 包装容量较小，超过包装限度后病毒滴度会显著下降 | 囊泡性纤维症、血友病 B、莱伯先天性黑内障、帕金森综合征、心脏病 | |
| 疱疹病毒 (herpes simplex virus, HSV) | 是目前容量最大的病毒载体，具是神经性，滴度高，可以感染分裂期和非分裂期细胞 | 潜伏性感染，不能达到短暂水平表达效果 | 主要应用于慢性神经系统疾病、恶性神经胶质瘤、骨骼肌细胞及干细胞的基因转移 | 脑瘤、大肠癌、顽固性疼痛 |
| 非病毒载体 | 非分裂细胞，载体容量大 | 自适应免疫、短暂的基因转移 | 主要应用于 DNA 疫苗、转移性癌症等 | |

2. 基因编辑介导的基因治疗

自 2010 年以来迅速发展的基因编辑技术具有较大的潜力解决基因治疗中靶向特异性基因修饰的关键问题。尤其是随着第三代基因编辑技术——CRISPR/Cas 技术的迅猛发展，其简单、高效的基因特异性编辑优势使其成为基因治疗领域应用的热点[1]。

基因编辑是指对目的基因进行精确操作，实现基因定点突变、插入、删除，以此直接启动、关闭某些基因，甚至直接在分子水平对致病基因进行编辑、修改，从而对未知功能基因进行研究和基因治疗的技术。此过程既模拟了基因的自然突变，又修改并编辑了原有的基因组，真正实现了"基因编辑"。

目前基因治疗方案大多采用逆转录病毒载体。其插入或整合到染色体的位置是随机的，有引起插入突变及细胞恶性转化的潜在危险。理想的基因治疗方案应该是在原位补充、置换或修复致病基因，或者将治疗基因插入到宿主细胞染色体上不致病的安全位置。

因此，在基因治疗领域需发展新的基因组靶向修饰系统用以对目的基因进行持久、特异编辑以达到治疗的目的。近年来，基因组编辑技术，如MN、ZFN、TALEN 和 CRISPR/Cas 的相继出现给基因治疗领域面临的上述问题开辟了新的途径。目前，基于基因编辑技术的基因治疗已经在血友病[2]、血红蛋白病[3]，甚至肿瘤[4]等疾病治疗中取得了令人鼓舞的临床试验结果。

虽然基因编辑技术可以介导高效特异性靶向基因编辑，但该系统引发的脱靶效应也带来了潜在的安全性风险。目前的研究重点不但需要继续探

〔1〕Cox D B T, Platt R J, Zhang F. Therapeutic genome editing: Prospects and challenges. Nature Medicine, 2015, 21(2): 121-131.

〔2〕Wang L, Yang Y, White J, et al. CRISPR/Cas9-mediated in vivo gene targeting corrects haemostasis in newborn and adult FIX-KO mice. Blood, 2016, 128(22): 1174.

〔3〕Dever D P, Bak R O, Reinisch A, et al. CRISPR/Cas9 β-globin gene targeting in human haematopoietic stem cells. Nature, 2016, 539(7629): 384-389.

〔4〕Cyranoski D. Chinese scientists to pioneer first human CRISPR trial. Nature News, 2016, 535(7613): 476-477.

索基因编辑在临床治疗中的应用，也要不断优化和研发更安全有效的基因编辑工具，使其在基因治疗领域创造更大的价值。

3. 肿瘤基因治疗

肿瘤作为人类健康的第一大杀手，患病比例高，患者人数众多。肿瘤的治疗方法包括：手术、化疗、放疗及新兴的生物治疗。基因治疗也作为一种新兴生物治疗手段，成为其研究热点。目前世界上已开展基因治疗方案用于临床实验，其中用于癌症的约占 63%。肿瘤的基因治疗主要包括：基因沉默治疗、抑癌基因治疗、自杀基因治疗、抑制肿瘤血管生成基因治疗、肿瘤多药耐药（MDR）基因治疗、免疫基因治疗、抗端粒酶疗法和多基因联合疗法等[1]。

RNA 干扰（RNA interference，RNAi）是指在进化过程中高度保守的、由双链 RNA（double-stranded RNA，dsRNA）诱发的、同源信使 RNA（mRNA）高效特异性降解的现象。研究表明，一些重要的信号通路和基因在肿瘤的发生发展中起关键作用[2]。因此，应用 RNAi 技术降低这些信号通路里的关键分子及一些重要的癌基因的表达水平，是一种非常有效的治疗策略。RNAi 可以特异性地抑制癌细胞内致癌基因表达，而不影响正常细胞的基因表达。其中 siRNA 可以产生多基因沉默的效果。从发现到现在短短十几年时间内，很多学者、生物公司和制药公司已经开始广泛利用 siRNA 治疗肿瘤。例如，2008 年美国卡兰多制药（Calando Pharmaceuticals）公司申请的治疗实体肿瘤的 siRNA 药物 CALAA-01 被美国 FDA 批准进入临床 I 期实验，这是首例 siRNA 药物治疗癌症的临床试验。

抑癌基因（tumor suppress gene）也称为抗癌基因，在被激活的情况下它们具有抑制细胞增殖的作用，但在一定情况下被抑制或丢失后可减弱甚至消除抑癌作用。目前已分离、克隆出 20 余种抑癌基因。目前常用的抑

---

〔1〕周冰，陈文斌 . 肿瘤基因治疗的研究进展 . 齐鲁药事，2009，28（2）：103-105.
〔2〕Hannon G J. RNA interference. Nature, 2002, 418(6894): 244.

癌基因包括 *p53*、*p16*、*RB* 等，其中又以 *p53* 基因应用最广[1]。抑癌基因表达治疗配合放疗、化疗，增强肿瘤细胞敏感性的联合治疗，目前已经进入临床实验阶段。

自杀基因（suicide gene），是指将某些病毒或细菌的基因导入靶细胞中，其表达的酶可催化无毒的药物前体转变为细胞毒物质，从而导致携带该基因的受体细胞被杀死，此类基因称为自杀基因[2]。自杀基因治疗系统的种类很多，主要包括单纯疱疹病毒胸苷激酶/丙氧鸟苷（HSV-tk/GCV）系统、胞嘧啶脱氨酶/5-氟胞嘧啶（CD/5-FC）系统、带状疱疹病毒胸腺嘧啶激酶/阿糖甲氧基嘌呤（VZV2tk/Ara2M）系统、硝基还原酶/CB1954（NTR/CB1954）系统、*ICE* 基因等。

化疗是目前临床上治疗恶性肿瘤的最重要手段之一，然而由于肿瘤细胞常常会对化疗药物产生耐药性而导致患者对治疗不再敏感，最终导致化疗失败甚至疾病复发。根据肿瘤细胞的耐药特点，耐药可分为原药耐药（PDR）和多药耐药两大类。原药耐药是指对一种抗肿瘤药物产生耐药性后，对非同类型药物仍敏感；多药耐药是指一些癌细胞对一种抗肿瘤药物产生耐药性，同时对其他非同类药物也产生抗药性，是造成肿瘤化疗失败的主要原因[3]。目前，多药耐药基因治疗的策略主要有 3 种：将外源 *mdr1* 基因转导入人造血干细胞以提高骨髓对化疗药的耐药性；使用反义核酸或核酶抑制肿瘤细胞耐药基因的表达；将凋亡相关基因转导入肿瘤细胞，促使其凋亡。

溶瘤病毒治疗（oncolytic therapy）是通过对自然界存在的一些致病力较弱的病毒进行基因改造制成特殊的溶瘤病毒（oncolytic virus），利用靶细胞中抑癌基因的失活或缺陷从而选择性地感染肿瘤细胞，在其内大量复

〔1〕Toshiyuki M, Reed J C. Tumor suppressor *p53* is a direct transcriptional activator of the human bax gene. Cell, 1995, 80(2): 293-299.

〔2〕Steller H. Mechanisms and genes of cellular suicide. Science, 1995, 267(5203): 1445-1449.

〔3〕Hoffmeyer S, Burk O, Richter O V, et al. Functional polymorphisms of the human multidrug-resistance gene: Multiple sequence variations and correlation of one allele with P-glycoprotein expression and activity in vivo. Proceedings of the National Academy of Sciences, 2000, 97(7): 3473-3478.

制并最终摧毁肿瘤细胞[1]。人们发现利用病毒可以治疗肿瘤，发现了许多病毒具有天然的溶瘤特性，如流感病毒、单纯疱疹病毒、西尼罗河脑炎病毒、新城疫病毒（newcastle disease virus，NDV）和痘苗病毒等。由于野生型和弱毒株病毒的致病性很难人为控制，所以无法将这些病毒应用于癌症的临床治疗。随着病毒学和遗传学的发展，各种病毒基因的功能和作用机制日益清楚，并且随着基因工程等技术的进步，人们已经能够对病毒基因进行各种定向操作和改造，从而定向地改变和控制病毒的行为和功能。1991 年，科学家首次对单纯疱疹病毒 1 型（herpes sim plex virus type 1，HSV-1）进行基因改造，使其胸苷激酶（thymidine kinase，TK）基因失活，建立了能抑制癌细胞并具自主复制活性的溶瘤病毒株。之后，利用溶瘤病毒治疗癌症的策略和研究得到飞速的发展。继 HSV-1 后，腺病毒和牛痘病毒等重组基因病毒进一步被开发；另外，野生型病毒或自然变异的弱毒病毒株基因改造的研究也取得了很好的效果。

近年来，溶瘤病毒用于肿瘤治疗的研究发展非常迅速，有些溶瘤病毒已进入临床试验阶段，并取得了一些令人鼓舞的成果。目前，已有多种病毒因具有天然的嗜肿瘤特性而被用来改造成溶瘤病毒，包括 NDV、HSV-1、呼肠孤病毒（reovirus）、水疱性口炎病毒（vesicular stomatitis virus，VSV）、溶瘤腺病毒（oncolytic adenovirus）等。

4. 心血管疾病的基因治疗

心血管疾病是世界范围内导致人类死亡的主要疾病。与遗传相关的心血管疾病包括：家族性高胆固醇血症、早发心肌梗死、扩张型及肥厚型心肌病、长 QT 综合征（long QT syndrome，LQTS）和马方综合征等。最初作为单基因遗传病治疗策略的基因疗法，逐渐被发现可广泛应用于获得性多基因疾病，包括外周血管疾病、缺血性心脏病、心律失常和心力衰竭。

---

〔1〕Russell S J, Peng K W, Bell J C. Oncolytic virotherapy. Nature Biotechnology, 2012, 30: 658-670.

作为继肿瘤之后第二大基因治疗临床研究对象，心血管疾病基因疗法已呈现出巨大潜力。目前 GTI、Targeteehlne（TTx）、TKT 和 iVageen 等公司都在研究心血管疾病的基因疗法。他们的做法是将编码低密度脂蛋白（low-density lipoprotein，LDL）受体的基因导入患者体内以降低血液中胆固醇水平，从而降低血管中产生血栓堵塞血管的可能性。

### 5. 遗传性疾病基因治疗

遗传病包括单基因遗传病和多基因遗传病两类。单基因遗传病是遗传病中的主要类型，是指一对等位基因或一对同源染色体上单个基因发生变异产生的遗传病，主要分为常染色体显性遗传病、常染色体隐性遗传病、X 连锁显性遗传病、X 连锁隐性遗传病和 Y 连锁遗传病。

全世界已知的单基因遗传病有 6600 多种，如多囊肾、白化病、色盲、多指（趾）、并指（趾）、地中海贫血、苯丙酮尿症、先天性软骨发育不全、多发性家族性结肠息肉、假性肥大型肌营养不良、血友病 A、脊髓小脑共济失调等，而且近年来受生态环境恶化等因素的影响，单基因遗传病的种类逐年增多。由于遗传病不仅严重影响患者的身心健康，给社会和家庭带来很大负担，而且治疗十分困难。基因治疗是目前研究单基因病的治疗的一个重要方向。

β 型地中海贫血（beta-thalassemia）是指血红蛋白 β 链的合成受到部分或完全抑制而导致的一组血红蛋白病。患儿出生时无症状，多于婴儿期发病，出生后 3～6 个月内发病者占 50%，偶有新生儿期发病者。发病年龄愈早，病情愈重。严重的慢性进行性贫血，需依靠输血维持生命，3～4 周输血 1 次，随年龄增长贫血日益明显。2007 年，18 岁的男性 β 型地中海贫血患者开始接受基因疗法，这名患者从 3 岁开始输血，严重时每个月都要输血。基因疗法试验中，先利用患者自身的骨髓造血干细胞培养出包括红细胞在内的血液细胞，然后使用病毒作载体，将无缺陷的基因引入这些细胞中，再用化学手段去除多余细胞，只留下基因缺陷得到修正的红细胞，最后将这些红细胞移植回患者体内。结果显示患者自身生成正常红细胞的能力逐渐上升，在接受治疗一年后就不再需要输血了。现在该患者虽然仍有轻微贫血症状，但迄今一直不需要输血，这说明基因疗法取得了初步成功。

2014 年，两名地中海贫血患者参加了蓝鸟生物（Bluebird Bio）公司针对该罕见血液病的基因治疗试验，在接受治疗的 12 天之后，能够停止输血治疗。

此外，近年来基因治疗还在血友病、假性肥大型肌营养不良等遗传性疾病的治疗中取得了不错进展。

### 5.2.2 基因治疗技术主要发展趋势

目前基因治疗技术还有很多问题存在，如靶向性、安全性、基因适当表达性、应根据病情的需要程度不同进行控制，以及基于基因编辑技术与基因治疗的完美结合等问题。未来基因治疗技术的主要发展趋势是将着力于解决上述问题。

1. 靶向性

在基因治疗过程中，特别是治疗恶性肿瘤的方案中，只能直接将载体注射到肿瘤局部。若静脉注射，载体将会很快被清除，难以达到治疗效果。科学家们设计不同的方案，改造载体的结构，构建了不同类型和特征的靶向载体。例如，将不同的配体组分交联到病毒载体的外膜上，构建靶向转导载体；在载体的 DNA 中引入顺式调控元件，构建靶向转录载体等。这些载体的构建有力地推动着基因治疗的发展。

2. 安全性

病毒载体插入或者和到基因组随机位踪，有引起插入突变及激活癌基因的潜在风险。例如：过去被认为无害的 AAV2 实际上与肝细胞癌有关，虽然 AAV2 DNA 插入引发癌症可能性比较少，但是也应该引起高度重视；2000 年，宾州大学有患者在基因治疗中死亡；2002 年，法国的先天免疫缺乏症——气泡男孩症（bubble-boy disease）基因治疗临床试验发生了白血病的副作用。这两件失败的案例，皆被归因于病毒载体的不安全性。

病毒载体免疫原性较强，高滴度时有明显的细胞毒性。其解决方法是采用非病毒传递系统，如阳离子多聚物载体、纳米颗粒载体、脂质体、聚乙烯亚胺等生物相容性载体将成为一套很有前景的基因传递系统。非病毒传递系统在遗传病的基因治疗应用方面显示出优势，也被越来越多地用于治疗恶性肿瘤、感染性疾病及组织工程研究。目前非病毒载体技术还在不断优化中，待技术进一步成熟以后，其应用范围也有望得到扩大。

### 3. 基因适当表达性

理想的基因治疗应该能够根据病变的性质和严重程度不同，调控治疗基因的适当表达。但是和基因治疗载体系统相比，调控治疗基因表达的研究相对滞后。可以运用连锁基因扩增等方法适当提高外源基因在细胞中的拷贝数、连接启动子或增强子等基因表达的控制信号。相信随着人类基因组学的发展，该问题会得到很好的解决。

### 4. CRISPR/Cas 9 等基因编辑技术用于基因治疗

近年来，基因编辑技术迅猛发展，正在革命性地改变整个生物技术领域。与传统基因治疗方法相比，基因编辑技术能在基因组水平上对 DNA 序列进行改造，从而修复遗传缺陷或者改变细胞功能，使彻底治愈白血病、艾滋病和血友病等恶性疾病成为可能。基于 ZFN 基因编辑技术的两种抗艾滋病产品和一种治疗血友病 B 产品已经进入临床阶段。CRISPR/Cas9 基因编辑技术对特定基因组 DNA 的定位更加精准，成本更加低廉，正在成为基础研究和临床应用的主流技术。2017 年以来，美国、英国、日本政府都放开了对基因修饰人胚胎的限制，一系列基因编辑技术修饰人胚胎从而对先天性遗传病进行基因治疗的研究由此开展。

## 5.2.3 基因治疗技术的全球竞争态势

### 1. 基因治疗技术研究与发展概况

#### （1）全球基因治疗临床试验概况

基因治疗曾经历经波折，2003 年和 2007 年都曾报道过严重的不良事件，导致这两个年份中临床试验获批数量下降，2005 年、2006 年和 2008 年是基因治疗试验的强劲年份（图 5-1）。自 2012 年以来，每年的临床试验获批数量也都有稳步的增长。最近几年数据库的代表性不足，主要是因为文章发表需要时间，这往往导致在最近的试验中获得的信息有所滞后。这在 2016 年的临床试验中最为明显。

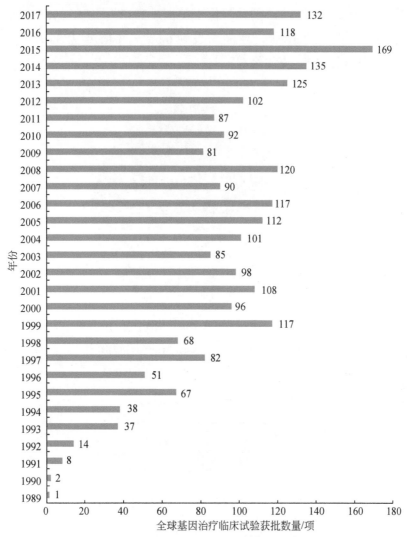

图 5-1　1989 ～ 2017 年全球基因治疗临床试验获批数量变化

资料来源：The Journal of Gene Medicine 数据库（数据更新至 2017 年 11 月）

（2）基因治疗的地区分布情况

至 2017 年 11 月，基因治疗临床试验已经遍布五大洲（图 5-2），跨越 38 个国家（图 5-3）。其中，有 7 个国家是从 2013 年以后才开始涉足基因治疗，这些国家包括阿根廷、布基纳法索、冈比亚、肯尼亚、科威特、塞内加尔和乌干达（各有一项临床试验）。总体的临床试验分布并没有发生很大的变化，64.5%的试验位于美洲（2012年为65.1%），欧洲有23.4%（2012年为28.3%），亚洲增长到6.5%（2012年为3.4%），这也反映出区域科研经费的支出情况。

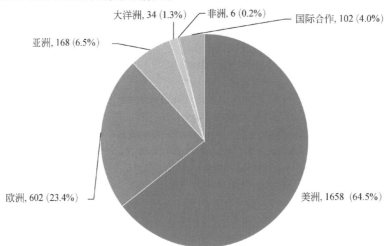

图 5-2　全球各大洲基因治疗临床试验分布

资料来源：The Journal of Gene Medicine 数据库

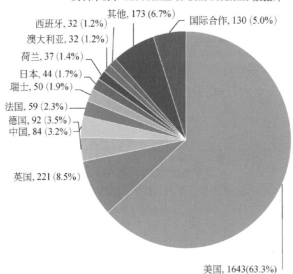

图 5-3　全球各国基因治疗临床试验分布

资料来源：The Journal of Gene Medicine 数据库

在美洲，美国拥有 1643 项基因治疗临床试验，占全球基因治疗临床试验的 63.3%，位列全球第一。加拿大有 27 项，墨西哥有 2 项临床试验。在欧洲，英国基因治疗临床试验数量占世界总量的 8.5%（有 221 项），德国占 3.5%（92 项），瑞士占 1.9%（50 项），法国占 2.3%（59 项）。西班牙的临床试验项目已跃升至 32 项（从 2012 年的 13 项），占世界临床试验的 1.2%，意大利占 1.1%（28 项），比利时占 0.8%（22 项）。2012 年记录在案的临床试验，波兰有 6 项，捷克有 1 项，罗马尼亚有 1 项，俄罗斯有 2 项，到 2017 年底，捷克有一项新增的临床试验，俄罗斯的临床试验数量已增加到 10 项，占所有试验的 0.4%。

到 2018 年，这一数据进一步增加，从 2017 年下半年至 2018 年 5 月，半年时间内，全球临床试验的总数量已从 2600 多项猛增至接近 3600 项，这一数目毫无疑问地仍在快速增长中。

在亚洲，中国和日本的临床试验数量有显著的增加。中国是增长数量最快的国家，大陆地区从 2012 年的 26 项（1.4%）增加到 2017 年底的 84 项（3.2%），台湾地区有 2 项。紧随其后的是日本，从 2012 年的 20 项增加到 2017 年的 44 项（1.7%）。韩国已经从 2012 的 14 项临床试验上升到迄今的 20 项（0.8%）。以色列有 8 项试验，此外，新加坡 3 项。

澳大利亚和瑞典的临床试验项目仅略有增加分别为从 2012 的 30 个到 2017 的 32 项以及从 10 项增加到 13 项，部分地区没有新增临床试验，包括芬兰（6 项）、挪威（4 项）、丹麦（2 项）、新西兰（2 项）以及埃及（1 项）。

值得注意的是，国际联合临床试验的数目增长明显，从 2012 年的 12 项增加到 2017 年的 130 项。这反映了基因治疗多中心协作临床试验的增加，以及某些疾病研究需要一个以上国家的患者入组才能完成，尤其是治疗对象是罕见病的情况下。

（3）基因治疗产品情况

作为最具革命性的医疗技术之一，经过近二十年的发展，基因治疗领域已有多款产品在不同国家和地区上市（表 5-3）。

表 5-3　已批准上市的基因治疗产品

| 药物名称 | 适应证 | 批准时间 | 批准机构 |
|---|---|---|---|
| 今又生 | 头颈部肿瘤 | 2003 年 | 中国国家食品药品监督管理总局 |
| 安柯瑞 | 头颈部肿瘤 | 2005 年 | 中国国家食品药品监督管理总局 |
| Rexin-G | 实体瘤 | 2007 年 | 菲律宾 FDA |
| Neovasculgen | 周边动脉疾病 | 2011 年 | 俄罗斯药监局 |
| Glybera | 脂蛋白酯酶缺乏症 | 2012 年 | 欧洲药品管理局 |
| Strimvelis | 儿童重症联合免疫缺陷病 | 2016 年 | 欧洲药品管理局 |
| Luxturna | 视网膜疾病 | 2017 年 | 美国 FDA |
| Kymriah | 急性淋巴细胞白血病 | 2017 年 | 美国 FDA |
| Yescarta | 非霍奇金淋巴瘤 | 2017 年 | 美国 FDA |
| Zolgensma | 脊髓性肌肉萎缩症 | 2019 年 | 美国 FDA |

第一个基因治疗产品的上市地点不是在美国，也不是在欧洲，而是在中国。2003 年，国家食品药品监督管理总局批准了全世界第一款基因治疗产品今又生（Gendicine）。今又生是一款携带 $p53$ 抑癌基因的腺病毒载体基因治疗产品，用于头颈部肿瘤的治疗。2005 年，国家食品药品监督管理总局批准了全球第二款基因治疗产品安柯瑞（Oncorine），这也是全球第一款批准上市的溶瘤病毒。然而，由于当时国内的新药研发正处于独特的历史发展时期，国际上对这两款产品的临床试验数据及真实世界应用的疗效存在巨大争议，其在上市几年之后便消失在了西方国家科研工作者的视野之内。2007 年，菲律宾 FDA 批准了全世界第三款基因治疗产品 Rexin-G 用于治疗实体瘤，然而这些产品的疗效非常有限，并没有对肿瘤的治疗产生革命性影响，直到 CAR-T 疗法的出现。

2016 年 5 月，全球制药巨头葛兰素史克公司的基因治疗药物 Strimvelis 被欧洲药品管理局批准上市，成为世界上第一个被批准上市的针对儿童重症联合免疫缺陷病进行基因修复的疗法。该项治疗是基因治疗成功走向临床市场的又一个里程碑。2019 年 5 月，美国 FDA 又批准了一款基因治疗药物——诺华制药公司（旗下公司 AveXis 开发）的 Zolgensma（onasemnogene abeparvovecv-xioi），用于治疗 2 岁以下脊髓性肌肉萎缩症（SMA）患儿。患者 $SMN1$ 基因存在双等位基因突变。据悉，这款药物 5 年总费用定价将高达 212.5 万美元，堪称史上最贵。

经过二三十年的失败、探索、再失败、再探索的螺旋式进展，基因治疗开始进入高速发展的阶段，其安全性和有效性开始得到医药监管部门和医药巨头的认可。世界范围内，制药巨头葛兰素史克、诺华、辉瑞、赛诺菲等公司纷纷通过收购或合作方式进入基因治疗领域，投入基因治疗药物上市前最后阶段的推动中。传统制药巨头的参与极大地推动了基因治疗临床试验的开展，基因治疗公司开始成为纳斯达克投资人的宠儿。

2. 全球主要国家和地区竞争力分析

（1）美国

美国是基因治疗领域最具竞争力的国家和地区。目前，超过 60% 的基因治疗方案出自美国，接受基因治疗的 80% 的患者同样在美国。截至2017 年底，美国以拥有 1643 项临床试验，占全球基因治疗临床试验的63.3%，位列全球第一[1]。

此外，美国对基因治疗领域的资助持续增加。2014 年 6 月，美国 NIH资助 2500 万美元，用于传染性疾病（疟疾和流感）的基因治疗研究。2015 年底，美国白宫发布《美国创新新战略》，明确把包括基因治疗在内的精准医疗作为未来发展战略，未来 10 年将投入 48 亿美元重点资助。

2014 年，美国 FDA 依据临床 I 期的结果授予了美国圣迭戈医药公司Celladon 针对心衰的基因治疗药物 MYDICAR "突破性疗法"的地位，这也是美国 FDA 首次认定的基因治疗。2015 ～ 2016 年，Spark Therapeutics、蓝鸟生物公司、AVeXis 公司在研产品 SPK-RPE65、LentiGlobin 和 AVXS-101又相继获得美国 FDA 授予的"突破性疗法"资格。"突破性疗法"旨在加速开发及审查治疗严重的或威胁生命的疾病的新药。2015 年 10 月和 12月，安进公司的溶瘤病毒药物 T-Vec 分别在美国和欧洲获得批准上市，这是基于 HSV-1 载体的黑色素瘤的基因治疗，并成为第一个被批准的非单基因遗传疾病的基因治疗。

---

[1] 吴曙霞，杨淑娇，吴祖泽 . 美国、欧盟、日本细胞治疗监管政策研究 . 中国医药生物技术，2016，11：491-496.

（2）欧洲

目前，欧洲对基因治疗领域的资助也持续增加。欧盟研究框架建立了专门基因治疗资助计划——CliniGene（2006—2011）计划，出资 6580 万欧元推动欧洲临床基因治疗的发展。"地平线 2020"是欧盟最大的科研创新框架计划，其中基因治疗获得 4910 万欧元资助。2016 年 6 月，法国政府宣布投资 6.7 亿欧元启动基因组和个体化医疗项目，项目为期 10 年，将重点开展基因组学、个体化医学、基因治疗等研究。2012 年，欧盟审批通过了荷兰 UniQure 公司的 Glybera 药，开启了基因治疗的新时代[1]。

（3）中国

与美国及欧洲相比，我国基因治疗基础研究和临床试验开展得较早，起点也不低。早在 20 世纪 70 年代，吴旻院士就对遗传性疾病等的防治提出了基因治疗的建议。1985 年，他再次撰文指出基因治疗的重要目标是肿瘤。我国是世界上较早开展基因治疗临床试验的国家，基因治疗基础研究和临床试验基本与世界同步。复旦大学从 1987 年就开展了血友病 B 的基因治疗研究，1991 年，对两例血友病 B 患者进行基因治疗特殊临床试验，这也是我国第一个基因治疗临床试验方案。之后，我国对单基因遗传病、恶性肿瘤、心血管疾病、神经系统疾病、艾滋病等多种人类重大疾病开展了基因治疗基础和临床试验研究。上海交通大学肿瘤研究所利用 *TK* 基因转移治疗脑恶性胶质瘤是当时国内首先进入临床试验的肿瘤基因治疗方案[2]。

同时，我国在心血管基因治疗方面也取得了一定进展。例如，用血管内皮生长因子（VEGF）治疗梗死性心血管疾病和用人肝细胞生长因子基因治疗病理性瘢痕也取得了重大进展，其中 VEGF 治疗梗死性心血管疾病在北京安贞医院进行了特殊临床试验。这是我国第一个批准进入临床研究的心血管疾病基因治疗方案，也是继美国之后第二个开展心血管疾病基因治疗临床试验的国家。此外，通过"973"计划、"863"计划等国家计划

〔1〕吴曙霞，杨淑娇，吴祖泽 . 美国、欧盟、日本细胞治疗监管政策研究 . 中国医药生物技术，2016，11：491-496.

〔2〕王嫱，张琳，陈赛娟 . 基因治疗：现状与展望 . 中国基础科学，2017，19（4）：21-27.

的资助，我国在重大疾病的基因治疗方面已经建立了从原创性基础研究到前沿技术、关键技术研发，以及重点产品开发相关的较为完整的"技术链"，基本建立了由大学、研究机构、大型医院、制药企业和其他相关部门组成的，覆盖"上游、中游、下游"的完整全产业链布局，建立了相应的人才队伍和完整的技术系统，储备了一大批具有自主知识产权的技术和产品，特别是在基因治疗药物的产业化方面抢占了先机，已有今又生与安柯瑞两种基因药物上市。

与此同时，近年来，我国重大疾病的基因治疗一直受到国家的重视。在《国家中长期科学和技术发展规划纲要（2006—2020 年）》和《"十三五"生物技术创新专项规划》中，重大疾病的基因治疗都是国家的重点发展方向和重点资助领域。

尽管我国在基因治疗研究及产业发展方面有较好的基础，但在基因治疗的靶向性研究、基于 AAV 载体的基因治疗研究、重组 AAV 基因治疗产品的规模化制备、基因治疗产品的临床前安全性评价及基因治疗临床试验研究等方面，还需要加强研究以实现重点突破。

此外，我国在新药审批标准、流程及行政方式上与欧美不同，没有国际互认协议，获批的两个抗肿瘤基因治疗药物是中国的特有产品，不能进入国际市场。因此，在提升我国基因治疗研究的影响力、扩大基因治疗药物的国际市场等方面，还需要寻求发展的突破口。

## 5.3　基因治疗技术的颠覆性影响及发展举措

基因治疗之所以成为颠覆性技术，是因为它是一种具有突破性意义的靶向性治疗方法，将为肿瘤、遗传性疾病等重大疾病患者带来新生的希望，将大大减少药物在治疗中的副作用，减轻患者痛苦，提高患者生活质量，有望达到根治疾病的目的。与此同时，随着基因治疗技术发展带来的治疗理念的变化，以及对疾病发病机理的不断深入了解，基因治疗将对传统的治疗技术和治疗市场产生颠覆性的创新，进而为社会经济发展、产业模式的转型和变革带来巨大影响。因此，从这方面来说，基因治疗拥有巨大的开发潜力及应用前景。

### 5.3.1 基因治疗技术发展的价值与作用

1. 基因治疗技术对社会经济发展的影响

基因治疗可算是有史以来最复杂和多样化的药物疗法，从研究性学术环境中起步，通过与生物技术公司和制药企业的合作转变为工业化的药物开发途径。2010年以来，基因编辑技术基础理论方面的进展、多个临床试验的成熟结果及监管方的批准，显示了基因治疗进入了一个兼具安全性和有效性的时代，因此基因治疗也必将对整个社会的经济发展带来颠覆性的变革和影响。

（1）对复杂疾病治疗的影响

基因治疗在全球都具有极大的刚性需求，是彻底解决遗传性疾病的重要武器，将有望颠覆现有治疗方案。科学研究已表明，自闭症、心律失常、骨髓增殖性疾病、糖尿病、高血压、阿尔茨海默病、肝病及罕见病等多种疾病都与遗传因素相关。治疗这类疾病最理想的方法就是针对基因进行治疗。以单基因病为例，这种病目前已经发现近万种，其主要病因就是某一特定基因的结构发生变动，如白化病、贫血，早老症等。第一个人类历史上运用基因治疗成功的案例就是对单基因病的治疗。美国一名缺乏 *ADA* 基因的女孩，通过利用逆转录病毒载体，将其所缺的基因导入造血干细胞，最终回输体内，成功治愈了重度联合免疫缺陷病。可见基因治疗单基因病的关键是外源基因在体内的稳定存在。而针对多基因病的治疗，最典型的病如哮喘、先天性心脏病、糖尿病、高血压等常见威胁性较大的疾病，美国和加拿大科学家组成的研究组在实验鼠体内，利用基因工程技术使内脏细胞产生了人体胰岛素。从理论上说，这意味着基因治疗未来可以解决人体糖尿病、高血压等重大慢性疾病的根本性缺陷。

此外，除了适用于基因治疗的遗传性疾病外，免疫缺陷病（如艾滋病）和恶性肿瘤等也可望通过基因治疗予以治疗。以肿瘤为例，肿瘤已经是全球第二大死亡原因。种种研究结果显示，基因治疗的潜力极大，有望在不远的将来解决一些至今让医疗界束手无策的顽疾，为人类健康带来持久的益处。

（2）对生育健康的影响

新生儿出生缺陷不仅给家庭带来沉重的负担，而且已经成为严重影响我国经济发展和人口素质的主要问题。一些特定遗传性疾病往往在新生儿出生一定时间后才会表现出明显症状。因此，新生儿早期的基因筛查能够帮助人们尽快在医学上进行早期干预，达到及早发现、及早治疗的效果。同时，后期的基因治疗也有望解决新生儿基因缺陷问题。

2. 基因治疗技术对促进产业转型与变革的影响

基因治疗技术在产业领域掀起了一场革命。随着科学家对人类基因及功能、疾病发病分子机理研究的不断深入，基因治疗在肿瘤、遗传病及心血管疾病的治疗上取得成功，让人们看到基因治疗是 21 世纪的科学、医药和商业的希望。

（1）医疗方式变革

基因治疗带动医学科学进步，促进医疗产业的变革性发展。寻求针对某种疾病的特效药是很多患者梦寐以求的，基因治疗将治愈那些目前被认为无法有效治疗的疾病，如癌症、心血管疾病、遗传病和艾滋病等。此外，基因治疗产品使细胞产生内源性的目的蛋白质或多肽，产生特异的生物治疗作用，使得治疗给药更加特异、高效和安全，达到医学科学所期望达到的最高目标。许多疾病是局部组织器官结构和功能障碍，不需全身用药，基因治疗技术保证了局部用药的疗效。因此，高效、低副作用的基因治疗方式在不久的将来将成为人类的主要治疗方式之一，这种优势将促进医疗方式及其产业做出重大改变。

（2）医药工业转型

基因药物的应用和开发将推动 21 世纪医药工业的发展。基因药物是一种简便、生理、经济、安全、长效的新的治疗途径，完全改变了以往建造大型药厂的概念，使人类的基因变成了可供利用的资源。因此，科学家预言，未来基因药物尤其是基因工程蛋白质或者多肽类药物将对传统药物形成严重挑战，成为医药工业的发展趋势。例如，美国百特（Baxter）公司多年来一直占有世界上用因子（蛋白质）治疗血友病 A

约 60% 的市场。这些患者需长年反复用药，费用极高。自 1996 年以来，包括 Baxter 公司在内，美国已有约 5 家公司在发展血友病的基因治疗。用基因治疗方法，一次注射，可带来长久的疗效或根治。如此一来，凝血因子Ⅶ将没有市场。再如，美国 GenTech 公司用蛋白质 VEGF 治疗冠心病、心肌缺血，但Ⅱ期临床试验完成后确认疗效不好，已于 1999 年 1 月停止开发。然而，有 8 家公司用重组腺病毒-VEGF 进行基因治疗。其临床试验证明只 1～2 次注射后，冠脉血管就可再生，达到治疗目的。许多疾病是局部组织器官结构和功能障碍，不须全身用药。基因治疗技术保证了对这些疾病的局部用药，在这一点上基因治疗的优势将使医疗方式甚至整个医药工业发生巨大改变。

（3）生物技术产业发展

基因治疗项目的成功开发及产业化势必将带动整个生物高新技术的发展，并构成一个生物高技术平台、一个巨大的产业、一个新的经济增长点。全世界肿瘤患者达 2200 万人，每年约有 630 万人死于肿瘤。我国每年肿瘤发生人数约 300 万人，实际有约 600 万现症肿瘤患者。在美国，肿瘤和心血管疾病每年分别有 100 亿美元的市场，而中国约有 100 亿元的市场[1]。

### 5.3.2 基因治疗技术发展的潜在风险和影响

基因治疗与当代其他大多数颠覆性技术一样，是一把双刃剑，既能给人类带来福音，也可能给人类带来灾难[2]。尽管对某些疾病来说，基因治疗是理性又符合逻辑的治疗方式，但由于它涉及人最为本质的物质——基因而备受人们关注，加上目前技术还没有完全成熟及风险过大等因素，基因治疗也存在可能的负面影响[3]。其主要包括以下几类。

---

〔1〕彭朝晖. 基因治疗的产业化. 中国肿瘤，2001，10（10）：575-576.
〔2〕朱联辉，田德桥，郑涛. 生命科学两用性研究的发展及其监管. 军事医学，2014，（2）：102-105.
〔3〕Savulescu J. Harm, ethics committees and the gene therapy death. Journal of Medical Ethics, 2001, 27(3): 148-150.

1. 基因治疗的技术风险

虽然基因治疗作为一种崭新的治疗手段，可以避免危险性药物引起的许多副作用，似乎是一种更好的、更安全的治疗方法，但基因治疗直接改变患者的 DNA 因而比其他替代治疗有更多的未预见的风险。基因治疗存在技术上的缺陷和不安全因素，患者不但可能得不到有效合理的治疗，而且容易成为新生物医学技术的试验品。

基因治疗作为一种全新概念的治疗方法，虽然在某些领域已经开始临床实验，但毕竟还在初期阶段，技术水平还有待提高。因为基因治疗不是一种均一的药物，各种疾病对基因治疗的要求也不一样，尤其是要把正常基因送到目的细胞中，并使其正常表达，或者说能够起到治疗作用，绝不像把正常基因注射到肌肉或血液里那么简单。因此，就技术而言，目前基因治疗尚存在很多不确定的问题，例如基因导入系统不完全成熟且不可逆转、基因治疗载体结构不稳定、病毒载体的安全性问题、治疗基因能够到达靶细胞的准确性受限、受多基因突变与环境影响的复杂性疾病较难获得预期疗效等。

此外，持续的基因治疗可能导致盲目的基因增强，不良基因不断积聚，违反遗传的客观规律甚至可能造成人类基因发生混乱与退化。尤其是生殖细胞基因治疗，受技术条件与知识水平限制，接受外源基因的受体生殖细胞可能发生随机整合并垂直传播至后代，产生难以预知的深远的负效应或连锁效应，甚至产生一些非人类的特征与性状。而非病理性的基因治疗以人工选择代替自然选择，对人类整体的冲击无疑更具危险性。

2. 法律与伦理冲击

基因治疗除了技术风险外，还可能给个体、家庭、社会，甚至整个人类带来伦理风险。这也是不可忽视的重要问题，如社会资源的不公平问题、权利问题、利益导向问题等[1]。

---

〔1〕Woods N B, Bottero V, Schmidt M, et al. Gene therapy: Therapeutic gene causing lymphoma. Nature, 2006, 440(7088): 1123.

首先是社会资源的不公平问题。基因治疗作为一种高端生物医学技术，研发成本较高，占用较多宝贵的卫生资源，导致医疗资源分配不均，且现阶段治疗经费昂贵，难以惠及普通民众。另外，基因治疗专利化，限制了患者的选择。例如，用于治疗代谢性疾病的药物思而赞是全世界最昂贵的药物之一，患者需终身服用，其年度费用高达数十万美元，患者需承担巨大的经济负担。这就使得基因治疗的受益人群主要为高端收入者，造成生存机会的不均等，由此可能导致贫富差距更大化，激发社会矛盾。如果优势群体因人为意志进行非医学目的的基因优化，选择特殊基因及性状表达，以造就完美后代，那么将使优势更添优势，加剧不公[1]。

其次是权利问题。伦理学最基本的原则是人人享有自决权，不同社会地位的患者或受试者在基因治疗的享用上持不同态度，可以自主选择是否接受基因治疗。而在基因治疗领域，尤其是设计婴儿则涉及更多的权利问题。父母是否有权干涉子女基因遗传及预先决定其未来命运，未发育胚胎的生存权、平等权、自由权与人权尊严是否受到侵害等问题，引起了伦理学界的极大关注。对此，人道主义思想家哈贝马斯认为对基因的设计扼杀了原本属于孩子自己生命历程的宝贵的偶然性；而自由主义优生学代表德沃金认为，没有经过基因设计的孩子同样无法自主选择自己的基因，基因设计在一定程度上等同于自然生育的偶然性过程[2]。

最后是利益导向问题。基因治疗研究投资大，促使实验室与商业机构合作以获得资金支持，但前提是能带来可观的经济效益。于是一部分研究者为追求当前经济利益最大化，对基因治疗技术进行滥用与不正当利用，使基因治疗商业化，危及长远的社会效益。研究者及相关人员作为行为主体，其主流价值观及道德认知决定其价值导向并指导其社会行为，因而利益导向问题也是基因治疗伦理反思的重要组成部分。

---

〔1〕陶应时，蒋美仕. 现代生物技术的负面效应及其治理路径. 湖南大学学报（社会科学版），2016，30（6）：127-130.

〔2〕Lappé M. Ethical issues in manipulating the human germ line. The Journal of Medicine and Philosophy, 1991, 16(6): 621-639.

### 5.3.3　有关国家和地区推进基因治疗技术发展和风险治理的举措

基因治疗在早期，出现了临床实验的安全问题。在这种情况下，生物技术和制药行业逐渐丧失了对基因治疗的兴趣，在一定程度上也减缓了临床的研究进展。目前，世界上已开展基因治疗并进行临床试验的主要国家和地区相继出台了一系列推进基因治疗技术发展和风险治理的举措。

1. 美国

目前，美国并没有针对基因治疗来专门制定一套完整的法律法规，所采取的管制方式是将基因治疗纳入药物法管理体系中。美国对基因治疗的管理以 1997 年为界，分为两个阶段。1997 年以前，美国并没有通过法律对基因治疗计划或者临床试验进行严格规范，而主要是通过行政手段去管制。例如，1976 年，美国 NIH 成立了重组 DNA 咨询委员会并制定世界上第一个实验室基因工程应用法规《重组 DNA 分子实验室准则》，首开政府对生物技术发展进行控制的先例。随后，在基因治疗进入临床研究前的1985 年，美国 NIH 制订了针对体细胞基因治疗的指导准则《人类体细胞基因治疗的设计和呈批考虑要点》。这是这一领域里第一个系统的成文规章。1997 年，美国相继对《公共卫生法》和《联邦食品、药物及化妆品法》进行了修改，正式将基因治疗纳入药物法管理系统中。随着基因治疗相关技术的发展，截至 2015 年 9 月，美国共颁布了 30 余部相关的技术指南或政策法规（表 5-4）。

美国对基因治疗的主管机关是 FDA，其生物制品评价与研究中心（Center for Biologics Evaluation and Research，CBER）下成立了细胞、组织和基因治疗办公室（the Office of Cellular，Tissue and Gene Therapies，OCTGT），专门负责相关产品的审查；并且成立了细胞、组织和基因疗法顾问委员会（Cellular，Tissue and Gene Therapies Advisory Committee，CTGTAC），帮助指导相关的产品的评估。此外，为了应对快速增长的基因治疗药物的申请，美国 FDA 正在进行细胞和基因治疗的新型临床试验设计的应用科学研究，努力通过使用所有的监管途径制订药物加快开发计

划，包括使用"突破性疗法"认定，以及最近的再生医学先进疗法认定
（regenerative medicine advanced therapy designation，RMAT）。

表 5-4　美国基因治疗相关政策法规或指南文件

| 时间 | 相关政策法规或指南文件 |
|---|---|
| 1976 年 | Recombinant DNA Molecule Laboratory Standards |
| 1985 年 | Points to Consider in the Design and Submission of Human Somatic Cell Gene Therapy Protocols |
| 1997 年 | The Public Health Service Act |
| 1997 年 | The Federal Food Drug and Cosmetic Act |
| 2000 年 | Banning genetic discrimination in federal employment |
| 2002 年 | Guidance for Investigators and Institutional Review Boards Regarding Research Involving Human Embryonic Stem Cell, Germ Cells and Stem Cell- Derived Test Articles |
| 2003 年 | NIH Guidance on Informed Consent For Gene Transfer Research |
| 2006 年 | Guidance for Industry: Supplemental Guidance on Testing for Replication Competent Retrovirus in Retroviral Vector Based Gene Therapy Products and During Follow-up of Patients in Clinical Trials Using Retroviral Vectors |
| 2006 年 | Guidance for Industry: Gene Therapy Clinical Trials—Observing Subjects for Delayed Adverse Events |
| 2007 年 | Guidance for Industry: Regulation of Human Cells, Tissues, and Cellular and Tissue-Based Products（HCT/Ps） |
| 2007 年 | Guidance for Industry: Eligibility Determination for Donors of Human Cells, Tissues, and Cellular and Tissue- Based Products |
| 2007 年 | Guidance for Industry: Regulation of Human Cells, Tissues, and Cellular and Tissue-Based Products（HCT/Ps）—Small Entity Compliance Guide |
| 2007 年 | Guidance for Industry: Considerations for Plasmid DNA Vaccines for Infectious Disease Indications |
| 2008 年 | The Genetic Information Nondiscrimination Act of 2008 |
| 2008 年 | Guidance for Industry: Certain Human Cells, Tissues, and Cellular and Tissue-Based Products（HCT/Ps）Recovered from Donors Who Were Tested for Communicable Diseases Using Pooled Specimens or Diagnostic Tests |
| 2008 年 | Guidance for FDA Reviewers and Sponsors: Content and Review of Chemistry, Manufacturing, and Control（CMC）Information for Human Somatic Cell Therapy Investigational New Drug Applications（INDs） |
| 2008 年 | Guidance for FDA Reviewers and Sponsors: Content and Review of Chemistry, Manufacturing, and Control（CMC）Information for Human Gene Therapy Investigational New Drug Applications（INDs） |

续表

| 时间 | 相关政策法规或指南文件 |
|---|---|
| 2008 年 | Draft Guidance for Industry: Validation of Growth-Based Rapid Microbiological Methods for Sterility Testing of Cellular and Gene Therapy Products |
| 2009 年 | Guidance for Industry: Considerations for Allogeneic Pancreatic Islet Cell Products |
| 2009 年 | National Institutes of Health Guidelines on Human Stem Cell Research |
| 2010 年 | Guidance for Industry: Cellular Therapy for Cardiac Disease |
| 2011 年 | Guidance for Industry: Potency Tests for Cellular and Gene Therapy Products (2011) |
| 2013 年 | Guidance for Industry: Preclinical Assessment of Investigational Cellular and Gene Therapy Products |
| 2013 年 | Guidance for industry: Considerations for the Design of early-phase clinical trials of cellular and gene therapy products |
| 2013 年 | Draft Guidance for Industry: Use of Donor Screening Tests Donors of Human Cells, Tissues and Cellular and Tissue-Based Products (HCT/Ps) for Infection with Treponema Pallidum (Syphilis) |
| 2015 年 | Draft Guidance for Industry: Considerations for the Design of Early-Phase Clinical Trials of Cellular and Gene Therapy Products |
| 2015 年 | Draft Guidance for Industry: Design and Analysis of Shedding Studies for Virus or Bacteria-Based Gene Therapy and Oncolytic Products |
| 2015 年 | Guidance for Industry: Determining the Need for and Content of Environmental Assessments for Gene Therapies, Vectored Vaccines, and Related Recombinant Viral or Microbial Products |

2. 奥地利

奥地利对基因治疗管制采取的是特别立法模式。奥地利有关基因治疗的规范主要规定在《基因技术法》中，但是《基因技术法》并不只是规范基因治疗。奥地利《基因技术法》第一章对"基因""人类基因转换"等名词下了定义，并规定了基因治疗的范围。体细胞基因治疗及其临床试验必须要以治疗或者预防严重疾病的目的进行，且必须要按照严格的程序进行。该法原则上对于通过干预胚胎遗传物质而进行的基因治疗是严格禁止的，但是若患者通过治疗获得的利益高于风险则也是可以进行的。

奥地利对基因治疗采取许可制，但在实施基因治疗之前，首先必须取得联邦卫生及消费者保护部的许可，而在联邦卫生及消费者保护部做出许可前必须先接受基因科技委员会下属的有关基因治疗科学会议的意见。由此可见，虽然联邦卫生及消费者保护部是许可的核发部门，但是基因科技委员会及其下属的科学会议才是基因治疗管制的核心。除此之外，设于联邦卫生及消费者保护部管辖下的药物咨询局主要负责基因治疗临床试验的咨询工作。

3. 德国

早在 1984 年，德国由司法部和科研部召集医生、生物学家、哲学家、法学家、宗教代表组成了一个基因分析和基因治疗的研究小组，为政府的立法提供咨询报告，并基于报告提出了一系列相关的法律法规。

1990 年，德国制定了世界上第一部《基因科技法》。该法分为 7 部分 42 节，内容分一般规定、基因的技术操作、基因专利和临床前的试验研究等，并在 1993 年进行了修正。与奥地利的《基因科技法》不同的是，德国在这部法律中并未对基因治疗进行规范，而是将其纳入药物法进行规范。后来，对临床上的基因治疗管理规定出现在《德国药品法》中。按照德国药品法规定，在进行基因治疗之前必须报备，且对基因治疗也采取许可制。

对基因治疗除了采取法律管制之外，还通过伦理原则来对其进行规制。例如，由联邦医师公会拟定的"人体基因移植一般准则"就是伦理委员会审查时的一个重要的伦理规范审查依据。德国关于基因治疗的管制机关主要有德国国家疫苗及血清研究所（PEI）和德国联邦药品和医疗器械管理局（BfArM）。两机关根据药物法都有独立的职权，但功能不同。PEI 负责文件审查，除此之外，PEI 有自己的实验室，通过实验能制定出评估标准。BfArM 主要负责对上市药物的监督等。但德国没有一个类似于新药审批程序或一个对基因治疗所有方面都负责的管理机构。

4. 英国

英国对基因治疗试验的管理与其他新药的审批一视同仁。唯一的区别在于：在英国，任何基因治疗方案都要得到地方伦理委员会（Local Research Ethics Committee，LREC）和基因治疗咨询委员会（Gene Therapy Advisory Committee，GTAC）的审查和同意，最后由英国医药监管局（Medicines Control Agency，MCA）颁发对该方案的产品或临床试验准入证。

GTAC 成立于 1993 年，这个非法定的机构代表 MCA 和其他政府机构对基因治疗临床方案的可接受性进行审查和管理，并协调与其他相关机构的关系。1994 年，GTAC 又发布了一个类似于美国重组 DNA 咨询委员会的《考虑要点》（*Points to Consider*）的指南。如同美国的重组 DNA 咨询委员会，在任何方案进入临床前，GTAC 都必须对它进行审查。在 GTAC 审查时，患者是匿名的，审查建议将尽快告知研究者、LREC 和 MCA。

此外，即使一个方案获得欧盟成员国或美国 FDA 等法定机构的许可，如果要在英国开展，它必须再次接受 GTAC 的审查。尽管程序较为烦琐，但其目的是确保患者的安全。2001 年，GTAC 又要求对任何可能改变生殖细胞基因组的试验慎重评价，尤其是临床前的试验。此外，患者在试验中和结束后的一段时间内不得怀孕，以免危及后代。LREC 的审查和同意是进一步审查的必要条件。

5. 法国

法国对基因治疗伦理管理主要通过法国伦理咨询委员会（Le Comité consultatif national d'éthique，CCNE）来进行。法国 CCNE 成立于 1982 年。1990 年，在有关基因治疗的声明中，CCNE 要求基因治疗必须满足下列条件：仅限于体细胞，绝对禁止任何对人类生殖细胞或胚胎基因的改变；仅针对由单基因引起的严重的疾病。1996 年，法国基因治疗的管理机构——法国健康产品卫生安全局（Agence Francaise de Securite Sanitarire des Prodults de Sante，AFSSAPS）规定：一个方案在实施以前至少要接受地方伦理委员会的审查和许可，但最终的法定权在 AFSSAPS。为提高审查程序的效率，AFSSAPS 还负责相关机构的协调。

6. 意大利

在意大利，按照相关法律规定，基因治疗产品被视为新药，对其管理基于个案分析之上，内部的质量控制和外部的质量评价非常重要。临床基因治疗的主要法律依据是《行政法》（1997 年），"基因治疗临床试验指南"（1997 年）和"体细胞治疗临床 I/II 期的指南"（1997 年）。

7. 欧盟

从英国、法国、德国等国的管理规定中可以看出，在欧盟内部，各国对基因治疗的审查没有统一的标准，所依据的法律和具体执行的机构也不尽相同。事实上，在从"临床前试验、临床试验，到基因治疗产品开发，再到常规的临床推广"的这一系列程序中，欧盟各国的管理各有特色。欧盟没有一个类似美国重组 DNA 咨询委员会那样的权威审查机构。为了提高管理效率，加强国际的交流与合作，以及同时对付基因治疗可能出现的伦理和管理问题的需要，1992 年，欧洲人类基因转移和治疗工作委员会（EURO Working Group on Transportation，EWGT）成立，以求各国在临床前试验、临床试验方面进行合作。在基因治疗产品市场化方面，欧洲药品管理局负责对此类产品的质量、安全有效性评价，各界都希望 EMA 能起到协调各国研究和开发的作用。

综上可以看出，无论是为基因治疗专门立法的奥地利，还是将基因治疗纳入药物法管理系统的美国、德国等国家，基本上都是采用了法律管制和咨询机构或委员会相结合的双重管理模式，而不是仅仅靠一种规范方式来控制风险和解决问题。另外，这两种模式都专门设置了咨询机构或者委员会等组织。这些组织既包括了法律上有权限的委员会还包括各种专业组织或者咨询组织。它们不仅能在专业领域上做出独立、准确的判断，而且还实际参与到行政决策中去，有利于国家制定出保护民众安全的管理规则。

因此，可以借鉴国外关于基因治疗的双重管理模式。一方面通过立法严格规定基因治疗的准入、管制程序、权利保护及法律责任等问题，另一方面成立相关咨询组织来进行技术审查和伦理审查，共同应对基因治疗带来的各种问题。

## 5.4 我国发展基因治疗技术的建议

### 5.4.1 机遇与挑战

1. 发展机遇

（1）国家政策重视

当前，我国对基因治疗等相关的基础研究、目标产品及关键技术的研发非常重视，对基因技术在医疗领域的发展和应用也高度关注。2016 年，国家卫生和计划生育委员会、科技部等部门联合提出中国精准医疗计划，将精准医疗上升为国家战略，计划在 2030 年投入 600 亿元。国务院印发的《"健康中国 2030"规划纲要》提出，到 2030 年我国健康服务业总规模将达到 16 万亿元，其中涉及基因技术在健康医疗中的相关应用[1]。随后出台的《"十三五"国家战略性新兴产业发展规划》和《中国制造 2025》重点领域技术路线图，都对未来我国基因技术的发展和应用，做出了系统性的规划和政策支持。例如，《"十三五"国家战略性新兴产业发展规划》提出，要在相关技术突破的前提下，加速基因技术在疾病筛查、癌症治疗、慢性病治疗等领域的应用。

此外，2017 年 4 月，科技部印发《"十三五"生物技术创新专项规划》，明确发展基因治疗等现代生物治疗技术，提出"加强免疫检查点抑制剂、基因治疗、免疫细胞治疗等生物治疗相关的原创性研究，突破免疫细胞获取与存储、免疫细胞基因工程修饰技术、生物治疗靶标筛选、新型基因治疗载体研发等产品研发及临床转化的关键技术，提升我国生物治疗的产业发展和国际竞争力"。

与此同时，我国将进一步推进基因治疗技术基础设施建设，并以多项举措推进相关技术在医疗领域的应用。国内多家企业负责人和研究机构表示，基因检测、基因编辑等技术已进入成熟期，并开始逐渐应用于疾病筛查、癌症治疗、慢性病治疗等领域。预计到 2030 年，相关市场规模有望突破万亿大关。

2018 年 2 月，深圳国家基因库理事会第三次会议上明确我国将正式启动国家基因库二期工程建设，预计 5 年内基因数据总量将超过美国、欧洲、日本三大基因库总和。同时，我国将加速建立从基因检测到个体化精准免疫的基因技术体系和基础设施。此外，我国将出台相关政策，对经确定为创新医疗器械的基因检测产品等，按照创新医疗器械审批程序优先审查，

---

〔1〕中国共产党中央委员会，中华人民共和国国务院 . "健康中国 2030"规划纲要 . http://www.gov.cn/zhengce/2016-10/25/content_5124174.htm〔2019-09-30〕.

加快创新医疗服务项目进入医疗体系，促进新技术进入临床使用。

（2）良好技术积累

在基因治疗领域，我国拥有较好的技术基础和优势。我国基因治疗研究及临床试验与世界发达国家几乎同期起步，主要以肿瘤、心血管疾病等重大疾病为主攻方向。目前，我国已经有 2 个基因治疗产品上市，主要用于头颈部的恶性肿瘤治疗。此外，我国还有近 20 个针对恶性肿瘤、心血管疾病、遗传性疾病的基因治疗产品进入了临床试验，而在 ClinicalTrials. gov 网站上登记的基因治疗临床试验方案有 70 个，占亚洲基因治疗临床试验方案总数的 46.7%。例如，华中科技大学等研发的肿瘤基因治疗产品重组腺病毒载体介导的单纯疱疹病毒胸苷激酶基因制剂（ADV-TK）对肝癌和难治复发性头颈癌都具有显著疗效，正在开展多中心的Ⅲ期临床试验。中山大学等研发的重组人内皮抑素腺病毒注射液（E-10A）治疗晚期头颈鳞癌效果较好，目前该产品在中国和北美地区开展Ⅲ期临床试验研究，发展前景好。军事医学科学院研发的治疗心肌梗死的基因治疗产品重组腺病毒 - 肝细胞生长因子注射液（Ad-HGF）进入Ⅱ期临床试验，与人福医药集团股份公司合作研发的治疗肢端缺血的基因治疗产品重组质粒 - 肝细胞生长因子注射液获得了Ⅲ期临床批文。成都康弘生物研发的治疗头颈部肿瘤的工程化溶瘤腺病毒基因治疗制剂 KH901 已完成Ⅱ期临床试验。四川大学等研发的具有抗肿瘤血管生成的基因治疗产品重组人内皮抑素腺病毒注射剂（EDS01）正在开展Ⅱ期临床试验研究。此外，我国还有 40 多项重大疾病的基因治疗制剂处于临床前研究阶段，上百个项目处于实验室研究阶段。

我国在基因编辑治疗领域也处在世界前列。2015 年 4 月，中山大学的黄军就团队首次在人类胚胎细胞中进行了基于 CRISPR 技术的基因编辑操作，并于 2017 年 9 月再次报道利用单碱基编辑系统在人类胚胎基因组精确修复

---

〔1〕Liang P, Ding C, Sun H, et al. Correction of β-thalassemia mutant by base editor in human embryos. Protein and Cell, 2017, 8(11): 811-822.

特定类型的单碱基突变（地中海贫血 *HBB-28*）[1]。2016 年 7 月，四川大学华西医院肿瘤学教授卢铀团队宣布将开展"全球第一例"CRISPR/Cas9 基因编辑人体临床试验。同年 10 月 28 日，首名癌症患者接受了经 CRISPR 技术改造的 T 细胞治疗[1]。2017 年 3 月，杭州市肿瘤医院院长吴式琇也开始尝试利用基因编辑技术治疗癌症患者。

（3）巨大市场潜力

目前，肿瘤、心脑血管病等慢性疾病已成为威胁我国人口健康的主要因素，随之而来的是医疗费用支出的增长。根据《中国疾病预防控制工作进展（2015 年）》与国家卫生和计划生育委员会发布的《中国居民营养与慢性病状况报告（2015 年）》数据，目前我国的慢性病患者已超过 3 亿人，慢性病导致的死亡人数已占到全国总死亡人数的 86.6%，其中心脑血管疾病、癌症和慢性呼吸系统疾病占总死亡人数的 79.4%。慢性疾病导致的疾病负担占总疾病负担的近 70%。同时，以糖尿病为例的慢性病已呈现年轻化发展趋势，严重影响居民的身体健康和生活质量。

当前，基因检测、基因编辑等技术已进入成熟期，并开始逐渐应用于疾病筛查、癌症治疗、慢性病治疗等领域。相比传统医疗手段，以基因技术为基础的基因治疗手段更具针对性，能够获得较为理想的治疗效果，并能大大减轻患者痛苦，其应用被业内普遍看好。在癌症治疗及慢性病治疗领域，基因治疗同样具有广阔的应用前景，相关临床试验获得成功，将促使相应的基因治疗快速应用，并有望大大改善现有癌症治疗情况。美国联合市场研究（Allied Market Research）报告显示，到 2023 年，全球癌症基因治疗市场将超过 20.82 亿美元，未来 5 年的复合年均增长率达到 32.4%。在我国，到 2020 年，基因治疗相关市场将达到 3000 亿元。此外，关键性的基因治疗技术将在今明两年取得突破，并在未来 3 年内进行商业应用，市场潜力巨大。

2. 面临挑战

目前，基因治疗方法可能适用于许多潜在的表型和病理生理过程，但

---

〔1〕Cyranoski D. First trial of CRISPR in people. Nature, 2016, 535(7613): 476-477.

现有技术尚不能满足治疗需要。获得有效基因传递的能力曾经被描述为"基因治疗的致命弱点"。尽管技术有了很大进步，但改造足够多的细胞以获得治疗效益仍然限制了从临床前模型到临床甚至临床标准护理的过程。

基因治疗的全球进展从根本上取决于深厚的基础和完善的临床前研究，再加上反复的人类临床试验。不需要的宿主－载体相互作用，如针对载体和编码的转基因产物的免疫应答，也必须被更好地理解和避免。防止细胞介导的基因校正细胞被破坏的替代策略包括调节免疫系统，使用工程载体来逃避衣壳特异性免疫应答或短暂免疫抑制。后者已成功应用于血友病 B 的临床试验中，以限制肝细胞毒性并保持凝血因子Ⅸ的表达，尤其是在治疗早期。

（1）技术原始创新挑战

目前，虽然我国在基因治疗领域已经取得了长足进步，但缺乏原始性创新成果，仿制产品重复生产严重：我国已产业化的基因工程药物和疫苗中大部分为跟踪仿制国外的产品，只有少数产品拥有自主知识产权。目前进入临床研究的基因技术药物，大多数也是，真正意义上的原始性创新药物很少。缺乏创新药物，加之知识产权保护未能跟上，导致我国一些药品在研制和生产方面严重重复。

更为严重的是，随着 CRISPR/Cas9 等基因编辑技术在基因治疗中应用日益广泛，而现有基因编辑技术的核心专利基本为外国所有，我国面临着基因治疗核心技术的"卡脖子"问题。从下游的基于基因编辑技术的农业育种、医疗方法及产品研发上看，我国在核心产品创新上也落后于美国等发达国家。这种情况非常不利于我国把握这一新技术革命带来的巨大发展机遇。与此同时，我国在基因编辑方面尚未有商业化和产业化的公司，这与我国在基因编辑技术本身研发上缺少原创性的技术成果有关。

（2）基因治疗监管挑战

目前，我们正处于基因治疗发展的关键时刻。这些基因治疗方法有望治疗成百上千种罕见疾病和常见疾病。在很长一段时间里，基因治疗主要存在于理论上，而现在，它们变成了现实。未来，基因治疗将可能成为人类治疗各种疾病的主要方式。然而，随着基因治疗技术的成熟，对其如何有效监管成为我国行政管理部门的一大挑战。

　　传统的药物审评中，80% 的审批都集中在临床部分，20% 会专注产品自身的问题，然而这个普遍原则在基因治疗方面几乎完全颠倒过来——最初的临床疗效往往是在早期就建立起来的，有时是在小部分患者身上。更具挑战性的问题是产品的制造和质量控制，以及改变或者扩增的问题，在基因插入前需要放到一个载体上，这会改变载体的构象，从而根本上改变整个产品的安全性或效果。因此，对临床试验进行全面评估和严密监测是必要的，并且需要完善监测、评估的方法和体系。例如，关于业界普遍认同的要关注基因分布和基因真核的问题，如何在人体内进行检测，现有的方法学还有待完善，复制性病毒载体需要考虑建立环境安全性检测的问题等。此外，我国的基因治疗产品注册审批和监管体系也有待完善。例如，管理体系需要进一步系统化和规范化，相关管理人员的培训不足导致审批和监管能力效率较低等问题。

　　最后，还有一个问题是反应的持久性。任何具有合理规模的上市前试用都往往不能完全回答这个问题。对于某一些产品，即使在批准时也会有一些不确定性。但是这些产品最初的目标是治疗严重疾病，其中许多还是缺乏治疗手段的致命疾病。在这些情况下，我国的国家食品药品监督管理总局和相关部门是否愿意接受更多的不确定性，以便于及时获得有希望的疗法，这也是未来我国发展基因治疗不得不思考的问题。

　　（3）伦理与法律挑战

　　我国基因治疗已取得重要进展，国家食品药品监督管理总局已批准了2 个基因治疗药物上市。《药品注册管理办法》和《新药注册特殊审批管理规定》对罕见病、特殊病种等情况有专门规定，但是我国与基因治疗相关的政策法规较少，涉及内容较为简单，对在基因治疗相关研究的过程中所涉及的法律法规问题没有做详细的说明和规定。虽然早在 1993 年我国就已发布了基因治疗相关研究的政策法规及技术指南，但随着近两年基因治疗技术的日益突破，上述政策法规已经滞后于国内基因治疗临床研究的发展，也滞后于国际先进国家的政策法规。

此外，从政策法规颁布的部门而言，管理机构较多，缺乏相对统一的部门，这样并不利于在管理上的统筹协调。

### 5.4.2　发展基因治疗技术的路径与建议

#### 1. 鼓励基因治疗协同创新

基因治疗技术与药物研发是一项涉及多学科交叉的系统工程，需要在国际视野下进行系统创新，进行全链条设计，以更加主动的姿态融入全球创新网络，以更加开阔的胸怀吸纳全球创新资源，积极推动我国基因治疗相关研发活动的开展。

目前，国家重大科技专项、高等学校创新能力提升计划（简称"2011计划"）等科技计划的实施极大地推动了我国基因治疗的发展。例如，四川大学联合企业共同打造的基因治疗平台已在 2018 年完成了国内首批基因治疗临床案例。此外，我国还有 40 多项重大疾病的基因治疗制剂处于临床前研究阶段，上百个项目处于实验室研究阶段。但它们在科技计划实施过程中，仍面临着"重科研、轻应用"等的问题与挑战。

因此，未来我国仍需要探索基因治疗协同创新与转化机制，鼓励基因治疗创新链与产业链的互动融合，通过高校、研究机构、大型综合性医院、企业、资本等的合作，建立涵盖基因治疗产品研发完整的"技术链"和全链条"上游、中游、下游"一体化设计的"产业链"，特别重视基因治疗产品相关的原创性研究、目标产品的自主创新、重点产品的中试生产和质量控制等研究，加快基因治疗技术或产品的成果转化和临床应用，从而加强我国基因治疗研发全链条的能力建设，并形成示范工程，推动我国基因治疗的原始创新、成果转化并提高整体水平和国际竞争力。

#### 2. 加强基因治疗新药评审

美国 FDA 的新药评审专家有相当一部分专家具有高水平的实验室研究背景、药物开发经历，甚至具有生物制药企业的管理经验、有市场和金融知识。像所有新药一样，基因治疗新药从研究到上市，也必须经过实验室研究、中试生产、质量控制、临床前研究、临床研究〔《药品临床试验质量管理规范》（GCP）］和生产［《药品生产质量管理规范》（GMP）］。
整个过程始终贯穿评审过程。新药评审应加强对基因治疗制品的中试生产
及生产工艺、质量控制标准和方法的评审。

同时，美国 FDA 和 NIH 对治疗严重威胁人类健康和生命的疾病，如
恶性肿瘤、艾滋病和心血管疾病等新药（包括基因治疗药物）设立"快速
通道"（fast track）并制定了详细的指导原则。"快速通道"的目的是加
快审批过程，消除限制。中国也应制定一个切实可行的"快速通道"指导
原则，实现生物制药在"快速通道"上的运转。

### 3. 不良事件的预防和处理

建立基因治疗临床方案数据库，任何资助者和研究者都必须定期向伦
理委员会提供真实的相关数据、资料。有关信息以适当的方式向公众公开。

建立一套分析和公开不良事件的机制，有效规避基因治疗风险。让公
众获悉严重的不良事件是有利于长远发展的，它是科学决策的基础，公众
理解和评价人类基因治疗技术的前体。不鼓励以商业机密的名义掩盖真实
信息，要及时报告严重的不良事件。同时，应区分自然的结果（如不良反应）
和严重的不良事件，及时严肃处理不良事件并向公众公开。那些严重的致
死的不良事件要在 7 天内尽快报告给相关管理部门，而那些严重的但非致
死的不良事件要在 15 天内尽快地报告。

最后，在预防和处理不良事件方面，各有关管理机构应协调一致，建
立健全的制度。

### 4. 建立健全基因治疗政策法规

首先要确定临床基因治疗的范畴，以及何种基因治疗可以在人体内进
行等基本问题。最为典型的是生殖细胞基因治疗，它涉及平等问题和其他
个人侵害问题，如优生主义、基因歧视等，各国对其一般都持反对态度。
就我国目前而言，可以通过法律规定临床医学基因治疗的基本范畴，同时
规定设立相关伦理委员会进行协助管制。

其次是规范化治疗方面的立法。临床基因治疗，从方案的选择、实施
到最后的疗效评估等，都应严格按照一套规范化的程序进行。美国的基因

治疗临床研究伦理审查已制度化。美国 FDA 生物制品评价与研究中心负责对基因治疗、细胞治疗进行安全性和有效性评价。美国 NIH 下设的生物技术活动办公室（OBA）执行对基因治疗研究的监管。

禁止未经审批，随意自行上临床试验；坚决杜绝重复发生过去那种基因工程制品临床应用的混乱状况，甚至是违法行为。否则，其不仅破坏性地干扰我国基因治疗研究、开发和产业化正常发展，亦会影响世界范围基因治疗事业的发展。特别是我国进入世界贸易组织（WTO）以后，中国政府和科学家应树立更加良好的形象，规范做事。

5. 设置专门的管理机构和相应职能

针对基因治疗可能出现的风险与问题，成立专门的管理机构，并设置相应的职能。例如，成立各级基因治疗学会，建立和健全全国性伦理审查和监控机构。制定严格入选和排除标准，以保护受试者和保证基因治疗顺利进行。针对不良事件的鉴定，其过程应独立、客观，不应受行政干涉，而鉴定专家应由双方当事人从专家库中随机抽取，以确保透明和公正。此外，伦理审查委员会独立地对基因治疗方案进行科学和伦理的审查和监督。委员会的组织和工作程序要公正透明。

6. 加强基因治疗的公众认知

向社会普及和宣传基因治疗概念，提高国民科学素质。基因治疗这一新技术将会推动 21 世纪的医学革命，政府和科学家有责任向社会开展广泛宣传。例如，美国基因与细胞治疗学会（American Society of Gene and Cell Therapy，ASGCT）的使命就包括加强对基因与细胞治疗专业知识的教育，增进公众认知。同时，该学会针对患者及其家庭、社会公众等提供了专业网站资源，提供高质量的信息，并对常见问题进行解答。

# 第6章 干细胞治疗技术

随着人口老龄化进程的加快和环境污染的加剧,心脑血管、神经系统、代谢系统、生殖系统相关的重大慢性疾病发病率逐年上升,成为人口健康的严重威胁,给社会经济发展带来沉重的负担。面对这些健康挑战,现有医疗手段大部分只能实现"有限处理",即仅能暂时缓解症状。干细胞治疗技术则能够对功能损伤或缺失的组织器官进行修复或使其再生,从而恢复正常的结构和功能,即实现真正意义上的"治愈"。这种治疗理念对于现代医学来说具有颠覆性意义,为多种无法治愈的疾病带来治愈希望,同时也为器官移植中缺乏器官来源的问题提供了潜在的解决方案,将使人类疾病治疗方式产生革命性的变化,给人类健康水平带来巨大提升。干细胞治疗技术的不断发展成熟标志着医学将步入"重建、再生、制造"的新时代,干细胞疗法也正在逐渐成为继药物、手术治疗后的第三种治疗途径。

## 6.1 干细胞治疗技术的概念与内涵及发展历程

### 6.1.1 干细胞治疗技术的概念与内涵

干细胞是生物体内存在的一类特殊细胞,与常规的体细胞不同的是,它具有自我更新和定向分化的特性。干细胞治疗技术即利用干细胞的这一特性,通过激活内源性干细胞或移植外源性干细胞(及其衍生细胞),实现对损伤组织器官的修复,结合生物材料还能进一步实现对缺失组织器官的替代。

从干细胞治疗技术使用的干细胞类型来看,主要分为成体干细胞和胚胎干细胞两类。

成体干细胞是存在于体内各种组织中的一类未分化的细胞,在特定情况下,这些细胞能够按照发育途径,分化成为特定类型的体细胞。目前已经在肝脏、肺脏、胃、肠道、骨骼、骨髓、血液、脂肪等多种组织器官中发现成体干细胞的存在。大部分成体干细胞仅能分化为特定的一种（组织）细胞类型，应用范围相对受限。间充质干细胞是一类特殊的成体干细胞，其具有分化的多能性，因此成为最具应用前景的成体干细胞类型。

胚胎干细胞是受精卵分裂发育成囊胚时内细胞团（inner cell mass）的细胞。这类细胞是生命的起源，具有分化的全能性，能够分化为体内所有类型的细胞。因此，人胚胎干细胞是干细胞治疗技术最佳的细胞选择。然而，由于人胚胎干细胞的获取和应用存在伦理限制，而且其来源（胚胎）也受限，因此无法在临床中实现广泛的应用。

除了上述两类天然存在的干细胞外，还存在一类人工构建的干细胞——诱导性多能干细胞（induced pluripotent stem cells，iPS cells，简称iPS细胞）。其构建过程是通过向体细胞中导入转录因子，使其转变为干细胞。iPS细胞不仅具有胚胎干细胞的全能性，而且自体细胞的应用能够在治疗中避免免疫排斥，推动实现个性化治疗，同时也避免了伦理问题。然而，目前由于iPS细胞的稳定性和安全性等问题，其在干细胞治疗技术研发中的应用仍然受限。

### 6.1.2 干细胞治疗技术的发展历程

对干细胞的了解起源于20世纪60年代，加拿大科学家James Till和Ernest McCulloch证实了从骨髓中获得的细胞能够分化成为造血细胞，并将这种细胞命名为造血干细胞[1]。该成果成为干细胞领域发展的开端。此后，人们对干细胞的认识不断扩展和深入，胚胎干细胞、神经干细胞等多种类型干细胞陆续被发现。

干细胞首次被用于疾病的治疗始于1968年。美国华盛顿大学的科研人员成功完成了世界第一例骨髓移植手术，用于白血病的治疗，其中的有效成分即造血干细胞。该手术的成功实施成为干细胞治疗技术发展的第一个里程碑。此后，造血干细胞移植技术被大量用于恶性血液病的治疗，成

---

[1] Becker AJ, McCulloch EA, Till JE. Cytological demonstration of the clonal nature of spleen colonies derived from transplanted mouse marrow cells. Nature, 1963,197: 452-454.

为当前干细胞治疗技术中唯一实现在临床治疗中广泛应用的成熟技术，也成为白血病等恶性血液病的首选根治疗法。造血干细胞移植技术中干细胞的来源经历了从骨髓到外周血，再到脐带血的发展过程。目前这几种来源的干细胞在临床上均有应用。

进入 20 世纪末，随着人们对干细胞认识的深入，干细胞在组织器官修复中的作用获得进一步证实。1998 年，美国科学家首次从人类胚胎组织中提取出胚胎干细胞，进一步拓展了干细胞治疗技术的应用前景。各国政府也陆续开始对干细胞研究进行系统的资助。在政府与科研人员的共同推动下，干细胞治疗技术开始进入快速发展期。干细胞治疗技术的临床试验开始陆续开展，应用于神经系统、代谢系统、免疫系统等人体多系统疾病的治疗。

进入 21 世纪，随着更多类型干细胞的发现，以及对干细胞增殖、分化机制了解的加深，干细胞治疗技术进一步发展成熟。2010 年，美国批准了全球首例胚胎干细胞临床试验，用于脊髓损伤的治疗；2013 年，全球首例 iPS 细胞临床试验于日本获得批准，用于治疗老年性黄斑变性。截至 2019 年底，国际上开展的干细胞临床试验近 8000 例，几乎涉及人体所有系统。与此同时，自 2005 年首个干细胞（移植）药物 Osteocel 在美国获批上市以来，截至 2019 年底，全球已有 17 种干细胞（移植）药物在美国、韩国、欧盟、日本等国家和地区获得批准上市，用于多种疾病的治疗。

## 6.2　干细胞治疗技术的重点领域及主要发展趋势

### 6.2.1　干细胞治疗技术发展的重点领域

#### 1. 干细胞内源性修复

干细胞内源性修复是指通过激活机体的内源性干细胞，达到组织原位再生的目的[1]。这种疗法的优势在于避免了干细胞移植治疗技术需要大量干细胞、免疫排斥和伦理限制等瓶颈问题。目前，干细胞内源性修复主

---

〔1〕刘奕志. 利用内源性干细胞原位再生晶状体治疗婴幼儿白内障. 科技导报, 2018, 36(7): 37-42.

要方法包括利用激素、生长因子或药物分子激活内源性干细胞，通过内源性修复机制刺激组织再生[1]。目前，该治疗技术已经成功应用于造血系统、骨骼、视觉系统等组织的修复治疗中。2016年，中美科学家研究发现，晶状体内存在内源性上皮干细胞，并证明 Pax6 和 Bmi1 是维持其自我更新和分化能力的关键因子，进一步利用内源性干细胞原位再生出新的透明晶状体，首次实现人体有生理功能的实体组织器官再生，并用于先天性白内障的临床治疗[2]。

2. 干细胞（及衍生细胞）移植疗法

干细胞（及衍生细胞[3]）移植疗法是把健康的干细胞（及衍生细胞）移植到患者体内，以实现对受损细胞或组织的补充、修复或替换，从而达到治愈疾病的目的。干细胞（及衍生细胞）移植疗法的发展依赖于干细胞分离、扩增及定向分化等基础性干细胞技术的持续优化。目前，随着技术的不断进步，以及对干细胞相关调控机理认识的逐渐深入，科研人员已经在体外实现了干细胞向多类型具有正常生理功能的体细胞的转化。这些衍生细胞几乎涉及了人体的所有系统，如循环系统的心肌细胞、血管内皮细胞，神经系统的各类神经元，呼吸系统的肺泡上皮细胞，消化系统的胃壁细胞、肝细胞、胰岛 β 细胞，视觉系统的视网膜色素上皮细胞、角膜细胞、虹膜细胞，以及生殖系统的精子细胞和卵细胞等。科研人员也已经在这些成果的基础上，开发出针对多种疾病，尤其是一系列重大慢性疾病的干细胞（及衍生细胞）移植疗法，其中部分疗法已经获得批准进入临床试验，在安全性和疗效方面获得了验证。

3. 干细胞在组织工程中的应用

组织工程技术是基于细胞与支架材料的结合。传统组织工程技术的细

---

〔1〕张金梅, 杨远荣, 邹俊, 等. 招募内源性干细胞——组织再生之梦. 现代生物医学进展, 2013, 13(12): 2398-2400.

〔2〕Lin H, Ouyang H, Zhu J, et al. Lens regeneration using endogenous stem cells with gain of visual function. Nature, 2016, 531(7594): 323-328.

〔3〕衍生细胞包括（但不局限于）：干细胞分化获得的成体细胞，以及处于干细胞与成体细胞中间阶段的具有有限分化能力的细胞（祖细胞）。

胞来源均为体细胞，但在获取成体细胞的时会不可避免地在提取细胞的部位形成创面，因此皮肤、软骨、肌肉等组织细胞相对容易获取，而心脏、肝脏等内部组织细胞则很难获取，这对构建功能性实体组织器官造成了阻碍。而干细胞的出现在一定程度上为打破这一阻碍找到了出路，iPS 细胞更是为获取更多种类的组织细胞提供了可能。目前，已经有科研人员利用干细胞开发组织工程产品。

4. 干细胞构建类器官

2017 年，类器官（organoids）当选《自然 - 方法》（*Nature Methods*）期刊年度技术，并获得如下评价：利用干细胞直接诱导生成三维组织模型，为人类生物学研究提供了强大的方法，目前针对这种工具的研究正在不断发展进步中。尽管利用这种方法构建的类器官距离机体器官替代仍然存在差距，但其在疾病模型的构建中已经展现出良好的应用前景。首先，可以作为胎儿发育和组织维持研究的体外模型，助力解决这一最为棘手的问题。其次，类器官也提供了获取人类组织的新渠道，为生物学机制的研究，尤其是在活体组织中开展研究提供了巨大的机遇。再次，类器官可以用于模拟疾病，从寨卡病毒感染等传染病，到囊性纤维化等单基因疾病，再到癌症等复杂疾病，都可以利用类器官来模拟。最后，对于构建类器官的干细胞，可以利用基因编辑技术使其携带某种特定的基因变异，或从具有多种不同遗传背景的个体中获取，从而使构建的类器官也携带特定的基因，使其成为研究基因型与表型因果关系的绝佳模型[1]。

## 6.2.2　干细胞治疗技术主要发展趋势

1. 干细胞治疗技术的临床转化研究步伐不断加快，展现多种疾病治疗效果

近年来，干细胞基础研究不断深入，在多能性维持、微环境调控、干细胞命运决定、细胞重编程等领域获得了大量突破性成果，推动临床转化

〔1〕Eisenstein M. Organoids: The body builders. Nature Methods, 2018, 15(1): 19-22.

的步伐不断加快。美国哈佛大学医学院和康奈尔大学威尔康奈尔医学院的科研人员利用不同的技术策略[1, 2]，首次实现体外制造造血干细胞，解决了"体外构建造血干细胞"这一困扰科研界 20 余年的难题，对血液系统疾病的治疗具有重要意义。美国哈佛大学和麻省理工学院的科研人员成功实现在体外构建出足够量的患者临床治疗所需胰岛 β 细胞[3]，成功避免了移植中的免疫排斥问题[4]，从而使基于干细胞的糖尿病治疗与临床应用的距离进一步缩短。

干细胞（及衍生细胞）移植技术为一系列重大慢性病及罕见病的治愈带来了希望。加拿大渥太华大学医学院的科研人员发现一种通过干细胞再造免疫系统，从而治疗多发性硬化症的方法，获得了良好的临床试验效果[5]。美国华盛顿大学的科研人员将人胚胎干细胞来源心肌细胞移植到心肌梗死的猴子中，实现了猴子的心肌再生，并持续改善了左心室功能[6]。

干细胞与组织工程技术的结合为组织修复提供了新的手段。以色列理工学院的科研人员从人类志愿者口腔黏膜中收集干细胞，将其与人源的凝血酶和纤维蛋白原一起植入到三维支架中，诱导其分泌神经保护、免疫调

〔1〕Sugimura R, Jha D K, Han A, et al. Haematopoietic stem and progenitor cells from human pluripotent stem cells. Nature, 2017, 545(7655):432-438.

〔2〕Lis R, Karrasch C C, Poulos M G, et al. Conversion of adult endothelium to immuno-competent haematopoietic stem cells. Nature, 2017, 545(7655):439-445.

〔3〕Pagliuca F W, Millman J R, Gurtler M, et al. Generation of functional human pancre-atic β cells in vitro. Cell, 2014, 159(2): 428-439.

〔4〕Vegas A J, Veiseh O, Gürtler M, et al. Long-term glycemic control using polymer-en-capsulated human stem cell–derived beta cells in immune-competent mice. Nature Medicine, 2016, 22(3): 306-311.

〔5〕Atkins H L , Bowman M , Allen D , et al. Immunoablation and autologous haemopoi-etic stem-cell transplantation for aggressive multiple sclerosis: a multicentre single-group phase 2 trial[J]. Lancet, 2016, 388(10044):576-585.

〔6〕Liu Y W, Chen B, Yang X, et al. Human embryonic stem cell–derived cardiomyocytes restore function in infarcted hearts of non-human primates. Nature Biotechnology, 2018, 36: 597-605.

节、轴突生长相关因子，并进一步将三维支架植入截瘫大鼠，最终使截瘫大鼠恢复行走功能[1]。美国明尼苏达大学的科研人员开发出一种多细胞神经组织工程新方法，利用生物 3D 打印设备，将 iPS 细胞来源的脊髓神经元祖细胞和少突胶质祖细胞一层层地精确打印到生物兼容性支架上，形成生物工程脊髓，并证实脊髓神经元祖细胞能够在支架通道中分化并延伸出轴突，形成具有活性的神经元网络[2]。

2. 重编程技术加速创新，临床应用前景初显

作为干细胞领域的"后起之秀"，重编程领域展现出强劲的发展势头。科研人员在重编程技术方面开展了大量的创新工作，使该技术朝着更加安全、高效的方向不断革新；同时，基于 iPS 细胞已经构建出的一系列具有生物功能的细胞和组织类型，在疾病疗法研发和疾病模型建立中已经开始展现出巨大的发展前景。日本信州大学的科研人员提取了猕猴皮肤细胞，培养得到 iPS 细胞，并使其分化出心肌细胞，再移植入 5 只患心肌梗死猕猴的心脏内，实现了心脏再生[3]。日本京都大学的科研人员利用人类 iPS 细胞分化获得的神经元移植到帕金森病猴模型中，成功改善了帕金森病猴症状长达两年[4]，展现了干细胞在治疗神经退行性疾病中的应用前景。日本九州大学的科研人员首次在体外利用小鼠胚胎干细胞和 iPS 细胞培育出成熟卵细胞，且该卵细胞在受精后能够发育形成健康的后代[5]。该研究成果为理解卵子形成进程提供了新的蓝图，也为实现人体多能干细胞的转化提供了技术铺垫。该成果入选 2016 年《科学》（*Science*）期刊十大

〔1〕 Javier Ganz, Erez Shor, Shaowei Guo, et al. Implantation of 3D Constructs Embedded with Oral Mucosa-Derived Cells Induces Functional Recovery in Rats with Complete Spinal Cord Transection. Frontiers in Neuroscience, 2017, 11: 589

〔2〕 Joung D , Truong V , Neitzke C C , et al. 3D Printed Stem-Cell Derived Neural Progenitors Generate Spinal Cord Scaffolds. Advanced Functional Materials, 2018, 28(39): 1801850.

〔3〕 Shiba Y, Gomibuchi T, Seto T, et al. Allogeneic transplantation of iPS cell-derived cardiomyocytes regenerates primate hearts. Nature, 2016, 538(7625): 388-391

〔4〕 Kikuchi T, Morizane A, Doi D, et al. Human iPS cell-derived dopaminergic neurons function in a primate Parkinson's disease model. Nature, 2017, 548: 592-596.

〔5〕 Hikabe O, Hamazaki N, Nagamatsu G, et al. Reconstitution in vitro of the entire cycle of the mouse female germ line. Nature, 2016, 539(7628): 299-303.

科学突破。之后，日本京都大学的科研人员利用人类 iPS 细胞首次实现了人类卵原细胞（卵子前体）的体外构建，为实现人类配子的体外构建奠定了基础[1]。

3. 干细胞构建类器官成为新兴热点，为组织器官替代修复提供潜在新机遇

2013 年，来自日本、奥地利、美国的科研人员利用干细胞分别构建出肝芽、迷你肾和微型大脑，使干细胞构建类器官领域获得了国际的广泛关注，并被 Science 评选为 2013 年的十大突破[2]。至今，肝脏、大脑、胸腺、肠道、肺、肾脏等多种组织的类器官构建已经成为现实，类器官也在疾病研究、药物筛选、药物毒理测试等领域展现出作为组织模型的应用潜力。英国癌症研究院的科研人员证实患者来源的"类器官"可以作为癌症患者接受靶向药物治疗或化疗成功率的预测模型[3]。除了具有作为人类组织模型的巨大潜力外，未来类器官还将进一步发展成熟，有望成为移植器官的新来源。美国索尔克生物研究所的科研人员成功将人类大脑类器官移植入小鼠大脑内，创造了在小鼠体内存活 233 天的记录，并修复了小鼠的脑损伤[4]。这是首次实现人脑类器官在其他哺乳动物体内存活，预示了利用类器官修复脑损伤的可能性。

4. 新兴前沿技术与干细胞技术融合，孕育研究新方向和突破点

单细胞分析、高分辨率成像、基因编辑、新材料制造等前沿通用技术快速发展，为干细胞研究提供了新工具，极大地推动了干细胞领域的发展，未来将进一步孕育新的研究方向和突破点。美国杜克大学的科研人员利用

[1] Yamashiro C, Sasaki K, Yabuta Y, et al. Generation of human oogonia from induced pluripotent stem cells in vitro. Science, 2018, 362(6412): 356-360.

[2] Robert Coontz. Science's Top 10 Breakthroughs of 2013. https://www.sciencemag.org/news/2013/12/sciences-top-10-breakthroughs-2013 [2020-04-08].

[3] Vlachogiannis G, Hefayat S, Vatsiou A, et al. Patien-derived organoids model treatment response of metastatic gastrointestinal cancers. Science, 2018, 359(6378): 920-926.

[4] Mansour A AF, Gonçalves J T, Bloyd C W, et al. An in vivo model of functional and vascularized human brain organoids. Nature Biotechnology, 2018, 36(5): 432-441.

CRISPR/Cas9 技术诱导内源性 *Brn2*，*Ascl1* 和 *Myt1l* 基因的激活，成功将小鼠成纤维细胞直接转化为神经元[1]。相比利用病毒载体将新基因永久性导入宿主细胞基因组中，从而实现细胞重编程的方法，这种新的方法使重编程的过程更加安全。美国麻省理工学院和哈佛大学的科研人员利用单细胞 RNA 测序技术，发现癌症干细胞是促进少突神经胶质瘤生长的关键[2]。北京大学的科研人员首次利用基因编辑造血干细胞治疗艾滋病合并白血病患者。在移植了通过基因编辑敲除 *CCR5* 基因的成体造血干细胞后，患者的急性淋巴细胞白血病得到完全缓解，且未发生与基因编辑相关的不良事件[3]。

5. 干细胞治疗产业蓄势待发，展现光明前景

在疾病治疗巨大潜力的推动下，干细胞治疗产业正在逐渐兴起，并孕育着巨大市场空间。据美国 BCC Research 公司预测，2024 年，全球干细胞与再生疗法市场规模将由 2019 年的 218 亿美元增长至 550 亿美元的水平，年均增长率达到 20.4%[4]。巨大的经济效益前景也吸引了大量的生物技术公司涌入这一领域，致力于相关药物研发，欧美一些大型制药企业包括葛兰素史克、诺华等，都投入巨资涉足干细胞领域，还有一些知名公司，如富士胶片、新基（Celgene）等，则通过跨界收购的方式进入干细胞领域。根据美国再生医学联盟（Alliance for Regenerative Medicine，ARM）发布的数据统计[5]，2019 年，全球调研的 987 家公司向细胞疗法投入经费 51

〔1〕 Black J , Adler A , Wang H G, et al. Targeted epigenetic remodeling of endogenous loci by CRISPR/Cas9-based transcriptional activators directly converts fibroblasts to neuronal cells. Cell Stem Cell, 2016, 19(3):406-414.

〔2〕 Tirosh I, Venteicher AS, Hebert C, et al. Single-cell RNA-seq supports a developmental hierarchy in human oligodendroglioma[J]. Nature, 2016, 539(7628): 309-313.

〔3〕 Xu L, Wang J, Liu Y L, et al. CRISPR-edited stem cells in a patient with HIV and acute lymphocytic leukemia. The New England Journal of Medicine. 2019, 381(13): 1240-1247.

〔4〕 BCC Research. Global Stem Cell and Regenerative Therapy Market: A BCC Research Outlook. https://www.bccresearch.com/market-research/biotechnology/global-stem-cell-and-regenerative-therapy-market-report.html [2020-04-08].

〔5〕 Alliance for Regenerative Medicine. ARM Annual Report & Sector Year in Review: 2019. https://alliancerm.org/publication/2019-annual-report/ [2020-04-08].

亿美元，向组织工程领域投入 4.42 亿美元。

干细胞治疗临床试验已在全球大量开展。截至 2019 年底，全球已经开展了近 8000 例干细胞相关的临床试验。同时，欧盟、美国、韩国、加拿大和新西兰等国家也陆续批准了 17 种干细胞产品上市销售（表 6-1），这些产品利用的均为成体干细胞，表明成体干细胞是有希望实现产业化的干细胞类型之一。

表 6-1　已经上市的干细胞产品列表

| 药物名称 | 技术类型 | 疾病类型 | 批准国家 |
|---|---|---|---|
| STR-01 | 自体骨髓间充质干细胞 | 脊髓损伤 | 日本（2019 年上市） |
| betibeglogene darolentivec | 自体造血干细胞 | β - 地中海贫血 | 欧盟（2019 年批准） |
| OTL-200 | 自体造血干细胞 | 异染性脑白质营养不良 | 欧盟（2019 年预批准） |
| Holoclar | 自体角膜缘干细胞 | 角膜损伤 | 欧盟（2019 年上市） |
| darvadstrocel | 异体脂肪干细胞 | 肛瘘 | 欧盟（2018 年批准） |
| RNL-AstroStem | 自体脂肪干细胞 | 阿尔茨海默病 | 日本（2018 批准） |
| Strimvelis | 自体造血干细胞 | 腺苷脱氨酶缺乏症 | 英国/欧盟/芬兰/荷兰/波兰（2018 上市） |
| Stempeucel | 自体骨髓间充质干细胞 | 局部缺血 | 印度（2016 年批准） |
| Neuronata-R | 骨髓间充质干细胞 | 运动神经元疾病 | 韩国（2015 上市） |
| Celution System | 脂肪干细胞 | 心血管疾病 | 中国（内地 2015 上市，香港地区 2013 年上市）、澳大利亚/新加坡（2013 上市）、日本/新西兰（2013 批准）、俄罗斯（2012 批准） |
| | | 损伤疾病 | 日本/新西兰/新加坡/澳大利亚（2013 批准）、俄罗斯（2012 批准） |
| Cuepistem | 自体脂肪干细胞 | 复杂性克罗恩病并发肛瘘 | 韩国（2013 上市） |
| Cartistem | 脐带血间充质干细胞 | 退行性关节炎和膝关节软骨受损 | 韩国（2012 上市） |
| Prochymal (remestemcel-L) | 异体骨髓干细胞 | 儿童急性移植物抗宿主病（GvHD） | 加拿大（2012 批准） |
| | | | 日本（2016 上市） |
| | | | 美国（2019 预注册） |
| Hearticellgram | 自体骨髓干细胞 | 心肌梗死 | 韩国（2011 上市） |
| t2c-001 | 自体骨髓内皮祖细胞 | 心肌梗死 | 德国（2010 上市） |
| Cureskin | 自体成体干细胞 | 瘢痕组织修复 | 韩国（2010 上市） |
| OsteoCel | 自体间充质干细胞 | 骨骼损伤 | 美国（2005 上市） |

数据来源：Cortellis 数据库

### 6.2.3　干细胞治疗技术的全球竞争态势

1. 国际

近年来，随着干细胞治疗技术的快速发展，多个国家已对该领域进行了重点布局，旨在加速推进其产业化进程。

美国研究界和产业界大力支持干细胞治疗技术的产业化推进过程。2016 年 6 月，美国国家细胞制造协会（National Cell Manufacturing Consortium，NCMC）在白宫器官峰会（White House Organ Summit）中发布了细胞制造路线图——《面向 2025 年的大规模、低成本、可复制生产高质量细胞制造技术路线图》（*Achieving Large-Scale, Cost-Effective, Reproducible Manufacturing of High-Quality Cells: A Technology Roadmap to 2025*），用于大规模生产用于癌症、神经退行性疾病、血液系统疾病、视觉障碍及器官再生和修复的细胞治疗产品，推动干细胞疗法、再生医学、免疫疗法，以及相关装置和诊断方法的发展，路线图定义了细胞制造的研究范围与意义，并提出了细胞制造优先行动路线图[1]。2016 年 6 月，美国加州再生医学研究所（California Institute for Regenerative Medicine，CIRM）宣布投资 1500 万美元，与昆泰跨国公司（Quintiles Transnational Corp.）合作创建一个干细胞开发加速中心（Accelerating Center），可为科研人员提供技术支持和管理咨询，以提高临床试验的成功率。该加速中心是 CIRM 2.0 中三个新的基础设施项目之一，另外两个分别为转化中心（Translating Center）与 CIRM 阿尔法干细胞临床网络（CIRM Alpha Stem Cell Clinic Network）。其中，转化中心专注于临床前期工作以缩短基础研究进入临床试验的时间，CIRM 阿尔法干细胞临床网络则整合了多所专业从事高质量临床试验的诊所。此次投资建立的干细胞开发加速中心将围绕干细胞的监管、临床试验操作，以及数据管理、生物统计和分析等核心

---

〔1〕 Achieving Large-Scale, Cost-Effective, Reproducible Manufacturing of High-Quality Cells: A Technology Roadmap to 2025. http://cellmanufacturingusa.org/sites/default/files/NCMC_Roadmap_021816_high_res-2.pdf [2020-04-08].

问题提供服务。此外，CIRM 还资助多个干细胞研究项目，推动干细胞疗法在糖尿病、杜氏肌营养不良症、帕金森病等疾病的临床应用[1]。2016年 6 月，美国哈佛大学干细胞研究所、布莱根妇女医院和加斯林糖尿病中心，与丹娜 - 法伯癌症研究所和糖尿病细胞疗法公司 Semma 宣布建立合作关系，共同开展"波士顿自体胰岛更换计划"（Boston Autologous Islet Replacement Program，BAIRT），旨在加速糖尿病干细胞疗法开发[2]。该计划集合了研究所、医院、公司全产业链的不同类型的机构，分别在不同阶段研发和优化 iPS 技术、筛选患者、生产胰岛 β 细胞、实施移植手术，以及进行患者随访，共同推动干细胞基础研究向临床的转化。

英国政府重视再生医学产品研发及临床转化。2012 年，英国技术委员会和 4 个研究理事会联合推出了"英国再生医学发展战略"，并提出了研究路线图，关注再生医学产品研发及临床转化，用于组织器官修复[3]。英国试图通过该战略的实施，在再生医学领域将其优秀的研究基础与临床应用及商业化发展紧密地联系起来，以保持英国在该领域全球独有的竞争优势。2014 年，英国医学研究理事会（Medical Research Council，MRC）发布"研究改变生活 2014—2019"（Research Changes Lives 2014-2019）战略规划[4]，提出战略研究的优先主题，即修复和替代：将再生医学领域最前沿理论知识转化为新型治疗策略。2016 年 5 月，英国医学研究理事会发布"2016—2020 年战略执行计划"[5]，关注再生医学临床干预措施的开发，指出在再生医学研究方面，英国将继续再生医学平台第二阶段的

---

〔1〕CIRM. CIRM Invests $10 Million in Clinical Trial to Improve Dialysis and $13.6 Million for Promising Early Research Projects. https://www.cirm.ca.gov/about-cirm/newsroom/press-releases/07212016/cirm-invests-10-million-clinical-trial-improve-dialysis [2020-04-08].

〔2〕Colen B D. Expansive effort by Harvard affiliates will seek a cure for diabetes. http://news.harvard.edu/gazette/story/2016/06/first-area-cell-transplantation-center-seeks-to-treat-diabetes/ [2020-04-06].

〔3〕科技部 . 英国发布再生医学发展战略 投入巨资发展可再生医学 . http://www.most.gov.cn/gnwkjdt/201204/t20120427_93975.htm [2020-04-06].

〔4〕Medical Research Council. Research Changes Lives 2014-2019. https://mrc.ukri.org/publications/browse/strategic-plan-2014-19/ [2020-03-30].

〔5〕Medical Research Council. MRC Delivery Plan 2016-2020. http://www.mrc.ac.uk/publications/browse/mrc-delivery-plan-2016-2020/ [2020-03-30].

建设，确保其抢抓先进疗法的发展机遇，并重点发展再生医学干预措施，探索实验医学方法，提高临床研究能力，培养领军人才。

澳大利亚关注干细胞平台建设和治疗技术开发。2016 年 3 月，澳大利亚科学院发布了《干细胞革命：澳大利亚的经验和必要性》（*The Stem Cell Revolution: Lessons and Imperatives for Australia*）报告[1]，阐述了干细胞科学的未来方向，并在促进基础和应用研究、推进临床转化、公众期望和监管等方面提出了建议。报告指出，在健康产业方面，细胞平台和细胞治疗这两个被广泛投资的方向有望取得成果。干细胞平台研发逐步发展，有望在疾病和人类发育模型、新型诊断技术、新药筛选、个体化药物毒理分析和用途开发、减少对动物模型需求等方面获得应用。利用干细胞开发安全有效的细胞治疗仍需要一定的时间和投入，未来该技术可应用于包括通过细胞 3D 结构组装构建工程多细胞组织、构建修正基因缺陷或增加功能的工程细胞以改善细胞治疗的安全性和功效、开发细胞生物制品和相关医疗器械、面向个性化和大众化医疗的细胞疗法等。2019 年 10 月，澳大利亚政府宣布投入 1.5 亿澳元，在未来 10 年开展"干细胞治疗使命"（Stem Cell Therapies Mission）计划[2]，旨在推动安全、有效的干细胞创新疗法的开发和临床转化，并同时发布了《干细胞治疗使命路线图（草案）》。

2. 中国

（1）干细胞是我国"十三五"阶段重点布局领域

干细胞历来是我国重点关注的科研领域。进入"十三五"发展阶段后，我国进一步加强了对干细胞领域的规划和布局，《"健康中国 2030"规划纲要》《"十三五"国家科技创新规划》《中国制造 2025》《"十三五"国家战略性新兴产业发展规划》《"十三五"卫生与健康科技创新专项规划》

---

〔1〕Early career researchers launch roadmap for Australian stem cell science. https://www.science.org.au/news-and-events/news-and-media-releases/early-career-researchers-launch-roadmap-australian-stem-cell [2020-04-06].

〔2〕Hunt G. Progressing the long-term plan for stem cell research. https://www.health.gov.au/ministers/the-hon-greg-hunt-mp/media/progressing-the-long-term-plan-for-stem-cell-research [2020-04-06].

《"十三五"生物产业发展规划》《医药工业发展规划指南》等一系列国家政策规划均对干细胞领域进行了布局，在加强基础研究的同时，着力推动干细胞相关产业的发展。

2015 年，科学技术部启动了国家重点研发计划，将"干细胞及转化研究"作为第一批试点专项，旨在面向国际干细胞研究发展前沿，聚焦干细胞及转化研究的重大基础科学问题和瓶颈性关键技术，争取在优势重点领域取得科学理论和核心技术的原创性突破，推动干细胞研究成果向临床应用的转化，整体提升我国干细胞及转化医学领域技术水平。2016~2019 年，"干细胞及转化研究"重点专项共投入 23.81 亿元。

2017 年 6 月，科学技术部联合教育部、中国科学院、国家自然科学基金委员会共同制定了《"十三五"国家基础研究专项规划》[1]，对"干细胞及转化研究"进行了规划，提出：以增强我国干细胞转化应用的核心竞争力为目标，以我国多发的神经、血液、心血管、生殖等系统和肝、肾、胰等器官的重大疾病治疗为需求牵引，重点部署多能干细胞建立与干性维持，组织干细胞获得、功能和调控，干细胞定向分化及细胞转分化，干细胞移植后体内功能建立与调控，基于干细胞的组织和器官功能再造，干细胞资源库，利用动物模型的干细胞临床前评估，干细胞临床研究。

（2）我国干细胞领域科研水平位居国际领先行列

尽管我国干细胞研究起步相对较晚，直至 21 世纪初期才开始开展大规模的研究。然而，目前我国在干细胞领域的科研水平已经逐渐从"跟跑"发展至"并跑"，甚至在一些方向中，我国已经实现了"领跑"。

在干细胞基础研究中，中国科学院与南京医科大学的科研人员在全球率先突破了构建精子的主要障碍，在体外重现了减数分裂全过程，构建出小鼠功能性精子，且符合"证实人工制造的生殖细胞中减数分裂主要事件

---

〔1〕科技部. 关于印发"十三五"国家基础研究专项规划的通知. http://www.kepu. gov.cn/www/article/zcsd/dba403edd6bf4801b270efe791dfaed8 [2020-04-06].

发生的金标准"[1]。中国科学院动物研究所的科研人员结合单倍体干细胞技术和基因编辑技术,在孤雄单倍体干细胞中,筛选并删除了 7 个重要的印记控制区段,并利用这些细胞与另一颗精子融合形成孤雄胚胎干细胞,最终发育成为活的孤雄小鼠[2]。中国科学院上海营养与健康研究所的科研人员首次解析了造血干细胞与归巢微环境作用的动态机制。该成果将有助于解决目前骨髓移植中造血干细胞归巢数量少所导致的细胞浪费问题,为大幅提高造血干细胞的移植效率提供了新的理论基础[3]。中国科学院分子细胞科学卓越创新中心的科研人员利用双同源重组系统发现位于支气管肺泡交界处的肺支气管肺泡干细胞具有多种肺泡上皮细胞分化的潜能,并结合多种小鼠损伤模型揭示了这类干细胞在体内具有再生肺脏的能力,为肺的修复和再生研究提供了新的研究方向及理论基础[4]。自细胞重编程技术诞生以来,我国便抢占了先机,并始终站在该领域的最前沿,首创了小分子化合物构建 iPS 细胞的技术[5],提供了一种更为安全有效的重编程策略,之后,中国军事医学科学院的科研人员利用小分子化合物技术,将人体胃上皮细胞转变成多种潜能的内胚层祖细胞,后者可被诱导分化为成熟的肝细胞、胰腺细胞和肠道上皮细胞等[6]。北京大学的科研人员利用小分子化合物在国际上首次建立了能够发育为胚内和胚外组织的多能干细胞系[7]。

〔1〕Zhou Q, Wang M, Yuan Y, et al. Complete meiosis from embryonic stem cell-derived germ cells *in vitro*. Cell Stem Cell, 2016, 18(3): 330-340.

〔2〕Li Z K, Wang L Y, Wang L B, et al. Generation of bimaternal and bipaternal mice from hypomethylated haploid ESCs with imprinting region deletions. Cell Stem Cell, 2018, 23(5): 665-676.

〔3〕Li D, Xue W, Li M, et al. VCAM-1+ macrophages guide the homing of HSPCs to a vascular niche. Nature, 2018, 564: 119-124

〔4〕Liu QZ, Liu K, Cui GZ, et al. Lung regeneration by multipotent stem cells residing at the bronchioalveolar-duct junction. Nature Genetics, 2019, 51: 728-738.

〔5〕Hou P P, Li Y, Zhang X, et al. Pluripotent stem cells induced from mouse somatic cells by small-molecule compounds. Science, 2013, 341(6146): 651-654.

〔6〕Wang Y, Qin J, Wang S, et al. Conversion of human gastric epithelial cells to multipotent endodermal progenitors using defined small molecules. Cell Stem Cell, 2016, 19(4): 449-461.

〔7〕Yang Y, Liu B, Xu J, et al. Derivation of Pluripotent Stem Cells with *in vivo* embryonic and extraembryonic potency. Cell, 2017, 169(2):243-257.

在干细胞治疗临床转化研究方面，我国也紧跟国际步伐。中山大学与美国加州大学圣迭戈分校的科研人员成功在新西兰兔和食蟹猴中实现了透明晶状体的原位再生，并在临床治疗先天性白内障中证实了有效性和安全性[1]。同济大学的科研人员在国际上率先利用自体肺干细胞移植技术，在临床上实现了肺再生[2]。中国科学院分子细胞科学卓越创新中心的科研人员发现并鉴定了小鼠胰岛中的干细胞类群，并基于这些干细胞，建立了小鼠胰岛类器官体外长期扩增的培养体系[3]。中国科学院生物化学与细胞生物学研究所的科研人员成功将从小鼠尾部获取的成纤维细胞重编程生成了成熟的肝细胞样细胞[4]，在国际上首次实现体细胞向肝细胞的转分化。此后，该团队又实现了将人成纤维细胞转分化为肝样细胞（hiHep细胞）[5]，并将hiHep细胞成功应用于生物人工肝的制造。中国科学院遗传与发育生物学研究所的科研人员研制了能与组织再生因子以及干细胞特异结合的智能生物材料，并将其成功地应用于子宫内膜再生、脊髓损伤修复和卵巢修复治疗临床试验中。

（3）我国干细胞治疗技术临床研发加速推进

2015年以来，我国开始加强对干细胞疗法的监管力度，出台了一系列监管细则，包括《干细胞临床研究管理办法（试行）》和《干细胞制剂质量控制及临床前研究指导原则（试行）》等，并于2016年成立国家干细胞临床研究管理工作领导小组和国家干细胞临床研究专家委员会。这些举措在一定程度上推动了我国干细胞疗法向临床的转化。截至2019年底，经国家干细胞临床研究专家委员会的审核，共有106家干细胞临床研究机

---

〔1〕Lin H, Ouyang H, Zhu J, et al. Lens regeneration using endogenous stem cells with gain of visual function. Nature, 2016, 531(7594): 323-328.

〔2〕Ma Q W, Zhang T, Zuo W, et al. Regeneration of functional alveoli by adult human SOX9+ airway basal cell transplantation. Protein & Cell, 2018, 9(3):267-282.

〔3〕Wang D S, Wang J Q, Bai L Y, et al. Long-term expansion of pancreatic islet organoids from resident procr+ progenitors. Cell, 2020, 180(6): 1198-1211.

〔4〕Huang P Y, He Z Y, Ji S Y, et al. Induction of functional hepatocyte-like cells from mouse fibroblasts by defined factors. Nature, 2011, 475(7356): 386-389.

〔5〕Huang P Y, Zhang L D, Gao Y M, et al. Direct reprogramming of human fibroblasts to functional and expandable hepatocytes. Cell Stem Cell, 2014, 14(3): 370-384.

构通过备案。经中央军委后勤保障部卫生局研究审核，共有 12 家军队医院干细胞临床研究机构通过备案。国家卫生健康委员会和国家药品监督管理局在其医学研究备案登记信息系统中已经陆续公布了通过备案的 62 个干细胞临床研究项目，同时，国内相继有 9 款干细胞新药的临床试验申请（IND）获国家药品监督管理局药品审评中心正式受理（表 6-2）。

表 6-2　国家药品监督管理局药品审评中心受理干细胞新药

| 受理号 | 药品名称 | 企业名称 | 承办日期 |
| --- | --- | --- | --- |
| CXSL1700137 | 人牙髓间充质干细胞注射液 | 北京三有利和泽生物科技有限公司、首都医科大学 | 2018 年 6 月 7 日 |
| CXSL1800101 | 注射用间充质干细胞（脐带） | 天津昂赛细胞基因工程有限公司 | 2018 年 9 月 30 日 |
| CXSL1800109 | CBM-ALAM.1 异体人源脂肪间充质祖细胞注射液 | 无锡赛比曼生物科技有限公司西比曼生物科技（上海）有限公司 | 2018 年 11 月 7 日 |
| CXSL1800117 | 人胎盘间充质干细胞凝胶 | 北京汉氏联合生物技术股份有限公司 | 2018 年 11 月 23 日 |
| CXSL1700188 | 人脐带间充质干细胞注射液 | 青岛奥克生物开发有限公司 | 2018 年 12 月 5 日 |
| CXSL1900016 | 人脐带间充质干细胞注射液 | 上海爱萨尔生物科技有限公司 | 2019 年 2 月 28 日 |
| CXSL1900019 | REGEND001 细胞自体回输制剂 | 江西省仙荷医学科技有限公司 | 2019 年 3 月 7 日 |
| CXSL1900075 | 自体人源脂肪间充质祖细胞注射液 | 西比曼生物科技（上海）有限公司无锡赛比曼生物科技有限公司 | 2019 年 7 月 10 日 |
| CXSL1900124 | 人脐带间充质干细胞注射液 | 铂生卓越生物科技（北京）有限公司 | 2019 年 11 月 7 日 |

## 6.3　干细胞治疗技术的颠覆性影响及发展举措

### 6.3.1　干细胞治疗技术的价值与作用

随着人口老龄化进程的加快和环境污染的加剧，心脑血管、神经系统、代谢系统、生殖系统相关的重大慢性疾病发病率逐年上升，成为人口健康的重大威胁，给社会经济发展带来沉重的负担。据世界卫生组织统计，2015 年，全球因非传染性疾病造成的死亡人数达到 4000 万人，占全球总死亡人数的 70%，其中心血管疾病、癌症、慢性呼吸系统疾病和糖尿病是其中最主要的致死疾病类型。此外，2013 年，全球约有 125 万人死于交通事故，更有多达 5000 万人因交通事故造成非致命性身体损伤。

我国是人口大国，老龄化进程正在不断加剧，截至 2015 年末，我国总人口 13.75 亿，其中 60 周岁以上人口 2.22 亿，占总人口的 16.1%，65 周岁以上人口 1.45 亿，占总人口的 10.5%[1]，未来，这一数字预计将会进一步上升[2]。据世界卫生组织《2014 年非传染性疾病国家概况》统计数据[3]显示，神经退行性疾病、糖尿病、心血管疾病、肿瘤已经成为威胁我国民众健康的四大疾病类型，发病率高于国际平均水平和发达国家水平。我国心血管病患者约有 2.9 亿；预计到 2030 年，阿尔茨海默病患者人数将达 1200 万，帕金森病患者也将达 1500 万；此外，我国因出生缺陷、衰老、创伤、疾病等造成的组织、器官缺损或功能障碍位居世界之首，其中，每年新增出生缺陷人口达到 90 万例；不孕不育症的发病率达 12.5%~15%，患者人数超过 5000 万；我国每年因工业意外事故造成的脊髓损伤患者超过 200 万人。粗略统计，我国每年约有 100 万~150 万器官衰竭病人，其中急需器官移植的患者约 30 万人，但仅能实施手术 1 万例左右；每年需作角膜移植的患者约在 400 万人以上，而由于供体的严重缺乏，实际每年仅能做 4000 例[4]。

面对上述健康挑战，现有的医疗手段（手术和药物）大部分只能实现"有限处理"，仅能发挥暂时缓解症状的作用。而大部分疾病都是涉及细胞、组织或器官层面的损伤或缺失，因此理论上只要能够将损伤的组织器官进行修复，或将病变组织器官替换为健康组织器官，就能够实现疾病的治愈。例如，1 型糖尿病是由于胰岛 β 细胞的功能缺失导致，利用干细胞分化为

---

〔1〕杨志勇 . 养老金支付难题需要中央和地方共同来应对 . 中国财政 , 2016(21):39-41.
〔2〕数据不包含港澳台地区。
〔3〕WHO. https://www.who.int/nmh/countries/2014/chn_zh.pdf?ua=1 [2020-04-06].
〔4〕王正国 . 中国再生医学研究现状及展望 . 中国实用内科杂志 , 2012, 32(8):561-564.

胰岛 β 细胞，替换或补充机体内的胰岛 β 细胞，便能够实现糖尿病的治愈；而对于需要器官移植的疾病，则可以以干细胞作为材料构建功能性实体组织器官，实现人体器官替换。因此，干细胞治疗技术这种新的治疗理念将为治疗多种无法治愈的疾病带来希望，同时也为器官移植中缺乏器官来源的问题找到解决方案，将使人类疾病治疗方式产生革命性的变化，为人口健康水平的提升带来巨大的效益。

### 6.3.2　干细胞治疗技术的潜在风险和影响

尽管干细胞治疗技术应用前景广阔，但由于目前干细胞调控机制尚未完全探明，其在应用过程中将面临诸多安全性和有效性问题，包括干细胞体外传代遗传稳定性、异体干细胞移植治疗的免疫排斥、干细胞异常分化成瘤等问题。同时，干细胞治疗技术研究与应用本身也面临着一定的伦理问题，例如胚胎干细胞的取材、单性繁殖等[1]。因此，有必要进一步加强干细胞基础研究，厘清干细胞再生和分化的调控机制；在此基础上，推进相关治疗产品的研发，并配套制定产品质量标准及伦理监管规范，促进干细胞治疗技术临床转化高质量规范化发展。

### 6.3.3　有关国家和地区推进干细胞治疗技术发展和风险治理的举措

干细胞治疗技术产业化进程的推进离不开监管法规的规范，各国政府以及行业协会相继出台并不断完善相关监管规范。

2016 年 5 月 12 日，国际干细胞研究学会（International Society for Stem Cell Research，ISSCR）发布了最新版《干细胞研究与临床转化指南》（*Guidelines for Stem Cell Research and Clinical Translation*），新版指南是对 2006 年发布的《人类胚胎干细胞研究指南》（*Guidelines For Human Embryonic Stem Cell Research*）与 2008 年发布的《干细胞临床转化指南》（*Guidelines for the Clinical Translation of Stem Cells*）的整合与更新，以适

---

〔1〕马晨光，薛迪. 干细胞研究与应用的伦理问题、伦理规范与伦理实证研究. 中国医学伦理学，2019, 32(1): 26-29.

应干细胞研究发展所带来的伦理和监管新问题，这些新问题包括：① 制定胚胎研究监督程序，并明确人类胚胎干细胞研究及胚胎研究均要纳入到该监管程序中；② 对 iPS 细胞的监管应与胚胎干细胞区分开，应通过现有的人类受试者审查程序，监管相关供体细胞的获取过程；③ 支持在严格审查下，对人类精子、卵子或胚胎的核基因组进行基因编辑的实验室研究，但现阶段禁止将该技术应用于临床；④ 制订线粒体替代疗法基础研究和临床应用的评估原则；⑤ 禁止通过过度的经济刺激使受试者参与干细胞研究，但可向捐赠卵子用于科研目的的女性提供经济补偿，前提是经过严格评估；⑥ 对人类发育早期模型的建立实施监管；⑦ 加强干细胞临床前研究监管，保证临床前研究试验设计的可重复性；⑧ 建立临床前和临床研究数据标准，上市批准之前严格评估其安全性和有效性；⑨ 充分发挥患者或患者组织在干细胞临床研究中的贡献，并建立一个框架，以确保上述过程的实现不会影响科研诚信的伦理原则；⑩ 重视干细胞科研与医疗参与人员的责任，准确、客观地向公众传递干细胞科学与药物的进展与不足，避免过度夸大。

2013 年，日本内阁出台了两项法案来规范再生医学细胞疗法的发展和加速此类产品的市场化：《再生医学安全性保障法》根据产品的预期风险程度将细胞治疗产品分为三类，并允许医生或研究机构委托企业生产细胞治疗产品，而新修订的《药事法》将再生医疗产品从药品和医疗器械中独立划分出来，指出再生医学疗法为用于重建、恢复或再生人体的结构和功能，达到治疗或预防疾病的目的，包括细胞治疗产品和基因治疗产品。2016 年 5 月，日本厚生劳动省制定了干细胞临床应用安全标准，要求对用于临床研究和治疗的 iPS 细胞及胚胎干细胞进行安全性审查。根据最新制定的安全标准，在利用 iPS 细胞及胚胎干细胞培养用于移植的细胞时，科研人员需分析分化后细胞的染色体数量和形态，以及癌变相关的 600 多个基因是否存在异常；在进行人体移植前，还需进行动物实验以确认移植用细胞是否有癌变风险。

2019 年之前，美国 FDA 并没有单独对再生医学进行监管，而是将其纳入到细胞、组织等相关领域同步监管。2019 年，美国 FDA 发布两份指南，针对如何加快面向危及生命的疾病的再生医学疗法开发和审批给予了指导，并阐明了其对评估再生医学疗法实施中用到的医疗设备的思考。此次的更新进一步明确了再生医学的监管框架，为再生医学疗法的审批提供了更为顺畅的审批渠道。

我国的干细胞治疗技术监管正在朝着规范化、制度化的方向发展。2012 年 1 月，针对中国干细胞临床研究和应用的乱象，卫生部开展了干细胞临床研究和应用自查自纠工作，2013 年，卫生部联合国家食品药品监督管理总局，在这项工作的基础上，组织制定了《干细胞临床试验研究管理办法（试行）》《干细胞临床试验研究基地管理办法（试行）》《干细胞制剂质量控制及临床前研究指导原则（试行）》征求意见稿。经过两年的对上述意见稿的征求意见及修改，2015 年，我国先后发布了《干细胞临床研究管理办法（试行）》和《干细胞制剂质量控制及临床前研究指导原则（试行）》。2016 年初，国家卫生和计划生育委员会发布"科技教育司 2016 年工作要点"，将"强化干细胞临床研究管理"作为规范管理工作的重点之一，强调全面落实两大政策，启动干细胞临床研究机构和研究项目备案，开展日常监管，配合监督局组织开展专项整治，促进干细胞临床研究健康开展。2016 年 3 月 18 日，国家食品药品监督管理总局与国家卫生和计划生育委员会共同成立国家干细胞临床研究管理工作领导小组，旨在贯彻落实两大政策，促进干细胞临床研究工作有序进行。这些管理规范文件及相关工作大幅推进了我国干细胞领域的临床转化进程，引导我国干细胞领域朝着规范化、制度化的方向发展。此外，中国相关行业协会也正在大力推进干细胞治疗技术的标准化和规范化。2016 年 10 月，中国医药生物技术协会发布了《干细胞制剂制备质量管理自律规范》，对干细胞制剂制备的所有阶段进行规范。2017 年 11 月，中国细胞生物学学会干细胞生物学分会发布中国首个干细胞通用标准《干细胞通用要求》，围绕干细胞制剂的安全性、有效性及稳定性等关键问题，建立了干细胞的供者筛查，组织采集，细胞分离、培养、冻存、复苏、运输及检测等通用要求，有望推动干细胞领域的规范化和标准化，并于 2019 年 2 月发布了《人胚胎干细胞》标准。2019 年 1 月，中国整形美容协会发布《干细胞制剂制备与质检行业标准（试行）》，这是国内干细胞领域首个聚焦干细胞制剂制备与质检的行业标准。

## 6.4 我国发展干细胞治疗技术的建议

### 6.4.1 机遇与挑战

1. 我国干细胞治疗技术迎来良好发展机遇

一方面，从我国自身的发展现状来看，政府的持续大力支持与推动，以及科研人员不断深入攻关，使我国干细胞治疗技术仍将以较快的速度向前推进。近年来，我国干细胞领域研究的发展速度远超国际平均水平，逐渐跻身国际领先行列。2015~2019 年，我国发表的干细胞相关论文数量超过 32 000 篇，占国际同期发表论文总量的 23.65%。在专利申请方面，我国年度专利申请量更是在 20 年间（1996~2015 年）从 1 件发展至 1000 件的水平。我国对干细胞领域的重视程度也在不断提升，不仅将该领域作为优先领域列入《"十三五"国家科技创新规划》《"健康中国 2030"规划纲要》《"十三五"国家战略性新兴产业发展规划》《"十三五"卫生与健康科技创新专项规划》中，还将其作为重要科技领域和战略新兴产业予以规划和布局。

另一方面，从国际干细胞治疗技术的发展大形势来说，干细胞技术本身仍然存在大量的知识空白，我国仍有机会实现在部分研究方向中的国际引领，进而带动我国干细胞治疗技术整体科研水平和地位的进一步提升。同时，国际干细胞治疗技术的产业化发展格局尚未完全形成，随着我国对干细胞治疗日趋规范化的管理以及临床研发的加速推进，将助力我国在国际干细胞治疗产业中站稳脚跟。

2. 我国干细胞治疗技术发展仍存挑战

（1）干细胞调控机制尚未完全探明，影响临床应用的安全性和有效性

尽管目前全球已有大量干细胞治疗方法及相关制品研发已进入临床 I 期、II 期甚至 III 期，同时还有多项干细胞制品已在国外获准上市，但事实上，许多干细胞相关的调控机制并未完全探明。尽管对于个别干细胞治疗方法或产品而言，从短期来看并不影响其治疗效果，但从干细胞产业长远的发

展角度考虑，某些机制上的空白会带来一些"无法预想"的安全性或有效性问题，严重影响干细胞疗法的全面推广应用。例如，在干细胞遗传的稳定性方面，理论上，细胞在体外传代或分裂过程中，随着基因的不断复制，甲基化与乙酰化都可能使基因在正常情况下就有可能发生突变。日本建立的 iPS 细胞库在 2017 年停止供应 iPS 细胞，其原因便是发现了基因突变。在免疫排斥研究方面，虽然干细胞表面的抗原表达很弱，患者自身免疫系统对这种未分化细胞的识别能力很低，但胚胎干细胞的抗原性还是可以在向成熟细胞的分化过程中逐渐表现出来。所以，即使同种异体干细胞移植治疗也存在着排斥反应。在干细胞分化方面，干细胞的生长特性与肿瘤细胞极为相似，在应用之前必须解决和避免成瘤问题，而相关调控机制任何一个环节的缺失都会导致严重的安全性问题。

（2）干细胞监管规范仍需进一步细化

近年来，我国加大力度对干细胞相关临床研究进行规范，以期改变我国干细胞治疗的乱象。这些举措获得了良好的效果，已经在很大程度上发挥了规范作用，并开始推动我国干细胞领域的规范化、制度化发展。但是，我国的这些监管规范仍然缺乏实施细则，可操作性略显不足。同时，对于干细胞治疗领域发生的新变化，如新兴前沿技术（如基因编辑技术）的融入带来的新伦理问题、iPS 技术的日趋成熟所带来的不同于传统干细胞的安全性问题，以及干细胞治疗产品市场化进程的推进所带来的产品品质保障等一系列问题，目前仍然缺乏监管。此外，由于我国干细胞领域的规范设立较晚，而在新法规的监管下，临床试验均需要进行重新审批备案。因此，如何认定在法规生效前的临床试验，对于其中符合标准的临床试验是否应该设立审批"快速通道"等问题需引起重视，否则以目前的情况而言，与发达国家的差距将会不利于我国干细胞领域未来的产业化发展进程。

（3）缺乏跨学科的协作创新团队不利于干细胞领域形成科研突破

学科融合对于科学发展具有巨大的推动作用，同时也是科学发展的大趋势。随着干细胞领域的不断发展，许多问题需要借助其他学科的技术手段来解决。这不仅涉及生命科学领域内的学科融合，化学、物理学、工程学等生命科学以外的学科，甚至是经济学、伦理学的社会科学对干细胞领域的发展都具有非常重要的作用，有助于产生重大突破性成果。因此，在开展干细胞领域科研项目时，有必要改变目前"各自为战"的局面，召集不同学科的科研人员，形成知识和技术互补的跨学科攻关团队。

（4）干细胞创新链条不完整，不利干细胞治疗产业的良性发展

我国目前在干细胞领域的研究主体仍然以科研机构为主，而在干细胞技术临床转化方面应发挥核心作用的企业，成为我国干细胞创新链条中缺失的一环。我国干细胞企业从事的大都是干细胞培养技术支持、细胞供应、研发耗材、脐血库建设等低附加值的业务，位于干细胞产业链的上中游，而在真正的干细胞疗法研发方面，很少有企业涉足。而在美国等发达国家，干细胞疗法的下游研发和转化很大部分均由企业完成，这也是能够最大程度推进干细胞疗法临床转化的产业模式，以科研机构为主体的产业链很难实现良性发展。

（5）转化型人才缺失，阻碍科研与产业的衔接

干细胞治疗技术的临床转化是该领域发展的最终目标，目前世界各国也都在朝着这个目标迈进。在这一过程中，实现科研与产业的良好衔接是实现转化的重要保障。然而，转化型人才的缺失将造成两个环节的衔接出现问题，科研成果很难转化为产品，阻碍其获得经济和社会效益。例如，我国早在 20 世纪 60 年代便率先实现了人工合成胰岛素，但由于没能很好地实现向产业转化，导致目前我国每年超过 250 亿元的胰岛素市场基本由外企垄断[1]。因此，在干细胞产业化的起步阶段，我国应尽早通过体制机制改革，培养或引进具有全球视野的转化型人才，确保我国在干细胞产业中抢占一席之地。

## 6.4.2 发展干细胞治疗技术的路径与建议

### 1.加大力度开展干细胞相关基础研究

由于目前干细胞调控机制尚未完全探明，其在应用过程中将面临诸多

─────────────

〔1〕 罗永章. 打通成果转化渠道 让人才更喜创新. http://epaper.gmw.cn/gmrb/html/2016-03/15/nw.D110000gmrb_20160315_3-15.htm [2020-04-06].

安全性和有效性问题。因此，建议加大力度开展干细胞相关的基础研究，或借鉴目前在全球倡导的"细胞图谱计划"的研究理念和方法，全面了解干细胞再生和分化的调控机制，为未来的产业化发展奠定坚实的基础。

2. 构建完整的干细胞治疗技术创新链条

缺乏学科交叉和产学研合作制约了我国干细胞治疗行业快速发展。因此，建议通过建立干细胞治疗转化支撑平台与协同创新网络，为科研机构、企业及医院的衔接和互动提供桥梁。同时，通过建立产业孵化平台，培育干细胞治疗龙头企业，并吸引中小企业积极参与相关研发工作，改变该领域企业的主体地位不突出的困境，构建完整的干细胞创新链条。

3. 制定细节明晰、具有可操作性的监管和伦理规范

尽管我国已经出台了一系列有关干细胞治疗的监管和伦理规范，但总体来说可操作性略显不足。因此，建议持续加大力度开展相关监管科学研究，出台一系列的指南法规文件。一方面从伦理的角度为医院的伦理委员会提供可操作的具体条例，以减轻医院开展临床试验所需承担的风险，同时针对高风险新兴前沿技术的应用，设立省市级或国家级的伦理委员会进行统一审查；另一方面从监管层面出台干细胞治疗临床试验或产品的审批细则，全面保障干细胞治疗临床转化进程的顺利进行。

4. 增加公众对干细胞治疗技术的认知

公众认知对于干细胞治疗技术的后期推广应用将具有巨大影响，不正确的认知不仅使得不法分子有机可乘，而且也严重危害疗法研发本身。因此，建议通过多种权威途径向公众宣传干细胞治疗相关知识，严厉打击虚假、违法广告宣传，提高公众的认知，引导公众规范参与干细胞治疗临床研究，保障干细胞治疗产业的顺利发展。

# 第7章 免疫细胞治疗技术

近年来，免疫治疗研发热度持续不减，被视为肿瘤治疗的新希望。免疫治疗的形式很多，包括免疫细胞治疗、抗体治疗、溶瘤病毒治疗、细胞因子治疗及其他特异和非特异性的免疫刺激剂等。免疫细胞治疗已成为当前免疫治疗研发的重点方向。随着技术的迭代发展和不断成熟，免疫细胞治疗已从临床研究初步迈向产业化。治疗白血病、淋巴癌、前列腺癌等疾病的免疫细胞已作为药品投放市场，特别是在血液肿瘤治疗上已取得重大成功，在乳腺癌、肝癌等实体瘤的临床治疗上也展现出巨大潜力。

## 7.1 免疫细胞治疗技术的概念与内涵及发展历程

### 7.1.1 免疫细胞治疗技术的概念与内涵

免疫细胞治疗通过对免疫细胞进行体外改造，调节机体免疫应答，从而治疗疾病。免疫细胞治疗技术已应用于感染性疾病、移植物抗宿主病、自身免疫病、肿瘤等多种疾病的治疗。其中，肿瘤免疫细胞治疗技术颠覆了肿瘤治疗的传统理念，近年来突破不断，研究成果呈现爆发式增长，受到了国内外研究者的广泛关注。当前学术界、产业界所使用的"免疫细胞治疗"概念普遍是特指针对肿瘤的免疫细胞治疗，本章也主要针对肿瘤免疫细胞治疗展开论述。

从使用细胞的类型来看，包括淋巴因子激活的杀伤细胞（lymphokine-activated killer cell，LAK cell）、自然杀伤细胞（natural killer cell，NK cell）、树突状细胞（dendritic cell，DC）、细胞因子诱导的杀伤细胞（cytokine induced killer cell，CIK cell）、细胞毒性 T 细胞（cytotoxic T lymphocyte，CTL）、肿瘤浸润淋巴细胞（tumor infiltrating lymphocyte，TIL）、嵌合

抗原受体 T 细胞（chimeric antigen receptor T cell，CAR-T）、嵌合 T 细胞
受体 T 细胞（chimeric T-cell receptor T cell，TCR-T）等。

### 7.1.2　免疫细胞治疗技术的发展历程

免疫细胞治疗技术历经了由非特异性免疫到无差别化特异性免疫，再
到差别化特异性免疫的发展阶段，其抗肿瘤特异性、靶向性及杀伤活性日
益增强（表 7-1）。

第一代免疫细胞治疗技术包括 LAK 细胞、CIK 细胞等非特异性激活
的免疫细胞，由于其疗效不够确切，目前已很少应用于临床，主要用于辅
助化疗、放疗等其他疗法。第一代免疫细胞治疗中的 NK cell 除在抗肿瘤、
抗感染方面发挥重要作用外，还参与移植物抗宿主反应，因而在器官 / 干
细胞移植领域有较广泛的应用。

第二代免疫细胞治疗技术采用肿瘤常见抗原或肿瘤细胞整体抗原无差
别、特异性激活的免疫细胞，包括 DC 疫苗、抗原致敏的 DC 诱导的 CTL
疗法（DC-CTL）及 TIL 疗法。DC 是已知体内功能最强、唯一能活化静
息 T 细胞的专职抗原提呈细胞，是启动、调控和维持免疫应答的中心环节[1]，
是目前全球临床研究使用最多的免疫细胞（图 7-1），以 DC 为基础的
肿瘤疫苗已初步推广。DC-CTL 和 TIL 已在临床应用中取得一定疗效，
但由于其固有的缺陷，推广应用受到很大限制：CTL 识别肿瘤相关抗
原依赖于主要组织相容性复合体（major histocompatibility complex，
MHC），而肿瘤细胞可通过改变 MHC 表达逃避免疫识别；肿瘤内的
T 细胞含量低，且许多患者的身体情况不适宜提取，故 TIL 分离和扩增
困难。

第三代免疫细胞治疗技术通过基因工程改造免疫细胞，使其表达嵌合
抗原受体（CAR）或新的能识别癌细胞的 T 细胞受体（TCR），从而激活
并引导免疫细胞杀死肿瘤细胞，包括 TCR-T、CAR-T、CAR-NK 等，其

---

〔1〕付贤，肖家全. 树突状细胞在去势抵抗前列腺癌免疫治疗中的研究进展. 国际泌
尿系统杂志，2014，34（4）：559-563.

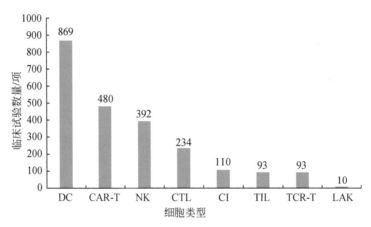

图 7-1　各类免疫细胞临床试验数量

资料来源：ClinicalTrials 数据库，检索日期 2018 年 9 月 3 日，不限年份

中 CAR-T 已成为当前免疫细胞治疗研究的焦点，并于 2017 年 8 月正式投入市场。与 CAR-T 相比，TCR-T 保持并应用了 TCR 信号传导通路上的所有辅助分子，因此对浓度低、拷贝数少的抗原识别敏感性较高，但 TCR-T 识别肿瘤抗原受限于 MHC[1]，发展滞后于 CAR-T。CAR-NK 具有避免引发细胞因子风暴副作用等优点，成为免疫细胞治疗研究的新兴方向，目前研究刚刚起步。

表 7-1　免疫细胞治疗技术发展历程

| 发展阶段 | 名称 | 代表性产品 | 应用状态 | 疗效 | 缺点 |
|---|---|---|---|---|---|
| 第一代 | 非特异性免疫细胞治疗 | LAK 细胞、NK 细胞、CIK 细胞、DC（无抗原）-CIK | 日渐淘汰，多应用于联合疗法 | 提高患者生活质量；少部分患者能延长生存时间 | 疗效不够确切 |
| 第二代 | 无差别化特异性免疫细胞治疗 | 肿瘤常见抗原激活的 DC 及 DC-CTL | 国际流行，国内初步发展 | 提高患者生活质量；有相当部分患者能延长生存时间 | 非针对性 |
| | | 肿瘤细胞整体抗原激活的 DC 及 DC-CTL、TIL | | | 肿瘤抗原量非常少，激活免疫不够强烈 |

―――――――――

〔1〕Harris D T，Kranz D M. Adoptive T cell therapies: A comparison of T cell receptors and chimeric antigen receptors. Trends in Pharmacological Sciences, 2016, 37(3): 220-230.

续表

| 发展阶段 | 名称 | 代表性产品 | 应用状态 | 疗效 | 缺点 |
|---|---|---|---|---|---|
| 第三代 | 差别化特异性细胞免疫细胞治疗 | 能引发个体强烈免疫反应的肿瘤抗原激活的 CAR-T、TCR-T、CAR-NK | 国际流行，国内初步发展 | 提高患者生活质量；较多患者能延长生存时间；部分患者能被治愈 | 技术较为复杂 |

## 7.2　免疫细胞治疗技术的重点领域及主要发展趋势

### 7.2.1　免疫细胞治疗技术研发重点领域

免疫细胞治疗技术研发主要包括疗法 / 药物研发和相关服务 / 器材研发两部分 ( 图 7-2 )。疗法 / 药物研发是免疫细胞治疗产业发展的基础和核心，包括基础研究方面的靶点、肿瘤微环境、生物标志物、疾病模型、免疫调控等研究，临床应用方面的患者筛选、适应证研究、不良反应研究、复发控制、联合疗法等研究。相关服务 / 器材研发也是免疫细胞治疗产业的重要组成部分，涵盖免疫细胞分离 / 富集 / 激活、细胞基因改造、细胞体外扩增或全过程自动化处理，以及存储运输等环节。

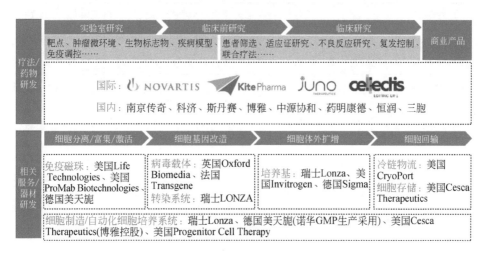

图 7-2　免疫细胞治疗研发体系

### 7.2.2 免疫细胞治疗技术主要发展趋势

目前，免疫细胞治疗技术已从临床研究初步迈向产业化。全球已获批的肿瘤免疫细胞治疗产品均为 DC 或 CAR-T（表 7-2），其中获得美国 FDA 批准的有 3 个，包括 Sipuleucel-T DC 疫苗以及两个 CAR-T 产品 Kymriah、Yescarta。2010 年，美国 Dendreon 公司（2017 年 1 月被我国三胞集团收购）生产的 Sipuleucel-T 细胞（商品名 Provenge）获批用于治疗晚期前列腺癌，成为全球首个经美国 FDA 批准的肿瘤免疫细胞治疗产品。2017 年，诺华的 Kymriah 和凯特制药公司的 Yescarta 相继上市，开启了免疫细胞治疗产业化新时代。本节根据研发体系，分疗法 / 药物研发和相关服务 / 器材研发两部分阐述免疫细胞治疗领域发展态势，并在此基础上梳理了该领域的主要技术瓶颈与发展趋势。

**表 7-2　全球已上市的免疫细胞治疗产品**

| 产品名称 | 原研公司 | 适应证 | 细胞类型 | 上市地点 / 时间 |
|---|---|---|---|---|
| Kymriah | 瑞士诺华公司 | 前体 B 细胞急性淋巴细胞白血病、大 B 细胞淋巴瘤 | CAR-T | 美国（2017 年）、欧盟（2018 年） |
| Yescarta | 美国凯特制药公司 | 特定类型大 B 细胞淋巴瘤 | CAR-T | 美国（2017 年）、欧盟（2018 年） |
| Sipuleucel-T 疫苗 | 美国 Dendreon 公司 | 前列腺癌 | DC | 美国（2010 年） |
| DCVax-Brain 疫苗 | 美国西北生物制药公司 | 脑癌 | DC | 瑞士（2007 年） |
| HybriCell 疫苗 | 巴西 Genoa Biotecnologia SA 公司 | 黑色素瘤、肾细胞癌 | DC 与肿瘤细胞融合 | 巴西（2005 年） |
| CreaVax-RCC 疫苗 | 韩国 JW CreaGene 公司 | 肾细胞癌 | DC | 韩国（2007 年） |
| Immuncell-LC 疫苗 | 韩国 Green Cross Cell Corp 公司 | 肝细胞癌 | DC | 韩国（2008 年） |
| APCEDEN | 印度 APAC Biotech 公司 | 前列腺癌、卵巢癌、结肠直肠癌和非小细胞肺癌 | DC | 印度（2017 年） |

1. 疗法 / 药物研发

目前已正式步入产业化进程的免疫细胞治疗仅有 DC 疫苗和 CAR-T 疗法两类。DC 疫苗发展较早，但由于工艺、成本等问题，商业化效果并不理想；CAR-T 疗法临床疗效突破不断，生产工艺日渐成熟，产业化发展进入快车道。

（1）DC 疫苗

DC 是一种具有高效杀伤活性的异质性细胞群，其能够摄取、加工和提呈抗原，刺激体内的初始型 T 细胞活化，启动机体免疫应答，并可通过直接或间接方式促进 B 细胞的增殖与活化，调控体液免疫应答，刺激记忆 T 细胞活化，诱导再次免疫应答。DC 广泛分布于除脑以外的全身各脏器，但其量仅占外周血单核细胞的 1% 以下[1]。DC 疫苗基本原理是从患者自体外周血中分离单核细胞，体外诱导成为具有抗原提呈功能的 DC，经肿瘤抗原致敏后回输至患者体内，DC 将抗原信息提呈给特异性 T 细胞并使之活化，对肿瘤细胞产生特异性杀伤作用。全球首个基于 DC 的治疗性肿瘤疫苗的临床试验是应用于 B 细胞淋巴瘤，此后大量的临床研究应用于多种肿瘤。到目前为止，其在恶性黑素瘤、前列腺癌、恶性神经胶质瘤和肾细胞癌治疗方面已经进行到Ⅲ期临床试验[2]。

2010 年，美国 FDA 批准了首个肿瘤的免疫细胞治疗产品 Sipuleucel-T。除 Sipuleucel-T 获得美国 FDA 批准应用于临床外，还有一些肿瘤疫苗产品在某些国家获得批准得到应用或被许可酌情使用，如韩国的 CreaVax-RCC、巴西的 Hybricell 等。总体而言，目前 DC 疫苗的商业化效果并不理想，Sipuleucel-T 目前年销售额约 3 亿美元，较醋酸阿比特龙等针对相同适应证的重磅炸弹药物，销量相去甚远。其主要原因在于 DC 制取程序复杂，特别是 DC 的提取和培养及抗原刺激 DC 成熟的过程难以稳定控制，以致成本居高不下。Sipuleucel-T 治疗价格高达 9 万美元 / 月，远高于其他药物。与此同时，Ⅲ期临床试验数据表明，接受 Provenge 治

〔1〕王佃亮. 细胞药物的种类及生物学特性——细胞药物连载之一. 中国生物工程杂志, 2016, 36（5）：138-144.
〔2〕郭振红, 曹雪涛. 肿瘤免疫细胞治疗的现状及展望. 中国肿瘤生物治疗杂志, 2016, 23（2）：149-160.

疗仅能将晚期前列腺癌患者的生存期延长约 4 个月。因此，如何进一步提高疗效已成为目前 DC 治疗性疫苗研究的重点。

此外，DC 疫苗还面临缺乏理想的肿瘤特异性抗原[1]、抗凋亡能力较差[2]等问题，有待基础和临床研究进一步探索和改善。美国国立癌症研究所（National Cancer Institute，NCI）针对 DC 疫苗治疗开展了百余项临床研究，是全球开展 DC 临床研究最多的机构，临床试验数量远超其他机构（表 7-3）。

表 7-3　全球 DC 疫苗治疗临床试验数量排名前 5 位机构

| 排名 | 机构 | 临床试验数量 / 项 |
| --- | --- | --- |
| 1 | 美国国立癌症研究所 | 116 |
| 2 | 美国杜克大学 | 23 |
| 3 | 美国 H. Lee 莫菲特癌症研究中心 | 20 |
| 3 | 美国加州大学洛杉矶分校 | 20 |
| 5 | 美国匹兹堡大学 | 18 |

资料来源：ClinicalTrials 数据库，检索日期 2017 年 12 月 23 日

（2）CAR-T 疗法

CAR-T 疗法即嵌合抗原受体 T 细胞治疗。自 20 世纪 80 年代以来，CAR-T 疗法已历经了四代技术革新。1989 年，Gross 团队首次提出了"嵌合受体"概念，研究人员将 TCR 的可变区用单链抗体（scFv）替代，由此得到了具有抗原靶向性的 T 细胞，即第一代 CAR-T。由于第一代 CAR-T 在患者体内持久性差，其临床疗效不显著[3]。目前，国内外主要从事第二、第三代 CAR-T 的研发。第二、第三代 CAR-T 分别引入了一个和两个共刺激信号的细胞内信号传递结构域，共刺激信号传递结构域的加入，赋予了 CAR-T 更强的增殖及抗凋亡能力，其细胞因子的分泌水平及细胞毒性同时也有所增强。目前临床应用的共刺激结构域主要是 CD28 和

〔1〕陆虹旻，李林凤，高建新. 基于树突细胞的肿瘤疫苗研究进展. 胃肠病学，2016，21（5）：257-262.

〔2〕何永跃. 胶质瘤免疫治疗与血脑屏障. 国际神经病学神经外科学杂志，2017，44（1）：68-70.

〔3〕Kershaw M H, Westwood J A, Parker L L, et al. A phase I study on adoptive immunotherapy using gene-modified T cells for ovarian cancer. Clinical Cancer Research, 2006, 12(20): 6106-6115.

4-1BB。除信号传递结构域差异外，胞外的抗原结合域、重组 T 细胞的转染方法、重组 T 细胞的回输方式等均可能影响第二代、第三代 CAR-T 的疗效。目前已上市的 CAR-T 疗法均属于第二代 CAR-T。此外，第二代、第三代 CAR-T 均有较多临床试验正在进行，并取得了一定成效，但尚无比较第二代和第三代 CAR-T 临床疗效的报道，临床试验的数据仍需持续关注。近年来，许多研究在第二代、第三代技术上进行改进，如整合表达免疫因子、共刺激因子配体等，以提升疗法有效性和安全性，形成了第四代 CAR-T 技术。目前第二代、第三代、第四代 CAR-T 技术中，第二代技术最为成熟，但三者基本处于并行研发状态。

随着技术的成熟，CAR-T 临床疗效不断提升（图 7-3）。2008 年，CAR-T 临床试验首次获得成功，治疗的 11 例儿童成神经细胞瘤中，6 例出现肿瘤病灶变小／坏死[1]。2010 年前后，CAR-T 临床成果集中式爆发，CAR-T 免疫细胞治疗逐渐从临床步入产业化发展。

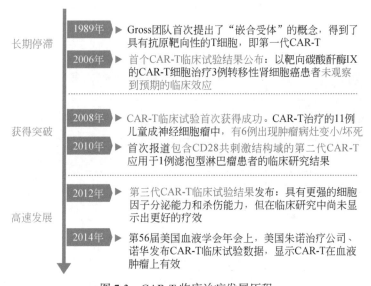

图 7-3　CAR-T 临床治疗发展历程

〔1〕Pule M A, Savoldo B, Myers G D, et al. Virus-specific T cells engineered to coexpress tumor-specific receptors: Persistence and antitumor activity in individuals with neuroblastoma. Nature Medicine, 2008, 14(11): 1264.

国外布局 CAR-T 治疗的公司有诺华公司、朱诺治疗公司、凯特制药公司、蓝鸟生物公司、Cellectis、新基生物制药（Celgene）、安进公司等，其中以诺华、朱诺治疗公司、凯特制药公司进展最快（表 7-4）。优势企业依托实力雄厚的科研团队，或与其合作，技术特色凸显（图 7-4）。诺华 CAR-T 的 CD19 靶点和 4-1BB 共刺激结构域；朱诺治疗公司和凯特制药公司的 CD28 共刺激结构域；Cellectis 的异体 CAR-T 技术等都已成为产业标杆。

表 7-4　诺华公司、朱诺治疗公司、凯特制药公司 CAR-T 研发管线

| 公司 | 合作单位 | 靶点 | 产品名称 | 适应证 | 研发状态 |
|---|---|---|---|---|---|
| 瑞士诺华 | 美国宾夕法尼亚大学、美国费城儿童医院 | CD19 | Kymriah（CTL019） | 前体 B 细胞急性淋巴细胞白血病；大 B 细胞淋巴瘤 | 上市 |
| 美国朱诺治疗公司 | 圣裘德儿童研究医院、美国纪念斯隆-凯特林癌症中心、弗雷德-哈金森癌症研究中心、西雅图儿童医院、新基生物制药 | CD19 | JCAR014 | 非霍奇金淋巴瘤 | 临床 I 期 |
| | | CD19 | JCAR017 | 非霍奇金淋巴瘤 | 临床 I 期 |
| | | CD22 | JCAR018 | 非霍奇金淋巴瘤、小儿急性淋巴细胞白血病 | 临床 I 期 |
| | | BCMA | JCARH 125 | 多发性骨髓瘤 | 临床 I 期 |
| | | WT1 | JCAR016 | 急性髓性白血病、非小细胞肺癌、间皮瘤 | 临床 I / II 期 |
| | | L1CAM | JCAR023 | 儿童或神经细胞瘤 | 临床 I 期 |
| | | MUC16 | JCAR020 | 卵巢癌 | 临床 I 期 |
| | | ROR1 | JCAR024 | 非小细胞肺癌、乳腺癌 | 临床 I 期 |
| | | LeY | | 肺癌 | 临床 I 期 |
| 美国凯特制药公司 | 美国国立癌症研究所、基因泰克公司、安进公司 | CD19 | axicabtagene ciloleucel（ZUMA-1/5/6/7） | 弥漫大 B 细胞淋巴瘤等多种血液肿瘤 | ZUMA-1（即 Yescarta）进度最快，已上市 |
| | | CD19 | KTE-C19（ZUMA-2/3/4/8） | 套细胞淋巴瘤等多种类型的血液肿瘤 | ZUMA-2 进度最快，进入临床 II / III 期 |
| | | CD19 | Human anti-CD19（2nd Gen） | 血液系统恶性肿瘤 | 临床 I 期 |
| | | CD19 | Humanized anti-CD19 Control CAR（3rd Gen） | 血液系统恶性肿瘤 | 临床前 |
| | | BCMA | KITE-585 | 多发性骨髓瘤 | 临床 I 期 |
| | | CLL-1 | KITE-796 | 急性髓性白血病 | 临床前 |

图 7-4　诺华 CAR-T 专利技术分析

## 2. 相关服务 / 器材研发

相关服务 / 器材研发也是免疫细胞治疗产业的重要组成部分。在发达国家，相关服务 / 器材供应产业分化度高，技术特色强，更多地呈现出技术互补而非技术重复的状态。例如，专门做病毒载体的 Oxford Biomedia 公司，有专门做自动化细胞培养系统的瑞士龙沙 Lonza 公司，因而形成了较为成熟的业务外包产业。诺华公司早在 2013 年就把病毒载体生产外包给了 Oxford Biomedia 公司。诺华公司、凯特制药公司、蓝鸟生物公司等企业都与低温物流解决方案供应商 CryoPort 公司建立了合作关系。

标准化、自动化工艺实现细胞治疗产品的高质量、大规模、低成本制造，已成为免疫细胞治疗产业化发展的普遍共识。2013 年，欧盟"地平线2020"计划资助荷兰 DCPrime BV 公司和德国 EUFETS GmbH 公司合作研发全球首个标准化 DC 疫苗商业规模生产技术平台 DCOne。DCOne 平台提供了从细胞系中持续生产树突状细胞产品的方法（异体 DC），保障高质量树突状细胞疫苗的稳定供应。目前，其产品 DCP-001 疫苗用于治疗急性髓细胞白血病，已在 Ⅰ / Ⅱ a 期临床试验中测试，并取得较好效果。诺华、凯特制药公司的 CAR-T 生产目前都采用了半自动化的细胞制造工艺。

## 3. 技术瓶颈与发展趋势

就整体而言，目前免疫细胞治疗技术仍处于起步阶段，面临许多亟待突破的技术瓶颈，攻克这些技术瓶颈也成为当前主要的研究方向。

（1）基础研究方面

基础研究方面，免疫细胞治疗可用的靶点少，存在脱靶毒性。目前应用于临床的 CAR-T 靶点有 30 余个，其中研发最多、最为成熟，疗效最为确切的是 CD19 靶点。CD19 只表达在 B 淋巴细胞上，故靶向 CD19 的 CAR-T 疗法可治疗 B 淋巴细胞衍生出的血液肿瘤。目前可针对实体瘤的靶点还很少，另一方面实体瘤所处的微环境相对复杂，因此免疫细胞疗法在实体瘤治疗上还收效甚微。虽然 DC 疫苗 Provenge 已获美国 FDA 批准用于治疗晚期前列腺癌，但其Ⅲ期临床试验数据表明，接受 Provenge 治疗仅能将晚期前列腺癌患者的生存期延长约 4 个月。另外，多数靶抗原在正常组织中会低水平表达，导致免疫细胞在杀伤肿瘤细胞的同时，会对非瘤细胞组织造成损伤，即产生脱靶毒性。随着新治疗靶点的开发及单链抗体技术的完善，脱靶毒性会有所降低。

（2）临床转化与应用方面

临床转化与应用方面，免疫细胞治疗目前普遍缺乏有效预测疗效及不良反应的生物标志物，复发问题和不良反应有待进一步探索研究。

1）患者筛选。免疫细胞治疗之前需要对患者进行诊断和筛查。目前临床上普遍缺乏有效预测疗效及不良反应的生物标志物，难以保障患者参与免疫细胞治疗的有效性和安全性。

2）复发问题。CAR-T 治疗的短期临床数据较好，但可能快速复发。朱诺治疗公司的 JCAR015 Ⅰ期临床数据显示它在急性淋巴细胞白血病患者身上的完全缓解率是 87%，但其中约 60% 很快就会复发，CAR-T 疗效仍有待进一步提升。

3）不良反应。细胞因子风暴是 CAR-T 治疗面临的主要不良反应之一。大量的 T 细胞攻击肿瘤细胞会在短时间内释放出大量的细胞因子，引起炎症，临床表现为恶心、高热、呼吸衰竭等。2014 年，朱诺治疗公司曾报道两例细胞因子风暴死亡案例。诺华 Kymriah 最新临床数据显示，47% 的患者经历了 3 级或 4 级细胞因子风暴，但尚无因细胞因子风暴死亡病例。此外，CAR-T 疗法还可能引发神经毒性、B 细胞发育不全。解决 CAR-T 治疗安全问题是推进 CAR-T 疗法从临床走向产业的关键基础。

（3）产业发展方面

产业发展方面，免疫细胞的标准化、规模化制造技术尚不成熟。目前免疫细胞治疗市场面临的主要挑战是前期研发成本及制备成本过高。Kymriah 定价 47.5 万美元 / 月，Yescarta 定价 37.3 万美元 / 月，Sipuleucel-T 定价 9 万美元 / 月，过高的成本严重制约了免疫细胞治疗的应用和推广。通过自动化设备实现细胞治疗产品的高质量、大规模、低成本制造，已成为免疫细胞治疗产业化发展的普遍共识。免疫细胞自动化制造包括两类模式：一类是基于单元的自动化操作方案，即生产过程的各个步骤都是自动化的；另一类则是集成的自动化操作，即将生产过程中的所有操作步骤简化为单一的自动化平台。基于单元的自动化操作方案是目前的主要模式。国内外众多企业都在开发集成式自动化平台，以进一步提高生产效率和降低成本，包括德国美天旎、美国通用电气（GE）、瑞士龙沙，以及我国无锡北大博雅控股集团有限公司（简称博雅控股）的赛斯卡医疗公司。此外，通用型免疫细胞产品研发，即异体免疫细胞治疗也是扩大细胞治疗产品生产规模，进一步降低成本的重要途径。

### 7.2.3　免疫细胞治疗技术全球竞争态势

面对免疫细胞治疗技术的飞速发展，许多国家已经对这一领域进行了前瞻性布局。2016 年，美国国情咨文中提出了癌症"登月计划"，其中的重点之一就是免疫疗法的开发。2016 年底，奥巴马签署《21 世纪治愈法案》，提出投资 63 亿美元推动健康领域的基础研究、疗法开发和包括免疫细胞治疗在内的新疗法临床转化，从法律层面保障了癌症"登月计划"的实施。欧盟及其成员国通过框架计划长期支持基因转移和基因治疗研发，欧盟第五、第六、第七框架计划投入超过 3.51 亿欧元支持基因转移和基因治疗研究，"地平线 2020"计划在 2014 ～ 2016 年继续投入 4900 万欧元继续支持该领域发展。英国、澳大利亚、日本、韩国等国家也积极部署新疗法研发及与免疫细胞治疗密切相关的精准医学、基因组学等领域。

1. 美国

美国在免疫细胞治疗技术上已占据绝对优势，目前已有三款免疫细胞治疗产品获批上市。DC 和 CAR-T 产品临床试验数量分居全球首位和第 2 位（表 7-5）。依托科研机构 / 高校、企业、医院的密切合作，美国在免疫细胞治疗研发和产业化道路上走在全球最前端。美国 FDA 批准的 Sipuleucel-T 树突状细胞疫苗和两款 CAR-T 产品均由美国团队研发：Sipuleucel-T 由美国 Dendreon 公司研发；Kymriah 为瑞士诺华公司、美国宾夕法尼亚大学和美国费城儿童医院共同研发；Yescarta 为美国凯特制药公司、美国国立癌症研究所、美国基因泰克公司和美国安进公司共同研发。这些机构掌控了免疫细胞设计和生产的核心技术，并已累积了全球最为丰富的临床经验。

表 7-5　2008 ～ 2017 年 DC 和 CAR-T 产品临床试验数量国家排名

| DC 临床试验 | | | CAR-T 临床试验 | | |
| --- | --- | --- | --- | --- | --- |
| 排名 | 国家 | 临床试验数量 / 项 | 排名 | 国家 | 临床试验数量 / 项 |
| 1 | 美国 | 220 | 1 | 中国 | 162 |
| 2 | 中国 | 87 | 2 | 美国 | 141 |
| 3 | 德国 | 36 | 3 | 法国 | 15 |
| 4 | 法国 | 32 | 4 | 英国 | 15 |
| 5 | 荷兰 | 22 | 5 | 加拿大 | 14 |
| 6 | 西班牙 | 21 | 6 | 意大利 | 8 |
| 7 | 比利时 | 20 | 7 | 比利时 | 7 |
| 8 | 英国 | 20 | 8 | 德国 | 7 |
| 9 | 澳大利亚 | 16 | 9 | 荷兰 | 7 |
| 10 | 加拿大 | 15 | 10 | 澳大利亚 | 5 |

美国政府积极支持免疫细胞治疗技术发展。美国总统奥巴马在 2015 年国情咨文中率先提出"精准医学计划"，其重点目标之一是针对免疫疗法的研究与应用。2016年初,奥巴马发表新年度国情咨文,启动癌症"登月计划",重点支持免疫疗法、靶向药物疗法等癌症新疗法的开发（表 7-6）。2016年底，奥巴马签署《21 世纪治愈法案》（*21st Century Cures Act*），提出

投资 63 亿美元推动健康领域的基础研究、疗法开发和包括免疫细胞治疗在内的新疗法临床转化，从法律层面保障了癌症"登月计划"的实施。2017 年，作为癌症"登月计划"的一部分，美国 NIH 与 11 家生物制药公司启动了加速癌症治疗的为期 5 年的公私合作研究合作项目，共耗资 2.15 亿美元，合作初期聚焦于识别、开发和确认癌症生物标记物，推动癌症免疫疗法发展。

表 7-6　美国癌症"登月计划"支持重点

| 研究领域与举措 | 具体内容 |
| --- | --- |
| 癌症预防与癌症疫苗研发 | 癌症疫苗也可靶向癌症的某些基因突变，加快此类癌症疫苗的开发、评估和优化 |
| 早期癌症检测 | 开发和评估癌症微创筛查化验方法，提高癌症诊断检测的敏感度 |
| 癌症免疫疗法与联合免疫疗法 | 提高针对实体肿瘤的**免疫疗法**的早期成功率，并开发和测试新的癌症**联合免疫疗法**。通过与社区卫生保健机构合作和利用现有临床试验网络，对癌症预防和治疗新方法进行快速有效的测试 |
| 肿瘤及其周围细胞的基因组分析 | 进一步分析癌细胞的基因异常，以及其周围细胞和免疫细胞发生的基因变化，**推动免疫疗法和靶向药物疗法的开发**，并提高其疗效 |
| 加强数据共享 | 鼓励机构间数据共享，支持新工具开发，促进基因异常、治疗反应和长期疗效等相关信息的利用 |
| 建立肿瘤学卓越中心 | 建立一个虚拟的肿瘤学卓越中心，用于：评估癌症预防、筛查、诊断和治疗产品；支持伴随诊断试验、联合用药、癌症治疗生物制剂和设备的持续发展；基于精准医学理念，开发和推动相关方法的发展 |
| 儿童癌症研究 | 收集和分析罕见的儿童癌症样本数据（包括病程和对治疗的反应等临床数据），开发**儿童癌症新疗法** |

与此同时，美国产业界也开始关注免疫细胞治疗的产业化问题。2016 年 6 月，美国国家细胞制造协会发布了《面向 2025 年的大规模、低成本、可复制生产高质量细胞的技术路线图》（*Achieving Large-Scale*，*Cost-Effective*，*Reproducible Manufacturing of High-Quality Cells*: *A Technology Roadmap to 2025*），推动用于癌症等疾病的细胞治疗产品的大规模生产。2016 年 12 月，美国原国家制造业创新网络（Manufacturing USA）成立国家生物制药创新研究所（The National Institute for Innovation in Manufacturing Biopharmaceuticals，NIIMBL），来自商务部的联邦资助为 0.7 亿美元，私营部门初始匹配经费为 1.29 亿美元。该研究所将重点关注利用活细胞来生产复杂的生物治疗药物，涉及成熟产品门类（如疫苗及蛋

白质疗法）、新兴产品（如基于细胞的癌症免疫疗法和基因疗法）等的创新[1]。

### 2. 欧盟及其成员国

欧盟及其成员国紧跟美国步伐。2018年8月，Yescarta和Kymriah分别获欧洲药品管理局批准上市。欧盟长期支持基因转移和基因治疗研究（基因工程免疫细胞治疗属于基因疗法）。欧盟第五、第六、第七框架计划投入超过3.51亿欧元[2]，"地平线2020"计划在2014～2016年继续投入了4900万欧元继续支持该领域发展。2014年3月，欧盟发布《创新药物2期计划战略研究议程》（IMI2）。其主题是实现精准医学，即在正确的时机向正确的患者提供正确的预防治疗措施。IMI2将推进基因疗法、细胞疗法等新疗法的临床转化列为2018年度的8个优先领域之一，具体包括：新疗法临床研究新方法，如个体研究、特殊人群研究；新疗法医药产品制造；建设卫生技术评估和医院免责知识库，促进新疗法的应用。欧盟已在DC疫苗规模化生产方面具备一定优势。2013年，欧盟"地平线2020"计划资助了全球首个标准化DC疫苗商业规模生产技术平台DCOne，其DC产品已进入临床试验并取得一定成效。

欧盟成员国法国早在2012年就在"投资未来计划"国家计划中，出资1亿欧元资助个体化医疗项目。2016年，法国发布"法国基因组医学2025"计划，投资6.7亿欧元重点开展基因组学、基因治疗等研究。值得注意的是，法国目前已掌握了全球最为先进的通用型CAR-T技术。2017年2月7日，法国Cellectis公司通用型CAR-T疗法UCART123获得美国FDA批准进入临床试验，成为首个进入美国临床试验的通用型CAR-T疗法。尽管2017年9月美国FDA因安全原因紧急叫停了该临床试验，但以

---

〔1〕U.S. Secretary of Commerce. U.S. Secretary of Commerce Penny Pritzker Announces Biopharmaceutical Manufacturing Institute Joining Manufacturing USA Network. https://www.nist.gov/news-events/2016/12/us-secretary-commerce-penny-pritzker-announces-biopharmaceutical[2018-06-10].

〔2〕Gancberg D, Draghia-Akli R. Gene and cell therapy funding opportunities in horizon 2020: An overview for 2014-2015. Human Gene Therapy，2014，25(3): 175-177.

Cellectis 公司为代表的通用型 CAR-T 技术仍然是未来免疫细胞低成本、规模化制造的主要途径和发展方向。

3. 其他国家

英国、澳大利亚、日本、韩国等国家也已布局支持免疫细胞治疗研发，并已初步取得一些成效。DC 疫苗产品在巴西、韩国等国家已获得批准得到应用或被许可酌情使用。除美国、欧盟外，其他国家 / 地区目前尚无 CAR-T 产品获批上市。

2014 年，英国启动了"精准医学孵化器"项目，分别在 6 个区域建立精准医学孵化器中心，形成国家精准医学孵化器中心网络，利用遗传、分子及临床数据更精准地实现癌症等疾病的靶向治疗。英国政府机构"创新英国"（Innovate UK）于 2012 年组织建立了细胞和基因疗法弹射器 / 创新中心（Cell and Gene Therapy Catapul）[1]，为细胞和基因疗法提供经费、技术支持、基础设施和合作研发机会，推进新疗法的临床应用和商业化发展。目前细胞和基因疗法弹射器拥有 120 多位专家，建设有全球先进的研发和病毒载体实验室，并投资 5500 万英镑建成了 GMP 制造中心。英国医药制造产业联盟（MMIP）于 2017 年发布《英国药物制造愿景：通过制定技术创新路线图，提高英国制药业水平》（*Manufacturing Vision for UK Pharma：Future Proofing the UK Through An Aligned Technology and Innovation Road Map*）[2]。该文件提出建立细胞和基因疗法卓越制造中心，重点关注工厂 / 过程设计、制造分析设计、自动化等产业化制造技术。

澳大利亚、日本、韩国等国家也积极布局精准医疗，为肿瘤免疫治疗研发提供了发展机遇。2015 年 12 月，澳大利亚推出了"十万人基因组测序计划"，计划通过测序罕见疾病和癌症患者的基因组，创建大规模澳大

---

〔1〕Thompson K, Foster E P. The cell therapy catapult: Growing a UK cell therapy industry generating health and wealth. Stem Cells and Development, 2013, 22(S1): 35-39.

〔2〕ABPI. Manufacturing Vision for UK Pharma：Future Proofing the UK Through an Aligned Technology and Innovation Road Map. https://www.abpi.org.uk/publications/manufacturing-vision-for-uk-pharma-future-proofing-the-uk-through-an-aligned-technology-and-innovation-road-map/[2019-09-30].

利亚国民基因数据库，推动相关药物研发；并于 2016 年启动了零儿童癌症计划（Zero Childhood Cancer Initiative），旨在利用基因组技术为目前无法治愈的儿童癌症提供个体化治疗策略。日本在"2014 科技创新计划"中将"定制医学 / 基因组医学"列为重点关注领域之一。韩国政府于 2014 年启动了后基因组计划，提出绘制标准人类基因组图谱、发展本国的人类基因组分析技术、依托基因组的疾病诊断和治疗技术等目标。

4. 我国竞争力分析

面对免疫细胞治疗技术的蓬勃发展及国际各国争相部署该领域的国际格局，我国高度重视该领域发展。我国从 20 世纪 90 年代中期开始引进和追踪免疫疗法，"863"计划在"十一五""十二五"期间对以细胞治疗为主的免疫治疗进行了连续支持，国拨经费 8000 余万元，支持的品种包括 NK cell、DC 治疗性疫苗、CIR-CIK 细胞、TCR-T 等，并对细胞移植与治疗相关的关键技术进行了支持。多数品种处于临床前研究阶段，个别品种如 DC 治疗性疫苗已进入临床 III 期研究[1]。"十三五"时期，我国将细胞疗法、基因疗法等新疗法技术列入多个国家级专项规划，《"十三五"国家科技创新规划》《"健康中国 2030"规划纲要》《"十三五"卫生与健康科技创新专项规划》《"十三五"国家战略性新兴产业发展规划》《"十三五"生物产业发展规划》等对细胞治疗、基因治疗等前沿技术及相应的产业化制造技术进行了总体布局（表 7-7）。在政策的积极支持下，我国免疫细胞治疗领域发展紧跟国际前沿，在疗法研究、产品开发及人才团队等方面已具备一定基础，部分前沿成果已由跟跑向并跑乃至领跑转变。

表 7-7　我国重要规划布局免疫细胞治疗技术

| 时间 | 规划名称 | 内容 |
| --- | --- | --- |
| 2016 年 7 月 | "十三五"国家科技创新规划 | 开展重大疫苗、抗体研制、免疫治疗、基因治疗、细胞治疗、干细胞与再生医学、人体微生物组解析及调控等关键技术研究，研发一批创新医药生物制品，构建具有国际竞争力的医药生物技术产业体系 |

[1] 卢姗，李苏宁，范红 . 肿瘤免疫治疗技术与产品开发的现状与发展建议 . 中国生物工程杂志，2017，37（1）：104-110.

续表

| 时间 | 规划名称 | 内容 |
|---|---|---|
| 2016 年 10 月 | "健康中国 2030" 规划纲要 | 发展组学技术、干细胞与再生医学、新型疫苗、**生物治疗**等医学前沿技术，加强慢性病防控、**精准医学**、智慧医疗等关键技术突破，重点部署创新药物开发、医疗器械国产化、中医药现代化等任务，显著增强重大疾病防治和健康产业发展的科技支撑能力 |
| 2016 年 10 月 | "十三五" 卫生与健康科技创新专项规划 | **医学免疫学研究**。研究免疫细胞分化发育与功能调控机制，免疫识别、免疫记忆的分子机理和本质特征，**恶性肿瘤……重大疾病相关的急慢性炎症的免疫学基础。基因操作技术**。开展基因编辑及合成生物学等技术研究，探索新技术在模拟人类疾病、异种器官移植、提高细胞对病毒的免疫力、**赋予细胞抗癌能力**、加速疫苗和药物的研发进程等方面的应用潜力 |
| 2016 年 11 月 | "十三五" 国家战略性新兴产业发展规划 | 推动生物医药行业跨越升级。加快基因测序、**细胞规模化培养**、靶向和长效释药、绿色智能生产等技术研发应用，支撑产业高端发展。开发新型抗体和疫苗、**基因治疗、细胞治疗**等生物制品和制剂，推动化学药物创新和高端制剂开发，加速特色创新中药研发，实现重大疾病防治药物原始创新 |
| 2016 年 12 月 | "十三五" 生物产业发展规划 | 加快发展精准医学新模式。以临床价值为核心，**在治疗适应证与新靶点验证**、临床前与临床试验、产品设计优化与产业化等全程进行精准监管，提供安全有效的数据信息，实现药物精准研发。<br>建设**基因技术应用示范中心**……以高通量基因测序、质谱、医学影像、基因编辑、生物合成等技术为主，重点开展出生缺陷基因筛查、诊治，肿瘤早期筛查及用药指导。<br>建设**个体化免疫细胞治疗技术应用示范中心**……引导有资质的医疗机构、创新能力较强的研发机构和先进生产企业合作，以自主研发为主，引进消化国际先进技术，**实现免疫细胞治疗关键技术突破**，建设集细胞疗法新技术开发、细胞治疗生产工艺研发、病毒载体生产工艺研发，病毒载体 GMP 生产、细胞疗法 cGMP 生产、细胞库构建等转化应用衔接平台于一体的免疫细胞治疗技术开发与制备平台。通过区域合理布局，加强医疗机构合作，为医疗机构提供高质量的细胞治疗产品，加快推进免疫细胞治疗技术在急性 B 细胞白血病和淋巴瘤等恶性肿瘤，以及鼻咽癌和肝癌等我国特有和多发疾病等领域的应用示范与推广。推动个体化免疫细胞治疗的标准化和规范化，提高恶性肿瘤的存活率和生存期，满足临床需求、维护公众健康、降低医疗成本，使我国在免疫细胞治疗领域达到世界先进水平 |

（1）疗法 / 药物研发

1）DC 治疗性疫苗

我国尚无 DC 治疗性疫苗上市。第二军医大学、军事医学科学院附属医院、首都医科大学等机构已开展相关临床研究。其全国临床研究不足40项。第二军医大学曹雪涛院士团队的 DC 疫苗研究走在全国前列。针对晚期大肠癌抗原致敏的人树突状细胞是我国目前唯一已进入临床Ⅲ期的 DC 疫苗。

2）CAR-T 疗法

CAR-T 技术在我国正处于高速发展的初始阶段。我国的南京传奇生物科技有限公司（简称南京传奇）、科济生物医药（上海）有限公司（简称科济生物）、上海斯丹赛生物技术有限公司（简称斯丹赛）等企业积极布局 CAR-T 产业（表 7-8）。2018 年 3 月，南京传奇提交的 CAR-T 疗法临床申请（CXSL1700201）正式获批，成为中国首个获得 1 类新药临床试验许可的 CAR-T 产品。此后银河生物、上海恒润达生生物科技有限公司（简称恒润达生）、科济生物、博生吉安科细胞技术有限公司等企业的 CAR-T 疗法临床申请也相继获得国家药品监督管理局药品审评中心（CDE）受理。

表 7-8　国内 CAR-T 企业组建模式

| 公司组建模式 | | 代表性公司 |
|---|---|---|
| 新兴 CAR-T 研发企业 | 海外 CAR-T 公司生产技术和管理输入 | 上海药明巨诺生物科技有限公司、复星凯特生物科技有限公司 |
| | 在海外完成技术研发向国内进行技术转化 | Eureka、ProMab |
| | 在国内开展 CAR-T 生产和临床研发 | 科济生物、斯丹赛、上海优卡迪生物医药科技有限公司、恒润达生、上海吉凯基因化学技术有限公司、南京传奇 |
| 干细胞公司转型做 CAR-T | | 中源协和细胞基因工程股份有限公司、博雅控股、西比曼 |

国内 CAR-T 企业主要包括两类。第一类是新兴 CAR-T 研发企业，又可以细分为：①有海外 CAR-T 公司生产技术和管理输入的，如上海药明巨诺生物科技有限公司（药明康德新药开发有限公司和朱诺治疗公司合资）、复星凯特生物科技有限公司（上海复星医药（集团）股份有限公司和凯特制药公司合资）。②在海外完成了较成熟的 CAR-T 生产技术研发向国内进行技术转化的，如 Eureka 公司和 ProMab 公司。③有国内或海外 CAR-T 研发背景，主要在国内开展 CAR-T 生产和临床研发的，如科济生物、斯丹赛、优卡迪生物医药科技有限公司、恒润达生、上海吉凯基因化学技

术有限公司、南京传奇等。第二类是从事干细胞研究的公司转型做 CAR-T 的，如中源协和细胞基因工程股份有限公司、博雅控股、西比曼生物科技集团（简称西比曼）等，这类公司的技术优势是有已经通过国际标准认证的细胞库和相关管理经验。

我国企业正在开展的 CAR-T 临床试验多处于临床 I 期，病例数量积累较少，产品疗效和安全性有待进一步确认（表 7-9）。部分成果如南京传奇 BCMA-CAR-T 已进军全球第一梯队。

**表 7-9　国内部分企业公开的 CAR-T 临床数据**

| 公司 | 靶点 | 适应证 | 临床疗效 | 核心专利 |
|---|---|---|---|---|
| 南京传奇 | BCMA | 多发性骨髓瘤 | 病情客观缓解率达到 100%（35 人） | WO2017025038 |
| 科济生物 | GPC3 | 肝细胞癌 | 13 名患者未出现剂量限制性毒性（DLT）或 3 级以上不良反应。5 名可进行疗效评估的患者中，1 名患者出现部分缓解，2 名疾病稳定 | WO2015172339 |
| 斯丹赛 | CD19 | 复发难治性白血病 | 共完成了 41 例复发难治性白血病的临床研究，其中 34 例患者达到完全缓解，完全缓解率达 83% | — |

（2）相关服务 / 器材研发

我国从事相关服务 / 器材研发的企业普遍技术特色不强，产业分化度低。复星凯特生物科技有限公司、西比曼、博雅控股等企业走在全国前列，已开展相关基础设施建设。复星凯特生物科技有限公司正在全面推进凯特制药公司 Yescarta 的技术转移、制备验证等工作。2017 年 12 月，复星凯特生物科技有限公司遵循国家 GMP 标准，按照凯特制药公司生产工艺设计理念，建成了先进的细胞制备的超洁净实验室。2017 年 4 月，西比曼宣布与全球最大的生物制药和医疗技术服务商 GE 医疗签署战略合作框架协议，在张江 GMP 生产基地成立联合实验室，共同开发 CAR-T 和干细胞的高质量工业生产工艺，用于联合研发高度整合且自动化的细胞制备体系。2017 年 11 月，博雅控股发布了全自动、全封闭的 CAR-T CMC 生产平台 CAR-TXpress，整合了多元化自动化流程，包括 T 细胞的分离、纯化、培养、洗涤及单盒式自动冷冻保存（-196℃）和检索，但平台并未涵盖 T 细胞基因改造模块。

## 7.3 免疫细胞治疗技术的颠覆性影响及发展举措

### 7.3.1 免疫细胞治疗技术发展的价值与作用

癌症已经成为全球性的公共健康问题，给患者家庭和社会医疗体系带来沉重负担。根据世界卫生组织发布的《全球癌症报告 2014》的统计数据，2012 年，全球癌症新发病例数量增长至每年 1410 万人，死亡人数达到 820 万人，5 年癌症存活人数为 3260 万人。预计至 2025 年，年度癌症新发病例数量将增加约 70%，增长至 2200 万人，而死亡人数也将增长至 1300 万人。在一些欠发达地区，癌症的发病和致死情况更加严峻。2012 年，这些地区共有 800 万人诊断患癌症，530 万人死于癌症，分别占全球总数的 57% 和 65%，5 年癌症存活人数 1560 万人，占全球总数的 48%。

癌症传统治疗手段主要有手术、放疗、化疗等，这些手段并未有效控制癌症的高死亡率现状（图 7-5）。在作用机制方面，传统疗法在肿瘤病灶得到清除或毒杀之时，机体正常组织也受到了很大损伤。

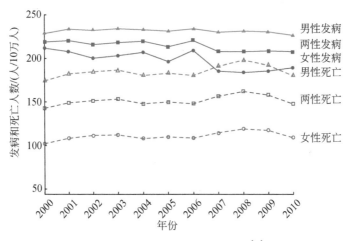

图 7-5　中国癌症发病和死亡率[1]

〔1〕Chen W, Zheng R, Baade P D, et al. Cancer statistics in China, 2015. CA, 2016, 66(2): 115-132.

生命科学和医学的快速发展，使癌症机制研究不断深入，癌症治疗手段也发生了重大变革，免疫细胞治疗应运而生。免疫细胞已经成为医药领域的国际热点，全球研发竞争激烈。免疫细胞治疗不同于传统疗法，应用免疫学原理和方法，通过对免疫细胞进行体外改造，以激发或增强机体抗肿瘤免疫应答，从而杀伤肿瘤、抑制肿瘤生长。区别常规放、化疗的不区分正常和病变细胞一起杀灭，它定位准确，针对性强，为癌症治疗带来了新的希望。免疫细胞治疗白血病、淋巴癌、前列腺癌等疾病已作为药品投放市场，特别是在血液肿瘤治疗方面已取得重大成功，在乳腺癌、肝癌等实体瘤的临床治疗上也展现出巨大潜力。2013 年，肿瘤免疫疗法被《科学》杂志评为十大突破之一。2016 年，《麻省理工科技评论》又将应用免疫工程治疗疾病评为年度十大突破技术之一。虽然免疫细胞治疗总体还处于发展初期，但随着技术的进步，免疫细胞治疗的有效性、安全性将不断提升，适应证将逐步扩展，成本也将日益降低，市场前景广泛。据全球著名的药品与医疗研究 / 顾问公司 Decision Resources Group 预测，2026 年，全球恶性血液肿瘤市场规模有望超 200 亿美元，其中 CAR-T 市场有望超 11 亿美元（欧美主要市场），CAR-T 治疗儿童及年轻成人急性淋巴细胞白血病和弥漫大 B 细胞淋巴瘤将分别占据 44%、46% 的市场份额[1]。

### 7.3.2 免疫细胞治疗技术发展的潜在风险和影响

安全风险是免疫细胞治疗当前面临的主要风险。一方面，免疫细胞治疗技术自身的缺陷和不成熟可能引发脱靶毒性、细胞因子风暴、神经毒性、B 细胞发育不全等不良反应。另一方面，免疫细胞治疗能否在商业上获得成功，很大程度上取决于能否大规模生产，这就涉及细胞免疫产品的制备工艺能否标准化、模块化等工程化的问题，即解决生产流程的系统化、规范化、可度量化[2]。细胞制品的物料来源、物质组成及生产工艺相较于传统药物和生物制品更为复杂，生产工艺和过程控制等要求也更为严格，

〔1〕Yip A, Webster R M. The market for chimeric antigen receptor T cell therapies. Nature Reviews Drug Discovery, 2018, 17(3): 161-162.
〔2〕张水华, 何询. 细胞免疫治疗产业化进展及相关风险因素. 生物产业技术, 2017, (5): 21-25.

当前免疫细胞产品标准化、规模化生产工艺尚不成熟，且普遍缺乏质量检定和疗效评估标准，不同机构使用的原料、工艺差距很大，以致产品疗效和安全性也千差万别，给免疫细胞的临床应用带来了诸多风险和挑战。持续支持相关研发，加强相关风险管控，建立完善的细胞产品质量检定和药效检定标准，是免疫细胞治疗产业健康、有序发展的必由之路。

### 7.3.3 有关国家和地区推进免疫细胞治疗技术发展和风险治理的举措

美国、欧盟、日本等国家和地区均已形成了较为完备的免疫细胞治疗监管体系。美国将免疫细胞治疗按药品进行审批。2005 年，美国联邦政府颁布的《人体细胞及组织产品的管理规定》是美国针对细胞治疗审批的主要法规依据。美国 FDA 还与其他细胞治疗领域的管理部门、企业、研究机构相互沟通，形成并持续更新生物产品的制造和临床试验的指南规范。2018 年 7 月，美国 FDA 发布了《人类基因治疗研究新药申请的化学，制造和控制信息》《在产品制造和患者随访期间，检测具有复制能力的基因治疗逆转录病毒载体》《人类基因治疗产品给药后的长期随访》等三份指南更新草案，涵盖了工艺制造、长期随访和临床研发途径等内容，进一步完善了免疫细胞治疗监管标准。欧盟和日本除药品审批途径外，允许医疗机构备案后开展临床应用。欧盟《先进治疗医药产品管理规定》首次提出了医院豁免条款，指出对特定患者进行的细胞治疗可以进行豁免。日本经批准的具有细胞治疗资质的研究中心，可进行类似欧盟的医院豁免类的细胞治疗应用。就国际惯例而言，细胞治疗产品监管主要由药品监管部门承担，按照严格的药品审批制度管理有助于保障患者安全和规范产业发展；而卫生部门主要承担对医师、临床研究医疗技术应用的监管。

2015 年以前，我国将免疫细胞治疗按照"第三类医疗技术"由原卫生部实施准入管理。2015 年，国家卫生和计划生育委员会印发了《关于取消第三类医疗技术临床应用准入审批有关工作的通知》，取消了"第三类医疗技术"的行政审批。2017 年底，国家食品药品监督管理总局先后出台《药品注册管理办法（修订稿）》（征求意见稿）、《细胞治疗产品研究与评价技术指导原则（试行）》等相关条例，明确了细胞治疗按照药品进行审批，初步规范和指导细胞治疗产品的研究与评价工作。2019 年 2 月，国家卫生健康委员会医政医管局发布了《生物医学新技术临床应用管理条例（征求意见稿）》，明确指出生物医学新技术临床研究实行分级管理。其涉及遗传物质改变或调控遗传物质表达的免疫细胞治疗技术归属高风险生物医学新技术，其临床研究由国务院卫生主管部门管理。2019 年 3 月，国家卫生健康委员会又发布了《体细胞治疗临床研究和转化应用管理办法（试行）》（征求意见稿），提出对体细胞临床研究进行备案管理，并允许临床研究证明安全有效的体细胞治疗项目经过备案在相关医疗机构进入转化应用。目前，国家药品监督管理局和国家卫生健康委员会双轨管理模式已初步明确，但相关监管和评价机制仍需细化完善。免疫细胞治疗领域整体处于发展初期阶段，疗效和安全性还有待进一步提高。应积极鼓励产、学、研、医合作，加速免疫细胞治疗研究和临床转化。灵活响应免疫细胞治疗技术的动态发展，制定和持续更新相关法律法规及行业标准，保障免疫细胞治疗临床应用的安全性，维护免疫细胞治疗产业的健康有序发展。

## 7.4　我国发展免疫细胞治疗技术的建议

### 7.4.1　机遇与挑战

我国在免疫细胞治疗研发方面具备一定基础和优势，中国科学院、中国人民解放军总医院、第二军医大学、第三军医大学、四川大学、浙江大学、上海市肿瘤研究所、中国科学院分子细胞科学卓越创新中心等高校和科研机构是我国免疫细胞治疗研发的中坚力量，累积了丰富的人才和技术资源。南京传奇 BCMA-CAR-T 等成果已进军全球第一梯队。上海市肿瘤研究所针对磷脂酰肌醇蛋白聚糖 3（GPC3）、表皮生长因子受体（EGFR）等实体瘤靶点的 CAR-T 技术及第二军医大学的"CAR-T 自杀开关"等技术走在全球前列。

我国已将细胞疗法、基因疗法等新疗法技术列入多个国家级专项规划，《"十三五"国家科技创新规划》《"十三五"国家战略性新兴产业发展规划》《"健康中国 2030"规划纲要》《"十三五"卫生与健康科技创新专项规划》《"十三五"生物产业发展规划》中均对发展细胞治疗、基因治疗等前沿技术，构建具有国际竞争力的医药生物产业体系进行了总体布局，为我国免疫细胞治疗研发提供了良好的发展环境。

我国新药审评、审批制度日益完善，为免疫细胞治疗研发提供了有利条件。国务院于 2015 年和 2017 年先后发布的《关于改革药品医疗器械审评审批制度的意见》和《关于深化审评审批制度改革鼓励药品医疗器械创新的意见》，在临床试验、审评审批流程及政府支持方面提出了改革性的要求，目的是促进药品医疗器械产业结构调整和技术床新，实现上市产品质量与国际先进水平差距的缩小，满足中国公众临床需要。

值得注意的是，我国在免疫细胞治疗产业发展与国际领先水平仍然存在差距，主要体现在以下几方面。

1. 支撑产业发展的技术开发、集成与创新能力不足

国内现有的 CAR-T 公司技术特色不明显，技术壁垒普遍不高，缺乏诸如诺华 CD19-CAR-T、Juno CD28 等特色技术平台。其部分关键技术已被国外专利覆盖，如国内企业研发的产品大多都是使用朱诺治疗公司专利保护的 4-1BB 共刺激结构域结构，产品上市都需要得到朱诺治疗公司的专利授权。我国细胞治疗产品生产企业使用的大多数试剂和材料都依赖进口。国内已有部分相应的试剂和材料用于类似细胞治疗的研究，但尚且无法满足 GMP 的要求。

2. 整体行业处于发展初期阶段，分工不够明确，开发经验不足

产业分工合作意识薄弱，几乎所有 CAR-T 企业从质粒到载体再到 CAR-T 全部由自己生产；对细胞治疗 GMP 生产中心设计、施工和验收的经验有限；临床案例积累不足，产品疗效和安全性有待进一步确认。

3. 缺乏统一的质量标准，阻碍免疫细胞治疗产品的规模化生产

我国肿瘤免疫细胞治疗所用细胞制品目前仍缺乏统一的质量标准，不同细胞制备机构所提供的细胞表型、数量、活性差别大。细胞制备所用上游细胞因子、培养液也没有纳入药品或医疗器械管理体系，均使用实验室级别的试剂。同时，整个行业也缺乏第三方独立实验室对细胞质量的评测和检验，无法评估临床使用的免疫细胞。这些都阻碍了免疫细胞治疗产品

规模化生产和临床应用。

4. 配套监管法规制定和审批滞后，制约免疫细胞治疗的临床应用

美国、欧盟、日本等国家 / 地区均已形成了较为完备的免疫细胞治疗监管体系。2017 年底，国家食品药品监督管理总局先后出台《药品注册管理办法（修订稿）》（征求意见稿）、《细胞治疗产品研究与评价技术指导原则（试行）》等相关条例，明确了细胞治疗按照药品进行审批，初步规范和指导细胞治疗产品的研究与评价工作。2019 年 3 月，国家卫生健康委员会发布《体细胞治疗临床研究和转化应用管理办法（试行）》（征求意见稿），提出对体细胞临床研究进行备案管理。目前，国家药品监督管理局和国家卫生健康委员会双轨管理模式已初步明确，但相关监管和评价机制仍需细化完善。

### 7.4.2　发展免疫细胞治疗技术的路径与建议

1. 制定免疫细胞治疗发展战略

免疫细胞治疗已经成为医药领域的国际热点，国际和国内的研发竞争激烈。我国在免疫细胞治疗的研发方面已具备一定基础，应尽快进行相关调研，制定推进战略，搭建相关功能性平台，组织产、学、研、医等优势力量，进行从基础研究、临床应用到产业转化的全创新链条的整体规划和布局，开发自主知识产权的免疫细胞治疗产品，惠及民生，提升我国医药产业核心竞争力。

2. 尽快完善监管政策和标准制定

目前，我国免疫细胞治疗由国家药品监督管理局和卫生健康委员会实行双轨管理的模式已初步明确，但相关监管政策尚不完善，缺乏统一的质量标准。其可借鉴美国药品加速审批程序，以及欧洲、日本的临床应用备案机制，加速免疫细胞治疗研发和产业发展；尽快组织相关的专家、企业从业人员、管理人员制定相关的质量检定和疗效评估标准；设立第三方细胞治疗监测平台，监督行业发展。

3. 宣传和普及免疫细胞治疗的基本知识，增强公众认知

加强科普宣传力度，提升公众对免疫细胞治疗的认知。引导患者规范参与免疫细胞治疗临床研究，同时避免免疫细胞治疗的滥用。

4. 采用多种方式鼓励免疫细胞治疗技术研发

通过重大专项等形式，加大研发投入，支持该领域的研发。集中优势力量，鼓励企业参与，联合高校、研究所、医院、企业，共同开展相关研发，贯通基础研究、临床应用和产业开发全链条，积极推进肿瘤遗传、免疫等机制研究，探索肿瘤新生抗原/新靶点，突破免疫细胞设计及改造、细胞大规模培养等关键技术，打破技术壁垒，开发我国自有的、民众用得起的免疫细胞治疗，从而惠及民生，提升我国免疫细胞治疗产业的核心竞争力。

# 第8章 类脑智能

　　人类的大脑是生物演化的奇迹。它是由数百种不同类型的上千亿的神经细胞所构成的极为复杂的生物组织。理解大脑的结构与功能是 21 世纪最具挑战性的前沿科学问题之一；理解"认知、思维、意识和语言"的神经基础，是人类认识自然与自身的终极挑战。脑科学对各种脑功能神经基础的解析，对有效诊断和治疗脑疾病有重要的临床意义；脑科学所启发的类脑研究可推动新一代人工智能技术和新型信息产业的发展。"类脑智能"与"脑科学"经常联系在一起，两者相互借鉴、相互融合的发展是国际科学界涌现的新趋势。

　　脑科学与人工智能是当前国际科技最前沿的热点领域。近年来，根植于脑科学的人工智能的研发取得突破性进展，神经科学家、信息科学家和产业界的精英们跨界联手，深度融合，在可预见的未来将引发新的科技革命和产业革命，并深刻影响人类的思维范式和生活方式，成为人类认识世界的全新视角。

## 8.1　类脑智能的概念与内涵及发展历程

### 8.1.1　类脑智能的概念与内涵

　　类脑智能（brain-like intelligence）这一名词在 20 多年前就经常出现在亚太神经网络学会的会议上。日本理化学研究所（RIkagaku KENkyusho/ Institute of Physical and Chemical Research，RIKEN）脑科学研究院前院长甘利俊一（S. Amari）教授在建议用信息几何理论对脑的学习建模时，也常使用这个词。其实，它与大脑内在没有直接关系，只是人工智能的同义词。但它还有另外一层意思，指模拟智能的系统至少有一些与大脑内在类似的东西（brain-like system）[1]，现今该词的用法多为后者。目前从神经科学得到的关于大脑内在的已有知识甚少，制约了类脑智能研究的发展，真正算得上是类脑智能的事例至今不多。

类脑智能的概念和内涵，国内外没有统一且明确的说法。中国科学院自动化研究所类脑智能研究中心的曾毅对类脑智能进行如下定义[2]：类脑智能是以计算建模为手段，受脑神经机制和认知行为机制启发，并通过软、硬件协同实现的机器智能；类脑智能系统在信息处理机制上类脑，认知行为和智能水平上类人，其目标是使机器以类脑的方式实现各种人类具有的认知能力及其协同机制，最终达到或超越人类智能水平。由于类脑智能的手段主要是从机制上借鉴脑，而不是完全模仿脑，其对应的英文术语为 brain in inspired-intelligence 更为合适。

### 8.1.2　类脑智能的发展历程

近年来脑与神经科学、认知科学的进展使得在脑区、神经簇、神经微环路、神经元等不同尺度观测各种认知任务下，认知脑组织的部分活动并获取相关数据已成为可能。人脑信息处理过程不再仅凭猜测，通过多学科交叉和实验研究得出的人脑工作机制也更具可靠性。因此，受脑信息处理机制启发，借鉴脑神经机制和认知行为机制发展类脑智能已成为近年来人工智能与计算科学领域的研究热点。

由于类脑智能这个研究领域还处于萌芽期，学术界还尚未形成广泛接受的概念。最早以术语"类脑智能"出现的正式研讨可追溯到 2007 年 Sendhoff、Sporns 等人在德国组织召开的首届国际类脑智能研讨会（The International Symposium of Creating Brain Like Intelligence）。其在随后出版的会议论文集中指出："类脑智能将实现高度进化的生物脑所表现出的智能。"[3]

〔1〕Xu L. Learning, Reasoning, and Optimization in A Brain-Like System: A BYY Learning Perspective. Wuhan: Intl Conf on Bio-Inspired Computing: Theory and Applications, 2006.

〔2〕曾毅，刘成林，谭铁牛. 类脑智能研究的回顾与展望. 计算机学报，2016, 39(1): 212-222.

〔3〕Goebel R, Siekmann J, Wahlster W. Creating Brain-Like Intelligence: From Basic Principles to Complex Intelligent Systems. Berlin: Springer, 2009.

总体而言，经过上百年的研究，人们对脑信息处理机制的认识仍然比较初步，尚不能依据每一个神经元细节研制出与人脑完全一致的智能系统。且人脑是进化的产物，在进化过程中存在各种设计妥协。因此，从脑信息处理机制出发推动人工智能研究最优的途径应当是受脑启发、借鉴其工作机制，而不是完全地模仿，从借鉴脑信息处理机制（包括脑神经机制和认知行为机制）的角度，中国科学院自动化研究所类脑智能研究中心的曾毅对类脑智能的前期探索进行了下列总结[1]。

### 1. 认知科学中类脑智能研究的萌芽

图灵奖获得者 Newell 在其最后的演讲当中提出他终其学术生涯希望回答的科学问题："人类的心智如何能够在物理世界重现。"[2] 其具体的探索即是人类思维如何在计算机系统上重现。Newell 的探索可以被认为是以认知心理学为核心，对类脑智能的早期探索，其重要思想与成果汇聚为认知体系结构。至今在认知心理学与人工智能领域广泛应用于心智建模的认知体系结构状态算子和结果（SOAR）与理性思维的自适应控制系统（ACT-R）都是在 Newell 直接领导下或受其启发而发展起来的。SOAR与 ACT-R 均起源于卡内基·梅隆大学，其中 SOAR 认知体系结构最初由 Newell 主导。Newell 将其提出的认知统一理论倾注在 SOAR 认知体系结构之中，随后由 Laird 继续发展[3, 4]。该系统核心是产生式系统，并以此为基石实现对人类各种认知功能的建模。SOAR 认知体系结构在认知机器人和军事领域有着广泛的应用[5]。由 Anderson[6] 主导的 ACT-R 认知体系结构也是在 Newell 工作的启发下发展起来的。其根基可以追溯到人类

〔1〕Linden D J. The Accidental Mind. London: Harvard University Press, 2012.

〔2〕Anderson J R. How can the Human Mind Occur in the Physical universe? New York: Oxford University Press, 2009.

〔3〕Laird J E, Newell A, Rosenbloom P S. Soar: An architecture for general intelligence. Artificial Intelligence, 1987, 33(1): 1-64.

〔4〕Newell A. Unified Theories of Cognition. Cambridge: Harvard University Press, 1994.

〔5〕Laird J E. The SOAR Cognitive Architecture. Cambridge: MIT Press, 2012.

〔6〕Anderson J R. How can the Human Mind Occur in the Physical Universe? Oxford: Oxford University Press, 2007.

关联记忆模型（HAM）[1]。Anderson 后来将认知神经科学研究关于脑信息处理机制的成果加入 ACT-R，特别是基于脑影像技术发展 ACT-R 对支撑不同认知功能的脑区环路进行计算建模成为 ACT-R 有别于 SOAR 及其他认知体系结构最明显的特点。ACT-R 不但初步实现了对脑区环路的建模，能够支持特定任务下脑区活动的预测，在智能系统应用方面，ACT-R 还被广泛地应用于自然语言处理、教育、军事等领域。

2. 计算神经科学中类脑智能的早期探索

计算神经科学是以计算建模为手段，研究脑神经信息处理原理的学科。这个学科自建立之初就与类脑智能研究的目标密切相关，原因是该学科研究重点之一便是通过多尺度计算建模的方法验证各种认知功能的脑信息处理模型。Marr[2]不仅是计算机视觉的开拓者，他还在计算神经科学领域，奠定了神经元群之间存储、处理、传递信息的计算基础，特别是对学习与记忆、视觉相关环路的计算建模做出了重要贡献[3~6]。计算神经科学在神经元信息处理的计算建模方面成果丰硕。Hodgkin 与 Huxley[7]依据生理实验结果创建了第一个精细的动作电位模型，为神经元离子尺度的计算建模奠定了基础。Tsodyks 等[8]构建了神经元之间的突触计算模型，是神经网络信息传递的计算基础。

〔1〕Anderson J R, Bower G H. Human Associative Memory. Washington: Psychology press, 1973.

〔2〕Marr D. Vision: A Computational Investigation into the Human Representation and Processing of Visual Information. New York: W. H. Freeman and Company, 1982.

〔3〕Marr D. A theory for cerebral neocortex. Proceedings of the Royal Society of London Series B. Biological Sciences, 1970, 176(1043): 161-234.

〔4〕Marr D. Simple memory: A theory for archicortex. Philosophical Transactions of the Royal Society B: Biological Sciences, 1971, 262(841): 23-81.

〔5〕Marr D. Approaches to biological information processing. Science, 1975, 190 (4217): 875-876.

〔6〕Marr D, Poggio T. Cooperative computation of stereo disparity. Science, 1976, 194 (4262): 283-287.

〔7〕Hodgkin A L, Huxley A. A quantitative description of membrane current and its application to conduction and excitation in nerve. The Journal of Physiology, 1952, 117(4): 500-544.

〔8〕Tsodyks M, Pawelzik K, Markram H. Neural networks with dynamic synapses. Neural Computation, 1998, 10(4): 821-835.

但总体而言，传统的计算神经科学仍然更为关注神经系统表现出来的物理现象（如振荡、相变等）和微观尺度的建模，对于整体的脑认知系统相对缺乏框架级别的计算模型。由瑞士洛桑联邦理工学院（École Polytechnique Fédérale de Lausanne，EPFL）发起的蓝脑计划（Blue Brain Project，BBP）自 2005 年开始实施。该项目试图通过计算模拟的方法在计算机上重建完整的鼠脑，以达到对脑信息处理机制及智能的深度探索[1]。脑神经系统是多尺度结构，每个尺度信息处理的机制都还有若干重要问题尚未解决（如神经元尺度精细的连接结构、脑区尺度反馈的机制等）。因此，即使是全面构建神经元与突触数量只有人脑约 1/1000 规模的鼠脑计算模型，以现在科研水平来看仍然十分困难。该项目经过 10 年努力，主要专注于极为精细的微观神经元及其微环路建模，目前较为完整地完成了特定脑区内皮质柱的计算模拟[2]，而在此基础上真正实现认知功能的模拟还有很大鸿沟。

3. 人工智能中的神经网络研究

人工智能领域历史上若干进展都与类脑的思想密不可分。可以认为人工智能的符号主义研究出发点是对人类思维、行为的符号化高层抽象描述，而以人工神经网络为代表的连接主义的出发点正是对脑神经系统结构及其计算机制的初步模拟。早期人工神经网络研究真正借鉴脑神经系统生物证据的并不多，主要是借鉴神经元、突触连接这些基本概念。而具体神经元的工作原理、突触的形成原理、网络结构等则与脑神经网络存在巨大差异[3]。

人工神经网络的研究可以追溯到 20 世纪 40 年代[4]。有些人工神经网络模型中还借鉴了脑神经元之间突触连接的赫布法则作为其学习理论[5]。

〔1〕Markram H. The blue brain project. Nature Reviews Neuroscience, 2006, 7(2): 153-160.

〔2〕Markram H, Muller E, Ramaswamy S, et al. Reconstruction and simulation of neocortical microcircuitry. Cell, 2015, 163(2): 456-492.

〔3〕Mitchell T M. Machine Learning. New York: McGraw-Hill, 1997.

〔4〕McCulloch W S, Pitts W. A logical calculus of ideas immanent in nervous activity. Bulletin of Mathematical Biophysics, 1943, 5(4): 115-133.

〔5〕Farley B G, Clark W A. Simulation of self-organizing systems by digital computer. Transactions of the IRE Professional Group on Information Theory, 1954, 4(4): 76-84.

感知器（perceptron）是浅层人工神经网络的代表，由于其权值自学习能力引起了人们巨大关注。Minsky 和 Papert[1] 指出单层感知器无法表示异或函数的缺陷，这使得人工神经网络研究一度陷入低谷。而反向传播算法的提出解决了多层感知器学习的难题[2]。随后在文献中提出的第二个问题，即当时计算能力的提升不足以支持大规模神经网络训练的问题，长期限制了人工神经网络的发展，直至深度学习的诞生及其支撑硬件平台的发展[3]。在深度学习提出之前，Rumelhart 等[4] 重新提出误差反向传播算法，其在非线性模式分类中显示的强大性能带动了人工神经网络研究和应用的一轮热潮。LeCun 等[5] 提出的卷积神经网络受到了 Fukushima 和 Miyake[6] 更早提出的认知机（neocognitron）的启发。而 neocognitron 的主要特点是采用了早期神经科学中发现的局部感受野[7]。深度学习算法提出之后，随着图形处理器（graphic processing unit，GPU）并行计算的推广和大数据的出现，在大规模数据上训练多层神经网络（有的多达 20 多层）成为可能，从而大大提升了神经网络的学习和泛化能力。然而，增加层数的人工神经网络仍然是脑神经系统的粗糙模拟，且其学习的灵活性仍然远逊于人脑。

在人工神经网络的研究中，大多数学者主要关心提升网络学习的性能。

〔1〕Minsky M L, Papert S A. Perceptrons: An Introduction to Computational Geometry. Cambridge: The MIT Press, 1969.

〔2〕Werbos P. Beyond regression: New tools for prediction and analysis in the behavioral sciences(Ph. D. dissertation). Harvard University, 1974.

〔3〕Hinton G E, Osindero S, Teh Y W. A fast learning algorithm for deep belief nets. Neural Computation, 2006, 18(7): 1527-1554.

〔4〕Rumelhart D E, Hinton G E, Williams R J. Learning representations by back-propagating errors. Nature, 1986, 323(9): 533-536.

〔5〕LeCun Y, Boser B E, Denker J S, et al. Handwritten digit recognition with a back-propagation network//Touretzky D S. Advances in Neural Information Processing Systems 2. San Francisco: Morgan Kaufmann Publishers, 1990: 396-404.

〔6〕Fukushima K, Miyake S. Neocognitron: A new algorithm for pattern recognition tolerant of deformation and shifts in position. Pattern Recognition, 1982, 15(6): 455-469.

〔7〕Hubel D H, Wiesel T. Receptive fields, binocular interaction, and functional architecture in the cat's visual cortex. The Journal of Physiology, 1962, 160(1): 106-154.

Riesenhuber 和 Poggio [1, 2] 及其合作者的工作是人工神经网络向更类脑方向发展的典范，特别是其模仿人类视觉信息处理通路构建的目标识别量化层次（HMAX）模型上的一系列工作。此外，Rivest 及其合作者融合了脑的基底神经节与前额叶的信息处理机制，提出了类脑强化学习，这也是人工神经网络向更类脑的方向发展有较大影响力的工作 [3]。

在人工智能长期的发展历史上，更多的研究工作集中在类人行为建模上，目标一般为行为尺度接近人类水平。由于过去脑与神经科学研究还不能很好地支撑在不同尺度对智能行为给出深入解释等原因，总体而言，过去在智能系统的实现机理上接近脑神经机理的重要成果并不多。

## 8.2 类脑智能的重点领域及主要发展趋势

### 8.2.1 类脑智能发展的重点领域

目前人工智能研究者已经意识到借鉴脑信息处理的机制可能带来的好处。而脑与神经科学的进展也为人工智能借鉴脑信息处理机制提供了必要的基础（如目前已能够针对不同类型的神经元进行电生理实验来采集其放电活动模式。此外，功能性钙成像技术、核磁共振设备等的发展使得研究者可以分别在微观神经元、介观神经簇、宏观脑区等不同尺度获取脑神经系统的影像数据）。脑与神经科学的研究者也正在力图将对脑信息处理的认识应用于更广泛的科学领域。该学科的发展得益于信息技术与智能技术的推动，而反过来脑与神经科学也将启发下一代信息技术的变革。

在具体的研究进展方面，学术界与工业界在 2010 年以后，将类脑智能相关研究推向了新高潮。相关工作大体上可分为：脑的解析、类脑模型与类脑信息处理、神经接口与脑机接口、类脑芯片与计算平台、类脑智能机器人。

〔1〕Riesenhuber M, Poggio T. Hierarchical models of object recognition in cortex. Nature Neuroscience, 1999, 2(11): 1019-1025.

〔2〕Serre T, Oliva A, Poggio T. A feedforward architecture accounts for rapid categorization. Proceedings of the National Academy of Sciences, 2007, 104(15): 6424-6429.

〔3〕Rivest F, Bengio Y, Kalaska J. Brain inspired reinforcement learning//Saul L K, Weiss Y, Bottou L. Advances in Neural Information Processing Systems. Cambridge: The MIT Press, 2004: 1129-1136.

1. 脑的解析[1]

就像20世纪90年代"全基因组测序"是理解生物体基因基础的关键，"全脑图谱的制作"已成为脑科学必须攻克的关口。核磁共振等脑成像技术大大推动了人们在无创条件下对大脑宏观结构和电活动的理解[2]。但是由于这些宏观成像技术的低时空分辨率（秒级、厘米级），不能满足在解析大脑神经网络结构和工作原理时的需求，目前急需有介观层面细胞级分辨率（微米级）神经网络的图谱和高时间分辨率（毫秒级）的载体神经元集群的电活动图谱。完整的全脑图谱制作的必要过程中，对每个脑区神经元种类的鉴定是必要的一步。目前使用单细胞深度RNA测序技术对小鼠大脑进行的鉴定中，已发现许多新的神经元亚型。利用在这些神经元亚型特异表达的分子作为标记，可以绘制各脑区各种类型神经元的输入和输出连接图谱。对一个神经元亚型的最好的定义是连接和功能的定义：接受相同神经元的输入并对相同脑区的相同神经元有输出的一群神经元。在建立结构图谱后，需要描述各个神经连接在进行脑功能时的电活动图谱，这就需要有对神经元集群在体内的观测手段。

有了神经元层面的网络电活动的图谱，并进一步用操纵电活动的方式来决定该电活动与脑功能的因果关系，就能逐步解析脑功能的神经基础。三类脑图谱（神经元种类图谱、介观神经联接图谱、介观神经元电活动图谱）的制作将是脑科学界长期的工作。以目前已有的技术，鉴别小鼠全脑的所有神经元的类型和介观层面的全脑神经网络结构图谱制作至少需要10～15年，而对非人灵长类（如猕猴）则可能需要20年以上的时间。当然，与过去人类基因组测序一样，脑结构图谱制作的进展速度很大程度上依赖于介观层面观测新技术的研发，后者又依赖于对新技术研发和图谱制作的科研投资。值得注意的是，在全脑神经连接图谱未完成前，神经科学家针对特定脑功能的已知神经环路，对其工作机制已做出了许多有意义的解析。

---

[1] 蒲慕明，徐波，谭铁牛. 脑科学与类脑研究概述. 中国科学院院刊，2016, 31(7): 725-736.

[2] Van Essen D C. Cartography and connectomes. Neuron, 2013, 80(3): 775-790.

尤其是在过去 10 年中，使用小鼠为模型，利用光遗传方法操纵环路电活动，对特定神经环路的电活动与脑认知功能之间的因果关系的理解，取得了前所未有的进展[1,2]。神经系统内所有的脑功能环路都存在于彼此相连的神经网络之中，许多认知功能的神经环路都牵涉到许多脑区的网络。全脑的结构和电活动图谱是完整地理解大脑功能神经基础所必需的[3]。

许多动物都具有基本脑认知功能，如感觉和知觉、学习和记忆、情绪和情感、注意和抉择等。这些功能的神经环路和工作机理研究，可使用各种动物模型（包括果蝇、斑马鱼、鼠、猴等）；但是对高等脑认知功能，如共情心、思维、意识、语言等，可能有必要使用非人灵长类（如猕猴和狨猴）为实验动物。介观神经网络的神经元类别、结构性和功能性的联接图谱绘制，在未来 20 年将是不可或缺的脑科学领域。

2. 类脑模型与类脑信息处理

深度神经网络的多层结构及层次化抽象机制与人脑信息处理的层次化抽象机制具有共通性。近年来，相关研究在学术界与工业界取得了突破性的成果。由斯坦福大学的机器学习教授 Andrew Ng 和 Google 公司的大型计算机系统专家 Jeff Dean 共同领导的谷歌大脑（Google Brain）项目采用深度神经网络，在 16 000 个 CPU 核构建的大规模并行计算平台上实现了图像识别领域的突破[4]。随后微软亚洲研究院、百度研究院在语音和图像领域的研究中都采用了深度神经网络（如文献[5]指出，百度语音识别系统的相对误识别率降低了 25%），迅速提升了其在视、听觉信息处理领域的识别效果。

〔1〕Adamantidis A, Arber S, Bains J S, et al. Optogenetics: 10 years after ChR2 in neurons—views from the community. Nature Neuroscience, 2015, 18(9): 1202-1212.

〔2〕Rajasethupathy P, Ferenczi E, Deisseroth K. Targeting neural circuits. Cell, 2016, 165(3): 524-534.

〔3〕Kandel E. The new science of mind and the future of knowledge. Neuron, 2013, 80: 546-560.

〔4〕Le Q V, Ranzato M, Monga R, et al. Building high-level features using large scale unsupervised learning//Proceedings of the 29th International Conference on Machine Learning(ICML 2012). Edinburgh, 2012: 1-11.

〔5〕余凯, 贾磊, 陈雨强, 等. 深度学习的昨天、今天和明天. 计算机研究与发展, 2013, 50(9): 1799-1804.

由神经科学家与深度学习研究者合作创建的 Deep Mind 公司提出深度强化学习模型，并在此基础上研发出具有自主学习能力的神经网络系统，通过与环境交互和不断地试错，自动学会打 49 种不同的电子游戏，接近或超越人类玩家[1]。其网络结构的核心是卷积神经网络与强化学习算法的融合。该方法的优势是不需要手工选取重要的特征，经过大规模图像在深度网络上的训练后能够表现出较好的自适应性。其缺点是对于需要长远规划的游戏则表现较差，因为强化学习算法在进行动作选择前主要关注决策前最近邻的状态。

深度神经网络虽然在感知信息处理方面取得了巨大突破和应用成效，然而依然有其发展瓶颈。首先是训练效率问题，绝大多数情况下需要有大量标注样本训练才能保证足够高的泛化性能。其次是网络不够鲁棒，可能把明显不属于某个类别的模式非常自信地判别为该类[2]。此外，传统的深度神经网络并不善于处理时序问题，而许多应用场景下数据与问题都具有较强的时序性。循环神经网络（recurrent neural network，RNN）正好是针对时序信号设计的。尤其是基于长短时记忆（long-short term memory，LSTM）的循环神经网络近年来成为时序信号分析（如语音识别、手写识别）最有效的模型[3]。然而其缺点也是需要巨量的训练样本来保证泛化性能。

加拿大滑铁卢大学 Eliasmith 团队的语义指针架构统一网络（semantic pointer architecture unified network，SPAUN）脑模拟器是多脑区协同计算领域标志性的工作。该团队早期曾提出神经工程框架理论（NEF），通过定义功能函数并用神经网络逼近函数的思路来建立神经信息处理与认知功能实现之间的联系[4]。2012 年，该团队基于早期的积累及新提出的

〔1〕Mnih V, Kavukcuoglu K, Silver D, et al. Human-level control through deep reinforcement learning. Nature, 2015, 518: 529-533.

〔2〕Nguyen A, Yosinski J, Clune J. Deep neural networks are easily fooled: High confidence predictions for unrecognizable images//Proceedings of the 2015 IEEE Conference on Computer Vision and Pattern Recognition(CVPR 2015). Boston: CVF, 2015: 427-436.

〔3〕Graves A, Liwicki M, Fernàndez S, et al. A novel connectionist system for unconstrained handwriting recognition. IEEE Transactions on Pattern Analysis and Machine Intelligence, 2009, 31(5): 855-868.

〔4〕Eliasmith C, Anderson C H. Neural Engineering: Computation, Representation, and Dynamics in Neurobiological Systems. Cambridge: The MIT Press, 2003.

SPAUN，将 250 万个虚拟神经元组织为约 10 个模块化脑区，并在此基础上构建工作流式的脑区计算环路，发展出模拟笔迹、逻辑填空、简单视觉处理、归纳推理、强化学习等能力，实现了基于多脑区协同的能够实现多个特定功能的神经网络[1]。然而该项目的问题在于为不同任务的实现人工构建了不同的工作流，脑区模型之间的协同并非自组织的。这与人脑的工作机制具有很大差异，即 SPAUN 脑区计算环路并不具有真正的自适应性和通用性，而是根据不同任务需要人工预先组织与定义的。

由 Hawkins 等[2]提出的分层时序记忆（hierarchical temporal memory）模型更为深度借鉴了脑信息处理机制，主要体现在该模型借鉴了脑皮层的 6 层组织结构及不同层次神经元之间的信息传递机制、皮质柱的信息处理原理等。该模型非常适用于处理带有时序信息的问题，并被广泛地应用于物体识别与跟踪、交通流量预测、人类异常行为检测等领域。

3. 神经接口与脑机接口

脑机接口（brain-computer interface，BCI）通过解码人类思维活动过程中的脑神经活动信息，构建大脑与外部世界的直接信息传输通路，在神经假体、神经反馈训练、脑状态监测等领域有广泛的应用前景。

通过神经解码（将大脑的神经信号转化为对外部设备的控制信号），计算机可以从大脑神经活动中获知人的行为意向。脑机接口分为侵入式脑机接口和非侵入式脑机接口。侵入式主要用于重建特殊感觉（如视觉）及瘫痪患者的运动功能，通常直接植入大脑的灰质中；非侵入式是用紧贴头皮的多个电极采集大脑的脑电图信号。

在近年来一系列脑机接口相关科学研究突破的推动下，脑机接口技术开始走向成熟，正在得到工业界越来越多的关注和投入。例如，美国 Emotiv 公司开发出一套人机交互设备 Emotiv Epoc 意念控制器，运用非侵入性脑电波仪技术，感测并学习每个使用者大脑神经元信号模式，实时读

〔1〕Eliasmith C, Stewart T C, Choo X, et al. A large-scale model of the functioning brain. Science, 2012, 338(6111): 1202-1205.

〔2〕Hawkins J, Holt H Co. On Intelligence. New York: Times Books, 2004.

取使用者大脑对特定动作产生的意思，通过软件分析解读其意念、感觉与情绪。创业领域领军人物 Elon Musk 等投资创立面向神经假体应用和未来人机通信的脑机接口公司 Neuralink[1]。互联网领域领军企业脸书（Facebook）宣布开始研发基于脑机接口的新一代交互技术[2]。这些行动引起了热烈讨论，也将促进脑机接口技术进一步的加速发展。

4. 类脑芯片与计算平台

借鉴神经元信息处理机制发展类脑芯片与计算平台是在硬件层面发挥类脑智能优势的一大趋势，目前欧美等国都开展了此方向的广泛研究。英国曼彻斯特大学的 SpiNNaker 项目通过 ARM 芯片并借鉴神经元放电模式构建了类脑计算硬件平台。该工作的特点是以较少的物理连接快速传递尖峰脉冲[3]。该项目已成为欧盟脑计划的一部分。

类脑芯片与计算平台研究的动机是通过借鉴脑神经系统的工作原理，实现高性能、低功耗的计算系统，终极目标还要达到高智能。2014 年，美国国际商用机器（IBM）公司推出 TrueNorth 芯片，借鉴神经元工作原理及其信息传递机制，实现了存储与计算的融合。该芯片包含 4096 个核、100 万个神经元、2.56 亿个突触，能耗不足 70 毫瓦，可执行超低功耗的多目标学习任务[4]。美国加州大学和纽约州立大学石溪分校的 Prezioso 等[5]研制出了完全基于忆阻器的神经网络芯片，目前可基于该芯片感知和学习 3×3 像素的黑白图像。高通公司也推出了嵌入式神经处理器（NPU），并应用于手机使用行为学习、机器人研发等领域。此外，作为欧盟脑计划的核心组成部分之一，德国海德堡大学提出的大脑规模（brain-inspired multiscale computation in neuromorphic hybrid systems，BrainScaleS）项目

〔1〕Neuralink. https://www.neuralink.com/[2017-12-20].

〔2〕Statt N. Facebook is Working on a Way to Let You Type with Your Brain. https://www.theverge.com/2017/4/19/15360798/facebook-brain-computer-interface-ai-ar-f8-2017[2017-04-19].

〔3〕Furber S B, Galluppi F, Temple S, et al. The SpiNNaker project. Proceedings of the IEEE, 2014, 102(5): 652-665.

〔4〕Merolla P A, Arthur J V, Alvarez-Icaza R, et al. A million spiking-neuron integrated circuit with a scalable communication network and interface. Science, 2014, 345(6197): 668-673.

〔5〕Prezioso M, Merrikh-Bayat F, Hoskins B D, et al. Training and operation of an integrated neuromorphic network based on metal-oxide memristors. Nature, 2015, 521(7550): 61-64.

也在类脑机制和高性能计算方面取得了进展。其基本思路是在晶元上集成超大规模突触，以降低通信代价，提高计算性能[1]。

目前，通过模拟人脑神经元信息处理机制的深度神经网络技术已经成为智能时代最为重要的建模方法，将深度神经网络技术融合到计算芯片（又称为类脑计算芯片）也日益受到重视。事实上，在 20 世纪 80 年代，超大型体积电路（VLSI）主要研制者之一 C. Mead 已经开始利用大规模集成电路来实现此类神经网络计算功能，这项工作获得了美国国家航空航天局（NASA）与美国 NIH 的重视。然而在相当长的一段时间里，基于传统互补金属氧化物半导体（CMOS）技术的类脑计算芯片的实现一直进展缓慢。2007 年，纳米尺寸忆阻器（memristor）的出现使得类脑计算芯片的研究有了突飞猛进的发展。它可有效实现可调节突触强度的生物神经突触和神经元之间的互联，从而为类脑计算芯片的快速发展奠定重要基础。

广义上来讲，"类脑芯片"是指参考人脑神经元结构和人脑感知认知方式来设计的芯片。很显然，"神经形态芯片"就是一种类脑芯片，顾名思义，它侧重于参照人脑神经元模型及其组织结构来设计芯片结构，这代表了类脑芯片研究的一大方向。随着各国"脑计划"的兴起和开展，涌现出了大量神经形态芯片研究成果，受到国际上的广泛重视并为学界和业界所熟知。例如，欧盟支持的 spiNNaker 和 BrainScaleS、斯坦福大学的神经网络、IBM 的 TrueNorth 及高通公司的零级。

TrueNorth 是 IBM 潜心研发近 10 年的类脑芯片。美国 DARPA 从 2008 年起就开始资助 IBM 研制面向智能处理的脉冲神经网络芯片。2011 年，IBM 通过模拟大脑结构，首次研制出两个具有感知认知能力的硅芯片原型，可以像大脑一样具有学习和处理信息的能力。类脑芯片的每个神经元都是交叉连接，具有大规模并行能力。2014 年，IBM 发布了名为 TrueNorth 的第二代类脑芯片。与第一代类脑芯片相比，第二代 TrueNorth 芯片性能大幅提升，其神经元数量由 256 个增加到 100 万个；可编程突触数量由 262 144 个增加到 2.56 亿个；每秒可执行 460 亿次突触运算，总功耗为

---

〔1〕Probst D, Petrovici M A, Bytschok I, et al. Probabilistic inference in discrete spaces can be implemented into networks of LIF neurons.Frontiers in Computational Neuroscience, 2015, 9: 13.

70 毫瓦，每平方厘米功耗 20 毫瓦。与此同时，TrueNorth 处理核体积仅为第一代类脑芯片的 1/15。目前，IBM 已开发出一台神经元计算机原型，它采用 16 颗 TrueNorth 芯片，具有实时视频处理能力[1]。TrueNorth 芯片的超强指标和卓越表现在其发布之初就引起了学界的极大轰动。

与 TrueNorth 不同，Zeroth 则是高通公司近几年才开展研究的"认知计算平台"，但它也在业界引起了巨大的震动。原因就在于它可以融入高通公司量产的骁龙（Snapdragon）处理器芯片中，以协处理的方式提升系统的认知计算性能[2]，并可实际应用于手机和平板电脑等设备中，支持诸如语音识别、图像识别、场景实时标注等实际应用并且表现卓越。

类脑芯片研究的另一大方向则是参考人脑感知认知的计算模型而非神经元组织结构。具体讲就是设计芯片结构来高效支持成熟的认知计算算法，如人工神经网络算法或目前备受关注的深度神经网络。例如，2012 年，中国科学院计算技术研究所和法国国家信息与自动化研究所（INRIA）合作研制了当时国际上首个支持深度神经网络处理器架构芯片"寒武纪"[3, 4]。

实际上，类脑芯片研究的这两大方向只是侧重点不同，并非彼此互斥，而且很多研究会逐渐模糊化这两个方向之间的界限。类脑芯片完全可以同时参考神经元组织结构并支持成熟的认知计算算法，这并不矛盾。当然，这种趋势也并不排除对该领域中某一点的重点研究。如忆阻器可以很好地模拟神经元之间的突触连接及其可塑性，其研究进展使得构建大规模神经元结构的可能性更大。2012 年，英特尔正是以忆阻器和横向自旋阀（lateral spin valves）两项技术为基础开始了神经形态类脑芯片的研制[5]。

〔1〕唐旖浓. 美国类脑芯片发展历程. http: //www. eepw. com. cn/article/271641. htm[2019-09-30].

〔2〕电子产品世界. 高通 zeroth 认知平台让手机认识世界. http: //www. eepw. com. cn/article/270655. htm[2019-09-30].

〔3〕Chen T, Du Z, Sun N, et al. Diannao: A small-footprint high-throughput accelerator for ubiquitous machine-learning//ACM Sigplan Notices. New York: ACM, 2014, 49(4): 269-284.

〔4〕Chen Y, Luo T, Liu S, et al. Dadiannao: A machine-learning supercomputer//Proceedings of the 47th Annual IEEE/ACM International Symposium on Microarchitecture. Washington: IEEE Computer Society, 2014: 609-622.

〔5〕与非网. 惹高通、IBM、英特尔、惠普四大巨头关注，神经形态芯片有啥用. https: //www. eefocus. com/mcu-dsp/350p54[2019-09-30].

在当前大数据和人工智能火热的时代，类脑芯片的研究受到了各国政府、大学和研究机构、国际大公司甚至是很多新兴的创新型小公司的青睐和关注，从不为人知突然进入了公众视野。随着类脑芯片的"百花齐放"，势必会带来芯片应用领域的一场革命，甚至会改变人们的日常生活方式。

5. 类脑智能机器人

与类脑计算芯片同步发展的还有类脑智能机器人。尽管机器人经常也被称为"智能"机器人，然而这些"智能"机器人能够实现的动作及行为能力基本是通过预定义的规则实现的，而人类进行动作、行为的学习主要是通过模仿及与环境的交互实现的。此外，截至 2019 年"智能"机器人还不具有类脑的多模态感知及基于感知信息的类脑自主决策能力。在运动机制方面，目前智能机器人尚不具备类人的外周神经系统，其灵活性和自适应性与人类运动系统还具有较大差距。

（1）类脑智能机器人的仿生机构与感知控制

类脑智能机器人首先涉及的是机器人的仿生机构和感知控制，而仿肌肉驱动器是其中的重要部分，这些仿肌肉驱动器可以省却齿轮、轴承，避免复杂的结构，同时减轻重量，具有更好的应用效果。虽然自 20 世纪 60 年代以来，日本及美国 DRAPA 等机构不断进行仿肌肉驱动器的研究，但还是随着近 10 年材料和新型传动系统的发展才真正实现一系列的突破。目前制作的仿肌肉驱动器可以分为材料类、机械类和生物类。材料类的仿肌肉驱动器主要代表有形状记忆合金（shape memory alloy，SMA）、电致收缩聚合物（electroactive polymer，EAP）、压电陶瓷（piezoelectric transducer，PZT）、磁致收缩聚合物、功能凝胶、液晶收缩聚合物等。此类仿肌肉驱动器的共同特点是模拟动物肌肉收缩产生力这一工作特性，利用材料在不同的外部控制下，如电压、电流、pH 值等，材料内部的成分发生物理变化，产生形变和力。机械类的仿肌肉驱动器，主要代表有气动人工肌肉（pneumatic artificial muscle，PAM）、液压人工肌肉（hydraulic artificial muscle）、电致收缩器、磁致收缩器等，其中由波士顿动力研制的 Atlas 类人机器人就采用了液压人工肌肉。不同于材料类仿肌肉驱动器，机械类仿肌肉驱动器都是结构发生变化，产生收缩和力。生物类的仿肌肉驱动器目前尚处于实验室研制阶段，主要是利用动物活体细胞来充当驱动器。美国DRAPA资助麻省理工学院研制的鱼形仿生机器人，由活体肌肉驱动，最大速度45毫米/秒，而在类人机器人上尚未进行类似的研究[1]。在这些研究的基础上，瑞士苏黎世大学搭建了拥有"肌腱"和"骨头"的机器人平台ECCE Robot[2]。此外，波士顿动力公司还试图研制一款更新型仿生肢体，试图采用3D打印的方式，将所有的液压元件直接打印到其机器人肢体的"骨头"结构中，使之更具有仿生元素，比如"类动脉式的液压管道布局"、看上去很像骨头的支架等。

除了具有仿生结构和仿生运动能力，类脑智能机器人还以脑科学和神经科学的研究为基础，使机器人以类脑的方式实现对外界的感知和自身的控制。人的运动系统由骨骼、关节和肌肉组成，相关的肌肉收缩或舒张由中枢神经系统与外周神经系统协同控制。以类脑的方式实现感知与控制的一体化，使得机器人能够模仿外周神经系统感知、中枢神经系统的输出与多层级反馈回路，实现机器人从感知外界信息到自身运动的快速性和准确性。

（2）类脑机器人的智能生长

在类脑智能机器人研究中，如何从根本上提升机器人的智能，是机器人研究领域的一个重要问题。经历了长期的发展过程，人们普遍认为机器通常在动力、速度、精巧性方面具有一定的优势，而人类具有智能、感知、情感等机器部分具有或者不具有的能力和特点。人们自然希望可以将两者各自的优点融合在一起，实现"人机协作"。随着人工智能技术和新材料技术的兴起，智能机器人行业将是未来"脑科学研究"和"脑认知与类脑计算"研究成果的重要产出方向。在实际的应用场合，新一代的机器人或者新型人工智能必须要具有通过交互从外界获得知识，并通过智能增长的

---

〔1〕王炜，秦现生. 仿肌肉驱动器及其在仿生机器人中的应用. 微特电机, 2009, 37(6): 56-60.

〔2〕参见：http://eccerobot. org/index. html.

方式进一步了解外部世界的能力。建立基于交互的从零学习及智能生长认知模型，使得计算机能够像婴儿一样，在与人的交互过程中进行错误纠正与知识积累，实现模仿人类认识外部世界的智能增长[1]。

国际上一些机构已纷纷开展人机协同下机器人智能生长的研究，如麻省理工学院人工智能实验室增量人机协同研究组（Increasing Man-Machine Collaboration MIT）采用增强学习让人与机器人（包括飞机与小汽车等）在未知环境自由协作，让计算机自动配合人并与人交互，在共同决策完成既定任务的同时，机器人也通过交互过程不断学到新的知识。此外，谷歌和百度的无人驾驶汽车平台也在进行着类似的尝试。深度思维（DeepMind）公司（2014 年被谷歌公司收购）提出了神经图灵机（neural Turing machine）方法，利用深度增强学习，实现了靠不断试错学习就可获得提高的游戏人工智能[2]。

在未来，人们希望可以将人的智能更深程度地引入机器人系统，从机理上对人进行模仿，使机器人能够像人一样思考，从而"配合"人的工作，共同完成任务。类脑智能机器人不但是未来人工智能研究重要的外显载体，而且其在未来服务业、智能家居、医疗、国家与社会安全等领域都具有极为广泛的应用价值。

### 8.2.2 类脑智能主要发展趋势

类脑智能研究已取得了阶段性的进展，但是目前仍然没有任何一个智能系统能够接近人类水平，具备多模态协同感知、协同多种不同认知能力，对复杂环境具备极强的自适应能力，对新事物、新环境具备人类水平的自主学习、自主决策能力等。人工智能研究离真正实现信息处理机制类脑、认知能力全面类人的智能系统还有很长的路要走。

1. 认知脑计算模型的构建

类脑智能研究的首要任务是集成 200 余年来科学界对人脑多尺度结构

〔1〕曾毅，刘成林，谭铁牛. 类脑智能研究的回顾与展望. 计算机学报，2016, 39(1): 212-222.

〔2〕华商网. 2013. 人工视觉正在迈出第三步. http://news. sina. com. cn/o/p/2013-09-21/000328260846. shtml[2019-03-30].

及其信息处理机制的重要认识[1]，受其启发构建模拟脑认知功能的认知脑计算模型，特别需要关注人脑如何协同不同尺度的计算组件，进行动态认知环路的组织，完成不同的认知任务。

在未来认知脑计算模型的研究中，需要基于多尺度脑神经系统数据分析结果对脑信息处理系统进行计算建模，构建类脑多尺度神经网络计算模型，在多尺度模拟脑的多模态感知、自主学习与记忆、抉择等智能行为能力。脑计算模型的关键研究内容主要包括：①多尺度、多脑区协同的认知脑计算模型。根据脑与神经科学实验数据与运作原理，构建认知脑计算模型的多尺度（神经元、突触、神经微环路、皮质柱、脑区）计算组件和多脑区协同模型，其中包括类脑的多尺度前馈、反馈、模块化、协同计算模型等。②认知/智能行为的类脑学习机制。多模态协同与联想的自主学习机制，概念形成、交互式学习、环境自适应的机制等。③基于不同认知功能协同实现复杂智能行为的类脑计算模型。通过计算建模实现哺乳动物脑模拟系统，实现具备感知、学习与记忆、知识表示、注意、推理、决策与判断、联想、语言等认知功能及其协同的类脑计算模型。

在认知脑计算模型的研究中，处于最核心位置的是学习与记忆的计算模型。传统的人工神经网络（包括深度神经网络）虽然部分受脑神经网络工作机制的启发，但是突触权重的训练模型并不具备深刻的生物实验机理支撑。而与传统人工神经网络的权重训练方法有所差异的是，脑神经网络的突触形成与信息传递有特定的生物工作机理支撑，所有认知任务相关的脑区中，学习与记忆遵循相同的法则：赫布学习律（Hebb's learning law）与脉冲时序依赖的突触可塑性（STDP）[2]。以往人工神经网络应用广泛的模型中大多没有采纳这些机制或过于简化。此外，在人脑中不同类型的

〔1〕Zeng Y, Wang D S, Zhang T L, et al. Linked neuron data (LND): A platform for integrating and semantically linking neuroscience data and knowledge//Frontiers in Neuroinformatics. Conference Abstract: The 7th Neuroinformatics Congress(Neuroinformatics 2014). Leiden: Frontiers, 2014: 1-2.

〔2〕Bi G Q, Poo M M. Synaptic modifications in cultured hippocampal neurons: Dependence on spike timing, synaptic strength, and postsynaptic cell type. The Journal of Neuroscience, 1998, 18(24): 10464-10472.

学习（陈述性知识学习、过程性知识学习）与记忆（短时、长时工作记忆）由不同的认知环路参与，学习模型在不同尺度都存在一定的差别。未来认知脑计算模型的研究应依据这些学习与记忆环路结构及相关学习理论构建多尺度的学习与记忆框架。

2. 类脑信息处理

由于人脑是一个进化的产物，虽然其结构与信息处理机制在不断优化，但是进化过程中的妥协是不可避免的。因此，需要在认知脑计算模型的基础上进一步抽象，选取最优化的策略与信息处理机制，建立类脑信息处理理论与算法，并应用于多模态信息处理中。

类脑信息处理的研究目标是构建高度协同视觉、听觉、触觉、语言处理、知识推理等认知能力的多模态认知机。具体而言，将借鉴脑科学、神经科学、认知脑计算模型的研究结果，研究类脑神经机理和认知行为的视听触觉等多模态感知信息处理、多模态协同自主学习、自然语言处理与理解、知识表示与推理的新理论与方法，使机器具有环境感知、自主学习、自适应、推理和决策的能力。

类脑信息处理的关键研究内容主要包括：①感知信息特征表达与语义识别模型。针对视觉（图像和视频）、听觉（语音和语言）、触觉等感知数据的分析与理解，借鉴脑神经机理和认知机理研究结果，研究感知信息的基本特征单元表示与提取方法、基于多层次特征单元的感知信息语义（如视觉中的场景、文字、物体、行为等）识别模型与学习方法、感知中的注意机制计算模型及结合特征驱动和模型驱动的感知信息语义识别方法等。②多模态协同自主学习理论与方法。人脑的环境感知是多模态交互协同的过程，同时感知特征表示和语义识别模型在环境感知过程中不断地在线学习和进化。实现这种多模态协同的自主学习计算模型对提高机器的多模态感知能力具有重要意义。实现的一种途径是结合多种表示和学习方法进行动态自适应的在线学习，同时对多种特征表示和语义识别模型进行适应。③多模态感知大数据处理与理解的高效计算方法。面向大数据理解的应用需求，基于类脑感知信息表达和识别模型，研究面向感知大数据处理的新型计算模式与方法，如多层次特征抽取和识别方法，结合特征和先验知识、注意机制的多层次高效学习、识别与理解等。④类脑语言处理模型与算法。借鉴人脑语言处理环路的结构与计算特点，实现具备语音识别、实体识别、句法分析、语义组织与理解、知识表示与推理、情感分析等能力的统一类脑语言处理神经网络模型与算法。

3. 类脑芯片与类脑计算体系结构

现有的类脑芯片大多数还是基于冯·诺依曼体系结构的研究工作，且在芯片制造材料上大多数还采用的是传统半导体材料。未来类脑芯片的发展，应受脑与神经科学、认知脑计算模型、类脑信息处理研究的启发，探索超低功耗的材料及其计算结构，为进一步提高类脑计算芯片的性能奠定基础。国际上一个重要趋势是基于纳米等新型材料研制类脑忆阻器、忆容器、忆感器等神经计算元器件，从而支持更为复杂的类脑计算体系结构的构建。

虽然神经形态计算至今已发展了约 30 年[1]，但是目前已研发出的神经芯片还只是借鉴了脑信息处理最基本单元的最基本计算机制（如存储与计算融合、脉冲放电机制、神经元之间的连接机制等），而不同尺度信息处理单元之间的机制尚未融入类脑计算体系结构的研究中（如目前类脑芯片及类脑计算体系结构尚未很好地借鉴神经微环路、皮质柱、脑区、多脑区协同等的结构及其计算机制），急需将这个研究方向从微观尺度的借鉴提升到借鉴脑的多尺度信息处理机制层面，关注全脑不同尺度计算组件的协同处理给脑信息处理带来的优势。此外，基于传统芯片发展起来的计算系统目前拥有相对完备的指令集、操作系统、编程语言等方面的支持，而基于类脑芯片研发的类脑计算机及大型类脑计算系统的发展也需要相应软件环境来支持其广泛应用，在这方面的研究挑战也是巨大的。

需从不精确、非完整信息的类脑神经计算技术出发，通过提炼神经网络处理中的共性运算特性，发展类脑神经元计算模型，通过改变控制参数，使相同神经元电路模块能完成不同的神经元功能，增强神经计算电路模块的通用性，降低设计、制造的难度。此外，还迫切需要解决类脑计算芯片

---

[1] Mead C. Neuromorphic electronic systems. Proceedings of the IEEE, 1990, 78(10): 1629-1636.

的功耗问题，需要研究建立神经网络处理器相关的功耗模型，通过结构设计参数的选择，降低相对功耗。发展基于统一抽象的、实时可调的软件抽象层设计，通过和硬件结合，对低功耗设计与评估进行实时反馈和调节，为上层设计提供一个可靠且便利的软硬件间的桥梁，解决能适应多种应用需求的兼容性问题。

### 4. 类脑智能机器人与人机协同

目前智能机器人的研究还主要基于智能控制技术。机器人能够实现的动作及行为能力基本是通过预定义的规则实现的，而人类进行动作、行为的学习主要是通过模仿及与环境的交互。此外，目前智能机器人还不具有类脑的多模态感知及基于感知信息的类脑自主决策能力。在运动机制方面，目前几乎所有的智能机器人都不具备类人的外周神经系统，其灵活性和自适应性与人类运动系统还具有较大差距。未来发展的趋势是基于认知脑计算模型、类脑信息处理的研究来构建机器脑，发展中枢神经系统和外周神经系统（以四肢为核心）高度协同的、具有多模态感知、类人思维、自主学习与决策能力的类脑智能机器人。

人类在成长的过程中不断与环境进行交互，获取新知识并与已掌握的知识建立关联，从而提升问题解决和环境自适应的能力[1]。受此启发，为提高智能机器人的智能化水平，类脑智能机器人的研究不但要在机理上使其多尺度地接近人类，还要构建机器人自主学习与人机交互平台，使机器人在与人及环境自主交互的基础上实现智能水平的不断提升，最终甚至能够通过语言、动作与行为等与人类协同工作。

需更多借鉴类脑计算模型和仿人运动神经机理研究新的机器人感知、交互和动作计算模型，从根本上提高机器人的智能性，形成具有动态立体视觉感知、快速自感知、多模态信息融合、运动自学习能力、协调人机协作、快速反应和高精度操作的类脑智能机器人。其中，尤其需要解决类人运动执行机构带来的类脑运动神经控制、人机融合环境带来的机器人多模

---

〔1〕Bransford J D, Brown A L, Cocking R R. How People Learn: Brain, Mind, Experience, and School. Washington: National Academies Press, 2000.

态信息融合、交互式学习控制和双目可动摄像头带来的摄像头高速在线校准 3 个问题。

5. 脑机接口与神经伦理

（1）机器学习算法与数据规范化

以深度学习为代表的新一代机器学习算法正在得到脑机接口领域研究者越来越多的关注，有望减轻研究者进行神经数据特征提取的工作负担，并同时保持优秀的分类性能[1~3]。值得一提的是，上海交通大学、华南理工大学、西安交通大学等高校的研究团队在脑机接口情绪识别、P300脑机接口注意目标识别、想象运动分类等方面已经取得了不错的成果[4~6]。由于新兴机器学习算法的分类器结构相对复杂，对数据量提出了更高的要求。在这样的背景下，几个领先的脑机接口研究团队开始推动数据规范化与开放共享进程：清华大学与中国科学院半导体研究所的联合研究团队发布了一套具有 35 名受试者与 40 种刺激频率的稳态视觉诱发电位脑机接口标准数据集[7]；德国柏林工业大学的研究团队则推出了同时采集脑电与

〔1〕Schirrmeister R T, Springenberg J T, Fiederer L D J, et al. Deep learning with convolutional neural networks for EEG decoding and visualization. Human Brain Mapping, 2017, 38(11): 5391-5420.

〔2〕Hosseini M P, Pompili D, Elisevich K, et al. Optimized deep learning for EEG big data and seizure prediction BCI via internet of things. IEEE Transactions on Big Data, 2017, 3(4): 392-404.

〔3〕Zhang Y, Wang Y, Zhou G, et al. Multi-kernel extreme learning machine for EEG classification in brain-computer interfaces. Expert Systems with Applications, 2018, 96: 302-310.

〔4〕Tang H, Liu W, Zheng W L, et al. Multimodal emotion recognition using deep neural networks//24th International Conference on Neural Information Processing. Berlin: Springer, 2017: 811-819.

〔5〕Liu M, Wu W, Gu Z, et al. Deep learning based on batch normalization for P300 signal detection. Neurocomputing, 2018, 275(Supplement C): 288-297.

〔6〕Lu N, Li T, Ren X, et al. A deep learning scheme for motor imagery classification based on restricted boltzmann machines. IEEE Transactions on Neural Systems & Rehabilitation Engineering, 2017, 25(6): 566-576.

〔7〕Wang Y, Chen X, Gao X, et al. A benchmark dataset for SSVEP-based brain-computer interfaces. IEEE Transactions on Neural Systems & Rehabilitation Engineering, 2017, 25(10): 1746-1752.

近红外脑功能影像信息的混合脑机接口数据集，包括 29 名受试者的数据，包含想象运动、心算等经典脑机接口任务[1]。上述数据集都可供全球研究者免费下载使用，对促进脑机接口领域的算法研究有积极意义。

（2）脑机接口与神经伦理

随着脑机接口技术逐步走向成熟、走近应用，这项技术可能引发的伦理问题也开始引起越来越多的关注：首先，打造能力强于常人的超级特工用于战争，是否违反社会准则；最后是偏见问题，如何建立可兼顾各群体利益的、相对公平的技术发展准则。如果存在某种根植于神经设备中的偏见，可能引发严重的社会问题。

### 8.2.3 类脑智能的全球竞争态势

1. 全球主要国家竞争力分析

（1）政企共同推动类脑智能研究

美国自 20 世纪 90 年代起，就开展了多个脑科学项目研究，并于 2013 年正式启动 "BRAIN 计划"，针对大脑结构图建立、神经回路操作工具开发等七大领域进行研发布局；欧盟自 2002 年开始对 150 多个脑科学研究项目进行资助，并于 2013 年正式提出 "人脑计划"，试图在未来神经科学、未来医学和未来计算等领域开发出新的前沿医学和信息技术。加拿大、日本、德国、英国等也先后推出脑科学研究计划，希望抢占未来技术的制高点、掌握未来战略的主动权。同时，许多国际企业纷纷推出类脑智能研究计划，在以 IBM、微软、苹果等为代表的龙头企业的推动下，类脑智能受到高度关注。

（2）建立类脑智能研究中心

脑与神经科学、人工智能、计算机科学的深度融合与相互借鉴已成为近年来科学研究领域重要的国际趋势。近期国内外相关研究机构建立一批

---

〔1〕Shin J, Von Lühmann A, Blankevtz B, et al. Open access dataset for EEG + NIRS single-trial classification. IEEE Transactions on Neural Systems and Rehabilitation Engineering, 2017, 25(10): 1735-1745.

与类脑智能密切相关的交叉科学研究中心。例如，瑞士洛桑联邦理工学院建立了脑与心智研究所（Brain Mind Institute），其科研团队包含基础神经科学、计算神经科学、人工智能、机器人相关的科研人员，共同从事瑞士蓝脑计划、欧盟脑计划相关的研究。美国麻省理工学院成立了脑、心智与机器研究中心（Center for Brain，Mind and Machine，MIT），由著名计算神经科学家、人工智能专家 Poggio 领导。研究中心由美国国家科学基金委员会支持，旨在集结计算机科学家、认知科学家、神经科学家开展深度合作，从事智能科学与工程研究。其目前主要研究方向是感知学习、推理、神经计算。斯坦福大学成立了斯坦福心智、脑与计算研究中心（Stanford Center for Mind，Brain and Computation），由认知心理学家、人工神经网络专家 McClelland 领导。该中心集成理论、计算和实验研究的方法，致力于研究感知、理解、思维、感受、决策的脑神经信息处理机制。

（3）各国关注方向各有侧重

各国虽然都积极布局类脑智能的研发，但关注点各有侧重。美国重视相关理论建模、脑机接口、机器学习等方面，将理论、建模和统计分析融入大脑研究是"BRAIN 计划"的七个最优先领域之一；日本的"脑科学战略研究项目"重点开展脑机接口、脑计算机研发和神经信息相关的理论构建，该项目提出的新技术发展目标是在 15 年内实现各层次脑功能的超大规模模拟技术，开展神经科学的数学、物理学研究；欧盟的"人脑计划"重点开展人脑模拟、神经形态计算、神经机器人等领域的研究；韩国则重视脑神经信息学、脑工程学、人工神经网络、大脑仿真计算机等领域的研发。

（4）重视跨学科、跨部门合作推进

美国联邦政府机构（DARPA、IARPA 等）主导类脑智能的基础与应用研究，大学、私营机构和企业等重点开展相关技术开发和产品应用推广（截至 2019 年参与的民间机构已有 20 余家），各机构根据自身优势开展跨学科、跨部门合作；欧盟"人脑计划"有核心项目和合作项目两类，核心项目由欧盟委员会资助，合作项目则吸引成员国机构、非政府组织参与；日本类脑智能研究以国际电气通信基础技术研究所、国家级技术研究所（如理化研究所脑科学综合研究中心）和各大学相互合作的模式来开展跨学科研发；韩国"国家脑科学发展战略"实施过程中，私营企业在神经科学研究前期就参与进来，促进研发成果快速商业化，鼓励以产品为导向的研发规划与实施，并加强跨学科合作与交叉融合，加强公私合作。

（5）各大企业争相布局

全球科技巨头如谷歌、微软、IBM、Facebook 都将人工智能视为下一个技术引爆点，纷纷斥巨资参与研发与竞争。IBM 是最早布局人工智能的公司之一，1997 年研发出深蓝计算机、2011 年研发出沃森（Watson）系统，目前 IBM 的布局围绕 Watson 系统和 Synapse 类脑芯片展开，同时通过并购打造人工智能生态系统；谷歌则通过大量收购语音和人脸识别、深度学习、机器人公司以获取技术、专利和人才，其在深度学习、神经网络等方面处于全球领先地位；Facebook 也逐步收购语音识别、机器翻译等公司，并设立人工智能实验室，开发聊天机器人。除龙头企业外，如美国 Emotiv 公司等一批新兴公司也在类脑智能方面取得了高水平的研发成果。

（6）专利分布呈现集聚态势

在专利方面，《乌镇指数：全球人工智能发展报告（2016）》[1]显示，全球人工智能专利的申请数量中，美国（26 891 项）、中国（15 745 项）和日本（14 604 项）位列前三，占全球总申请量的 73.85%（第四名德国仅为中国的 27.8%）。从细分领域看，机器人、神经网络、语音识别和图像识别成为热点领域；从专利申请人来看，前瞻技术方面提交专利申请较多的是 IBM、谷歌、微软等国际巨头，我国主要是百度、腾讯、阿里巴巴等互联网企业。以"阿尔法狗"（AlphaGo）为代表的深度学习相关专利公开的有 1809 项，主要集中在特定功能的数据处理（信息检索及其数据库结构）、采用神经网络模型的学习方法、图形识别分析等领域。

2. 我国竞争力分析

（1）形成一批类脑智能领域拔尖人才

我国在脑科学研究领域和类脑智能技术领域做了大量的先期部署与投

---

〔1〕乌镇智库. 乌镇指数：全球人工智能发展报告 (2016). https://knogen-auto.oss-cn-beijing.aliyuncs.com/file/a5a87cc36655afb8f7ef03249b244edd.pdf[2019-09-30].

入，极大地推动了我国脑科学与智能技术的发展。依托这些项目的实施，组织和锻炼了队伍，引进和培养了一批神经科学领域和智能技术领域的拔尖人才。2015 年 6 月，中国科学院成立了"中国科学院脑科学与智能技术卓越创新中心"（简称脑智卓越中心），由中国科学院神经科学研究所与自动化研究所作为双依托单位。这也是国际上第一个深度融合脑与神经科学、认知科学、人工智能、计算机科学等不同领域的研究机构。脑智卓越中心新布局研究领域涵盖脑认知功能的基础研究、脑疾病机理研究和早期诊断手段研发、脑研究新技术研发、类脑模型与智能信息处理、类脑器件与系统五大方向。此外，为全面提升智能科学与技术研究，清华大学成立类脑计算研究中心，北京市政府与中国科学院、军事科学院、北京大学、清华大学、北京师范大学、中国医学科学院、中国中医科学院等单位联合共建北京脑科学与类脑研究中心，上海交通大学成立仿脑计算与机器智能研究中心，厦门大学成立福建省仿脑智能系统重点实验室。

（2）全面推进脑科学与类脑智能深度融合

基于脑科学研究的重要性和我国智能技术发展的现状，中国科学院率先在脑科学和智能技术两大领域进行实质性深度融合。"脑功能联结图谱"先导科技专项（B 类）在保持原有脑科学研究内容基础上，新增类脑智能研究方向，项目数从 5 个增加至 9 个，同时专项更名为"脑功能联结图谱与类脑智能研究"。中国科学院脑科学卓越创新中心[1]也增加了"类脑模型与智能信息处理"与"类脑器件与系统"2 个研究方向，扩容后的中心更名为"中国科学院脑科学与智能技术卓越创新中心"。自动化研究所、计算技术研究所、半导体研究所等一大批智能研究领域的研究所加入脑智卓越中心。脑智卓越中心以脑认知功能的神经基础、类脑智能计算模型为核心科学问题，通过脑科学与智能技术的交叉融合，将在脑智领域取得重要突破；脑智卓越中心将研发脑研究新技术，针对国家重大需求，开展脑

---

〔1〕中国科学院脑科学卓越创新中心于 2014 年 1 月 20 日正式挂牌成立，为脑智卓越中心的前身，主要依托中国科学院上海生命科学研究院神经科学研究所，参与单位有中国科学院生物物理研究所、昆明动物研究所、自动化研究所、武汉物理与数学研究所、深圳先进技术研究院和中国科学技术大学。

疾病机理研究与早期诊断和干预手段研发等有应用前景的前沿工作，充分发挥学科交叉优势和非人灵长类动物模型的优势，在脑科学前沿领域，取得国际领先的地位；脑智卓越中心研究并借鉴脑信息处理机制，通过类脑器件、芯片和类脑机器人等系统的突破，研发类脑智能软硬件系统，引领我国智能产业的发展，增强国际竞争力。

（3）类脑芯片和类脑智能机器人方面取得重要进展

目前，我国已形成了参与国际脑科学前沿竞争的队伍和平台：在神经元发育的分子机制、基因组分析和灵长类动物基因操作技术、视觉感知功能环路、情感情绪的调控机制、学习记忆和抉择等脑认知功能的神经基础、重大脑疾病机理的解析、多模态脑成像技术、脑电信号采集分析、宏观和介观层面脑网络结构的观测和分析技术等方面，已取得了一批国际水平的成果；在感知特征提取、整合和表达，感知数据的机器学习和理解，多模态信息协同计算等核心科学问题上取得了重要的进展。目前，清华大学类脑计算研究中心已经研发出了具有自主知识产权的类脑计算芯片、软件工具链；中国科学院自动化研究所开发出了类脑认知引擎平台，具备哺乳动物脑模拟的能力，并在智能机器人上取得了多感觉融合、类脑学习与决策等多种应用，以及全球首个以类脑方式通过镜像测试的机器人等。

3. 我国类脑智能研究面临的主要瓶颈

人类大脑具有非常强大的信息处理和认知功能，但人类对自己大脑运行原理的理解，依然十分有限。目前面临的瓶颈包括：脑机理认知不清楚、类脑计算模型和算法不精确、计算架构和能力受制约。其中的核心难点是我们对脑的结构和功能原理了解还很有限。因此，类脑计算面临着巨大的挑战，寻找易于突破的方向，是当前类脑计算领域亟待解决的问题。

此外，与发达国家相比，在支撑类脑智能的前沿研究及软硬件结合的类脑智能机器人领域的原创与研发能力方面差距甚大。我们迫切需要按照"顶天立地"的原则，一方面抓两个学科的融合，产生原始创新的理论和方法；另一方面要进一步加强技术的应用和产业化，迎头赶上人工智能浪潮的到来。

## 8.3　类脑智能的颠覆性影响及发展举措

脑科学和智能技术是科学界研究的热点，近年来分别取得了很大成就，但是相互之间借鉴和交叉仍然较少。人工智能发展面临新的瓶颈，亟须从脑科学获得启发，发展新的理论与方法，提高机器的智能水平；同时，智能技术发展也有助于脑科学取得进一步突破，类脑智能研究将为"脑功能联结图谱"研究提供仿真手段，以仿真系统与平台的方式支持"脑功能联结图谱"研究的科学假设验证，并为"脑功能联结图谱"的研究成果提供广泛的应用前景。

### 8.3.1　类脑智能发展的价值与作用

#### 1. 对社会经济发展的影响

神经科学和类脑人工智能的进步不仅有助于人类理解自然和认识自我，而且对有效增进精神卫生和预防神经疾病、护航健康社会、发展脑式信息处理和人工智能系统、抢占未来智能社会发展先机都十分重要。

美国国防情报局（Defense Intelligence Agency，DIA）委托美国国家科学院开展的《新兴的认知神经科学及相关技术》报告就指出，未来20年，与神经科学和类脑人工智能有关的科技进步很可能对人类健康、认知、国家安全等多个领域产生深远影响[1]。美国信息技术与创新基金会2016年发布的报告提出，支持精神和神经疾病相关的神经科学创新不仅是重要的卫生政策，也是重要的经济政策，仅美国神经科学相关经济机遇就将超过1.5万亿美元，占 GDP 的 8.8%[2]。欧洲大脑理事会调研报告显示，欧洲脑疾病负担占所有疾病负担的35%，每年脑疾病产生的医疗成本约为8000亿欧元（约1万亿美元），人均医疗成本为1550欧元，远超过癌症、

---

〔1〕美国科学院国家研究委员会未来 20 年新的神经生理学与认知 / 神经科学研究军事与情报方法学委员会. 新兴的认知神经科学及相关技术. 楼铁柱，张音等译. 北京：军事医学科学出版社，2015.

〔2〕Information Technology & Innovation Foundation. A trillion-dollar opportunity: how brain research can drive health and prosperity. https://itif.org/publications/2016/07/11/trillion-dollar-opportunity-how-brain-research-can-drive-health-and[2016-08-15].

心血管疾病和糖尿病产生的医疗成本之和[1]。

同时，神经科学和类脑人工智能相关技术本身存在"两用性"风险，其在医疗卫生、军事、教育等方面的应用可能会引起一系列的安全、伦理和法律问题。

### 2. 对促进产业转型与变革的影响

人工智能技术的突破将推动相关产业的发展，并迅速渗透到各行各业，促进智能化社会形态的形成。近年来，国际社会已掀起面向未来人工智能革命浪潮。美国政府发布《为未来人工智能做好准备》《国家人工智能研究与发展策略规划》《人工智能、自动化与经济》，英国政府发布《人工智能：未来决策制定的机遇与影响》等重磅报告。产业技术界均对人工智能在未来社会中的作用寄予厚望。例如，麦肯锡公司发布的《机器的崛起：中国企业高管眼中的人工智能》报告称，人工智能发展近临界点，其迅猛发展将为科技产业公司带来更多的利好；国际数据公司（IDC）全球商用机器人研究项目发布的《IDC FutureScape：2017 年全球机器人预测》报告指出，机器人技术将继续加速创新，并将颠覆和改变许多行业的现有业务运营模式，预计机器人将在传统制造业以外的更多领域得到强劲的发展，包括物流、医疗保健、公共事业和资源领域[2]；埃森哲发布的报告指出，到 2035 年，人工智能会让 12 个发达国家经济增长率翻一倍[3]。

### 3. 未来广泛的应用前景

类脑智能是实现通用人工智能的重要途径，因此，类脑智能的应用领域应比传统人工智能的应用领域更为广泛。类脑智能未来的应用重点应是适合于人类相对计算机更具优势的信息处理任务，如多模态感知信息（视觉、听觉、触觉等）处理、语言理解、知识推理、类人机器人与人机协同

---

〔1〕Gustavssona A, Svensson M, Jacobi F, et al. Cost of disorders of the brain in Europe 2010. European Neuropsychopharmacol, 2011, 21(10): 718-779.

〔2〕Miller J A, Ding S L, Sunkin S M, et al. Transcriptional landscape of the prenatal human brain. Nature, 2014, 508:199-206.

〔3〕Zingg B, Hintiyan H, Gou L, et al. Neural networks of the mouse neocortex. Cell, 2014, 156(5): 1096-1111.

等。即使在大数据（如互联网大数据）应用中，大部分数据也是图像视频、语音、自然语言等非结构化数据，需要类脑智能的理论与技术来提升机器的数据分析与理解能力。具体而言，类脑智能可用于机器的环境感知、交互、自主决策、控制等，基于数据理解和人机交互的教育、医疗、智能家居、养老助残，可穿戴设备，基于大数据的情报分析、国家和公共安全监控与预警、知识搜索与问答等基于知识的服务领域。从承载类脑智能的设备角度讲，类脑智能系统将与数据中心、各种掌上设备等智能终端、汽车、飞行器、机器人等深度融合。

（1）推动智能化武器装备登上战场

实现无人装备自主化，是美国国防部武器装备发展的重要方向。美国DARPA文件指出，无人装备自主作战能够充分发挥装备性能，加速战场态势认知，使军队具有比敌人更协调的行动能力，是美国在亚太"反介入/区域拒止"环境下保持军事优势的关键。按照IBM的发展规划，2019年将实现体积和神经元数量级别与人脑相近、功耗只有1千瓦的类脑计算系统。美国国防部为加速技术能力向装备能力转化，也已设立"自主研究试点计划"，统筹各军兵种研究力量，开展机器学习推理、无人机组队、自然语言交互等实战技术研究。

（2）破解国防安全领域的大数据问题

按照美国IBM发展规划，2024年将实现百亿亿次的类脑认知超级计算机，对10倍于目前全球互联网流量的大数据进行实时分析。如能实现，将使目前制约核武器、先进战机、高超飞行器等先进武器发展的大数据从难题变为资源，加速创新与发现，并极大缩短国防科技与工程的发展周期。

这一大数据处理能力，同样能提升互联网情报的获取能力。随着网络监控智能化水平的不断提高，甚至还可能实现从海量数据中实时把握舆情，以最符合受众心理和认知规律的形式进行定向舆论引导，为国家安全筑起新的藩篱。

（3）推动或引发新一轮产业革命

类脑智能计算和深度学习技术的发展带来机器学习的新浪潮，推动

"大数据＋深度模型"时代的来临，以及人工智能和人机交互大踏步前进，推动图像识别、语音识别、自然语言处理等"视、听、说"前沿技术的突破。这些新技术将快速推广到互联网、金融投资与调控、医疗诊断、新药开发、公共安全等一系列关系到国计民生的重要领域，或将引发新一轮产业革命。

### 8.3.2 类脑智能发展的潜在风险和影响

人工智能是否会对人类造成威胁，是伴随人工智能这个名词诞生至今的话题。当人类在自己发明的"最复杂的棋类游戏"——围棋上也输给了人工智能，当像霍金、马斯克等著名科学家和著名科技企业家也发出了对人工智能发展警告的今天，这个话题更加引人注目。

面对这个问题，中国科学院上海微系统与信息技术研究所的张晓林[1]首先探讨了一下大脑的属性问题。生物在出现大脑和小脑之后旧脑并没有消失，脑干、丘脑、海马等原始脑甚至包括身体内控制身体发育的荷尔蒙都仍然是生物的灵魂所在，大脑的一切思维都是为这些原始欲望和生理需求甚至包括所谓的遗传策略（例如个体为群体或孩子做自我牺牲）服务的。这也是为什么一个人一旦毒品上瘾，再优秀的大脑都无法使他独立完成戒毒的任务。大脑会不断为欲望辩解，并为之服务。举这个例子只是想说，大脑和人的手脚一样，只是服从于主人（存在于体内的目的/需求/本能）的工具，人工智能也一样。人类最终会把人工智能系统当作自己的外大脑，而这个外大脑就像生物界新生的大脑和小脑对待旧脑一样"忠贞不贰"。

自主人工智能系统无论学习性能多么优越，在它学习和训练过程中需要一个奖励与惩罚的规则做指引，没有规则就无从学习与训练，智能自然也就无法形成，而这个规则正是制造它的人类所设计的。当然，当人工智能足够发达之后，是否可以自己设定规则并用之改造自己或培育下一代人工智能，这是人工智能的问题。

人类的智能不仅有从小到大的学习过程，而且还有在竞争中不断淘汰弱小个体的进化机制。人工智能系统目前还远没有达到可以通过淘汰弱小个体来完成自身系统设计的自主改良这个阶段。要想达到这个阶段，至少

〔1〕张晓林. 类脑智能引导 AI 未来. 自然杂志. 2018, 40(5): 343-348.

要有设计图纸可随机修改（基因突变）、设计图纸部分互换（雌雄交配）、新个体生产（生育）、竞争与淘汰（战争）、个体间合作（文化）等一系列步骤。

因此现阶段担心人工智能危害人类生存有些杞人忧天，而且人工智能的发展还要经过几次大起大落。尽管如此，人工智能必将给人类社会带来划时代的影响却是不争的事实。在汽车、轮船、飞机等运输工具的无人驾驶领域，在工业、农业等生产领域，在购物、休闲、饮食、交通等智慧城市领域，在文化娱乐如虚拟现实与混合现实等领域，甚至在安防、国防等领域，人工智能都将引起巨大的颠覆性革命，其影响必将超越以往的任何一次工业革命，对人类社会、对国家命运、对家庭生活都会产生深远影响[1]。

### 8.3.3　有关国家和地区推进类脑智能发展和风险治理的举措

#### 1. 全球主要国家和地区对类脑智能的战略布局

近年来，随着脑科学的探索与研究不断升温，许多国家/地区都发起了类脑科学研究计划。其中最受关注的是2013年美国和欧盟分别提出的"BRAIN计划"和"人脑计划"，以及2014年日本启动的"脑智计划"。

#### （1）美国

美国自20世纪90年代起就开展了多个脑科学项目研究。2013年，美国的"BRAIN计划"侧重于新型脑研究技术的研发[2,3]，从而揭示脑的工作原理和脑的重大疾病发生机制，其目标是像人类基因组计划那样，不仅要引领前沿科学发展，而且要带动相关高科技产业的发展。在未来10年将新增投入45亿美元。参与此计划的机构包括美国政府科研资助机构（如美国NIH、美国国家科学基金会、美国DARPA）、民间基金会（如

〔1〕张晓林. 对类脑智能研究的几点看法. 中国科学：生命科学，2015, 46(2): 220-222.
〔2〕Alivisatos A P, Chun M, Church G M, et al. The brain activity map project and the challenge of functional connectomics. Neuron, 2012, 74(6): 970-974.
〔3〕"Advisory Committee to the Director". Brain Research through Advancing Innovative Neurotechnologies (BRAIN) Working Group. National Institutes of Health. Retrieved 14 April 2013.

Kavli、Simon 基金会）和研究所（如 Allen 研究所）。在计划启动之初，美国 NIH 成立了工作小组，邀请专家在全美各地召开讨论会征求意见，并为此计划提出了 9 项优先发展的领域和目标，其中依序为：鉴定神经细胞的类型并达成共识，绘制大脑结构图谱，研发新的大规模神经网络电活动记录技术，研发一套调控神经环路电活动的工具集，建立神经元电活动与行为的联系，整合理论、模型和统计方法，解析人脑成像技术的基本机制，建立人脑数据采集的机制，脑科学知识的传播与人员培训。

（2）欧盟

欧盟是世界最大的经济体，自 2002 年开始对 150 多个脑科学研究项目进行资助。2012 年 7 月，"欧盟第七框架计划"（FP7）将"脑部疾病防治"和"涉及健康、材料、神经科学与神经机器人的信息通信技术"作为新的资助主题，共投入 19.2 亿欧元。2013 年 1 月，欧盟正式公布"人脑计划"为作为未来新兴信息和通信技术的两个旗舰项目之一，计划投资 10 亿欧元。该计划由瑞士的神经学家 H. Markram 构思并领导筹划[1]，初始目标是用超级计算机来模拟人类大脑，用于研究人脑的工作机制和脑疾病的治疗，并借此推动类脑智能的发展，参与的科学家来自欧盟各成员国的 87 个研究机构。

（3）其他国家

日本在 2014 年启动的"脑智计划"的目标是"使用整合性神经技术制作有助于脑疾病研究的大脑图谱"（Brain Mapping by Integrated Neurotechnologies for Disease Studies，Brain/MINDS）[2]，为期 10 年，第一年投资 2700 万美元，以后逐年增加。此计划聚焦在使用狨猴为动物模型，绘制从宏观到微观的脑联结图谱，并以基因操作手段，建立脑疾病的狨猴模型。

加拿大、德国、英国等也先后推出脑科学研究计划，希望抢占未来技术的制高点、掌握未来战略的主动权。类脑智能也成为产业界的前沿热点，

〔1〕Markram H. The human brain project. Scientific American, 2012, 306(6): 50-55.
〔2〕Okano H, Miyawaki A, Kasai K. Brain/MINDS: Brain-mapping project in Japan. Philosophical Transactions of the Royal Society B: Biological Sciences. 2015, 370(1668): 20140310.

许多国际企业纷纷推出类脑智能研究计划，在以 IBM、微软、苹果等为代表的龙头企业的推动下，类脑智能受到高度关注。2014 年，IBM 推出了 TrueNorth 芯片，在芯片级模拟人脑计算，可进行超低功耗的多目标学习任务，主频处理与人脑网络相近，能耗不到 70 毫瓦。而谷歌公司在 2013 年收购了 8 家机器人公司，2014 年又斥资 4 亿美元收购人工智能初创企业 DeepMind。

（4）中国

近年来，我国在脑科学研究领域和类脑智能技术领域做了大量的部署。科技部、国家自然科学基金委员会部署了"脑发育和可塑性的基础研究""脑结构与功能的可塑性研究""人类智力的神经基础""情感与记忆的神经机制"等多项与脑科学相关的重大重点项目。

《国家中长期科学和技术发展规划纲要（2006—2020 年）》将"脑科学与认知"列入基础研究 8 个科学前沿问题之一。"973"计划、"863"计划和科技支撑计划等对脑科学研究总投入约 14 亿元，国家自然科学基金资助脑研究的经费近 20 亿元，2012 年中国科学院启动战略性先导科技专项（B 类）"脑功能联结图谱"，每年投入经费约 6000 万元。

脑机智能也得到了我国"973"计划、"863"计划和国家自然科学基金项目的支持，其分布在《国家中长期科学和技术发展规划纲要（2006—2020 年）》前沿技术中的"智能感知"和"虚拟现实"等领域，同时在重点领域与优先主题中"数字媒体内容技术"也包含了人工智能技术。"973"计划、"863"计划和科技支撑计划等从不同角度对人工智能研究进行了支持。自 2008 年开始，国家自然科学基金委员会启动了重大研究计划"视听觉信息的认知计算"，连续 5 年资助了 73 个项目。在"感知特征提取、整合和表达""感知数据的机器学习和理解""多模态信息协同计算"等核心科学问题上取得了进展。中国科学院战略性先导科技专项（B 类）"脑功能联结图谱"也从 2015 年开始将智能技术纳入其中，进行融合。

2016 年，我国正式提出了"脑科学与类脑科学研究"（中国脑科学计划），它作为连接脑科学和信息科学的桥梁，极大地推动了人工通用智能技术的发展。我国《"十三五"国家科技创新规划》提出部署"脑科学与类脑研究"重大科技项目,开展类脑计算与脑机智能研究,研究重点涵盖脑神经计算、认知功能模拟、神经形态芯片和类脑处理器、脑机接口、类脑机器人等多个方面。未来,我国的科研机构将会在"类脑科学"研究上不断取得新的突破。"类脑智能"将形成新型智能形态,兼具生物(人类)智能体的环境感知、记忆、推理、学习能力和机器智能体的信息整合、搜索、计算能力,给我们的生产生活带来更大的便利。

**2. 全球主要国家和地区对类脑智能治理体系现状**

类脑智能发展的不确定性带来新挑战。类脑智能是影响面广的颠覆性技术,可能带来改变就业结构、冲击法律与社会伦理、侵犯个人隐私、挑战国际关系准则等问题,将对政府管理、经济安全和社会稳定乃至全球治理产生深远影响。在大力发展类脑智能的同时,必须高度重视可能带来的安全风险挑战,加强前瞻预防与约束引导,最大限度降低风险,确保类脑智能安全、可靠、可控地发展。

**(1)国外有关智能机器人主体地位的法律实践**

目前,如何对待人工智能特别是具体的智能机器人,不少国家的做法较为激进,例如,通过对法律制定和实施的重大修改,将人工智能"拟人化",承认其具有法律人格。早在2007年,韩国政府就制定了《机器人伦理宪章》,建立了对机器人从角色和道德层面的指南。韩国政府制定该文件的设想是认为智能机器人具有高度智慧,如果人类不当使用乃至"虐待"智能机器人,必然激起智能机器人的反抗,最终导致人工智能反噬人类种群。从表面上看,该文件的初衷仍然是保护人类,但其防止人类"虐待"机器人的规定除了功利性的考虑外,也包含着一种人文的终极关怀。如果仅仅把人工智能视为是物体,又何来"虐待"之说呢?因此,这份文件体现了韩国政府对人工智能法律主体性的一种倾向。

2016年,欧盟委员会下辖的法律事务委员会向欧盟委员会提交一项动议,要求将最先进的自动化机器人的身份定位为"电子人",赋予机器人"特定的权利和义务"。例如,主张人工智能具有"工人"身份,赋予其劳动权。法律事务委员会还建议为智能自动化机器人进行登记，以便为其设立单独的资金账号，用于纳税、缴费、领取养老金等事项。目前，该项法律动议尚未通过，但其影响不容小觑。一旦通过必然会冲击传统的民事主体制度。

2017年10月28日，在沙特阿拉伯首都利雅得举行的"未来投资倡议"大会上，沙特政府正式授予"女性"机器人"索菲亚"沙特公民的身份。"索菲亚"成为全球首个被授予法律主体身份的机器人。上述事例都证明，基于文化、道德、科技水平等因素，部分国家已经开始推动从法律层面承认人工智能的主体地位。

（2）欧盟积极推进人工智能伦理框架的确立

如今，人工智能伦理成为国际社会关注的焦点。此前，生命未来研究所（Future of Life Institute，FLI）推动提出"23条人工智能原则"，电气与电子工程师协会（IEEE）发起人工智能伦理标准项目并提出具体指南。联合国曾耗时两年完成机器人伦理报告，认为需要机器人和人工智能伦理的国际框架。OECD亦开始考虑制定国际人工智能伦理指南。欧盟在这方面的动作亦很频繁，积极推进人工智能伦理框架的确立。欧盟议会就曾通过一项立法决议，提出要制定"机器人宪章"，以及推动人工智能和机器人民事立法。2017年年底，欧盟将人工智能伦理确立为2018年立法工作重点，要在人工智能和机器人领域呼吁高水平的数据保护、数字权利和道德标准，并成立了人工智能工作小组，就人工智能的发展和技术引发的道德问题制定指导方针。

2018年3月9日，欧洲科学与新技术伦理组织（European Group on Ethics in Science and New Technologies）发布《关于人工智能、机器人及"自主"系统的声明》（Statement on Artificial Intelligence, Robotics and "Autonomous" Systems）。声明认为，人工智能、机器人技术和所谓的"自主"技术的进步已经引发了一系列复杂的、亟待解决的道德问题。该声明呼吁为人工智能、机器人和"自主"系统的设计、生产、使用和治理制定共同的、国际公认的道德和法律框架。声明还提出了一套基于《欧盟条约》和《欧盟基本权利宪章》规定的价值观的基本伦理原则，为人工智能、机器人及"自主"系统的发展提供指导性意见。

## 8.4 我国发展类脑智能的建议

### 8.4.1 机遇与挑战

1. 发展机遇

（1）我国经济社会发展对神经科学和类脑智能发展存在巨大需求

建设科技强国的需求。我国神经科学和类脑智能正处于国际脑科技大变革前夜，已到必须有所作为、不进则退的关键期。当前，信息、计算机、纳米、先进制造等众多学科与神经科学之间的交汇贯通日益紧密，技术的进步正在深刻改变着人们对大脑活动规律及其本质的认识。神经科学和类脑智能处于大变革时期。长期以来，我国一直重视在脑与认知科学上重大项目的部署，同时通过一批神经科学和类脑智能领域拔尖人才的引进，在神经科学和类脑智能方面也取得很多成绩。但与发达国家相比，我国神经科学和类脑智能整体科技水平还有相当差距。面对西方国家在神经科学和类脑智能方面的新一轮强势出击，作为建设中的科技强国，我国神经科学和类脑智能已经进入必须有所作为、不进则退的关键时期。神经科学和类脑智能的发展影响着对人类 - 机器互作行为的判断，决定着对人类 - 机器关系的基本走向，并从意识和思想源头上影响着人类生产方式、生活方式、学习和思维方式、对抗方式，对经济、社会、教育、国防安全，对未来智能社会到来之后的超智能社会的方方面面必然造成可以预测或难以预测的深刻影响，存在重大机遇。

（2）神经科学和类脑智能研究处于历史性发展窗口期

神经科学和类脑智能是在当代多学科交叉会聚背景下，传统经典学科重新崛起的重大研究领域的典型代表。与遗传学、化学、物理学、材料学、工程学、计算科学、数学、心理科学、社会学及其他基础学科高度交叉，会聚技术（纳米科技、生物技术、信息技术、认知科学，NBIC）、生物大数据、第四范式概念的提出等，为记忆、思维、意识和语言发生等重大神经问题提供了全新的研究思路和有效方法。在突触与可塑性、神经环路、计算神经科学、认识神经科学、疾病神经科学、脑机接口、类脑与人工智能等领域形成新热点，多项重大突破被列入《科学》等权威杂志近年来年度十大突破中。

2. 面临挑战

整体上，科技项目方向布局、科技成果之间，点状散布，同步发力、系统互动不足，根源是缺乏强有力的领导组织体系和科学决策体系并进行顶层设计和系统谋划。神经科学和类脑智能涉及范围宽、学科广、边界定在哪里？基础研究、应用研究、技术研发和转化应用之间如何平衡，重点重心放在何处，如何科学地预期科技目标？围绕科技目标，如何配置经费、项目等创新资源，学科之间、部门之间、地区之间、不同团队之间的定位和协同作用如何发挥？如何开展有效的国际竞争和合作？这些都是亟待解决的问题。在国际竞争激烈、存在国家重大需求的背景下，针对这些问题需要有强有力的科技组织体系和科学决策体系，并从顶层进行神经科学和类脑智能发展的设计和系统谋划，提出一个具有极强科学性和操作性的整体方案。

（1）重大科技计划经费投入缺乏科学灵活的论证机制

作为一项重大的系统工程，我国神经科学和类脑智能发展涉及可观的经费及众多的部门，必须经过严格的论证，慎之又慎。但同时，面对日益严峻的国际发展形势，也要求尽快完成论证过程，尽快启动相关科技计划。在这个过程中，需要尽快建立重大科技计划科技经费投入的兼具科学性和灵活性的论证机制，需要考虑到科技发展目标的基本需要，同时也需要考虑到科技发展过程中现有基础、人才和物力，以及科学发展中的不确定性问题，加强经费投入论证机制科学化、参与主体的多元化，避免经费投入机制的僵化。

（2）重大变革性研究突破缺乏，直接原因是缺少变革性技术，深层次原因是跨学科协同机制建设的滞后

在神经科学和类脑智能领域，从单细胞记录技术到神经成像技术、光遗传技术，我国神经科学和类脑智能学者多数使用着国外研发的设备和技

术。神经科学和类脑智能作为技术密集的研究领域，从某种程度上，技术的先进性决定了研究进展的速度和突破的程度。而技术的研发涉及生命、信息、物理、化学、数学、材料、控制等多个学科，以及从基础到临床、从科学到工程多个方面，因此，加强神经科学和类脑智能研究需要高度的跨学科协同机制建设。

（3）领军人才不足，训练有素的青年人才匮乏，根源是具有国际竞争力的内生性人才培养模式尚未形成

神经科学和类脑智能的竞争归根到底也是人才的竞争。当今发达国家中处于科学研究一线的主力军是经过博士科研训练的博士后、助理研究员和副研究员青年科研群体，该群体年龄在 25 ～ 40 岁，属于最具创造力和精力旺盛的群体。需要注意的是，我国该年龄段一大批优秀人才都在国外留学，在那里贡献了他们的创造力。如何依靠内生性培养机制，形成具有国际竞争力的人才团队，是我国政府和科研机构都需要研究的重要课题。

### 8.4.2 发展类脑智能的路径与建议

1. 充分重视发展神经科学和类脑人工智能技术的必要性和紧迫性，加快重大科技计划部署和实施

2016 年，"脑科学与类脑研究"被《"十三五"国家科技创新规划》确定为重大科技创新项目和工程之一，神经科学和人工智能界为之一振。目前，"脑科学与类脑研究"作为"科技创新 2030 —重大项目"已启动的4 个试点之一，进入编制项目实施方案阶段。虽然资助力度不断加强，但与发达国家相比仍有很大差距，缺乏重大科技计划科技经费投入的科学灵活的论证机制成为重大系统工程顺利开展的掣肘之一。因此，应充分重视发展神经科学和类脑人工智能技术的必要性和紧迫性，加快重大科技计划部署和实施。

此外，中国科学院战略性先导科技专项（B 类）"脑功能联结图谱"于 2015 年 6 月完成了脑科学与智能技术研究的融合，更名为"脑功能联结图谱与类脑智能研究"。脑科学与类脑智能研究的融合才开始不久，需要相对稳定的持续支持，以继续推动这两个方向更加紧密地融为一体。

2. 充分调动和利用社会资源，加快人才的培养、集聚和流动，促进科技成果的转化和产业化，为提升国家综合竞争力作出贡献

脑科学与智能技术两大前沿领域相互学习、相互借鉴、相互渗透是未来科技发展的大趋势。为了应对日趋激烈的国际竞争，建议加强脑科学与智能技术复合型人才培养。美国理论和计算神经科学起源于 20 多年前，建立了 5 个中心，后来发展成 10 余个。20 多年来，这 10 余个中心吸引了很多物理、数学、工程等领域来的年轻人，并且把他们培养成了这个领域的精英，这个模式在欧洲、以色列也很成功。现在国内迫切需要建立这种类似的平台。2010 年开始在国内建立了一个计算认知神经科学的高级暑期班，这个暑期班的重点就是认知和计算，几年来已经培养了一批年轻人，也吸引了越来越多的人才。国内在这方面需要有一定的支持，建立一种机制真正吸引年轻人进入这个领域。

3. 打破学科壁垒，加强跨学科的合作

脑科学和人工智能研究跨多个学科领域，但从目前的状况来看，尽管经过 20 多年的研究，绝大部分实验和理论仅局限于考虑局部的脑区。大脑是由很多层次和反馈连接的复杂动力学系统，神经连接线如果加起来，大概有 10 万英里长，差不多是地球到月亮的一半距离，其中 80% 以上是反馈元件。如此复杂的动态系统，需要脑科学的不同领域、方向一起研究，才能完整地理解大脑是如何运转的。此外，为了推动理论和数据分析的发展，必须加强来自多学科的实验学家和理论学家的合作，如统计学、物理学、数学、工程及信息科学等。上海交通大学医学院附属精神卫生中心徐一峰院长提出，除了生物学因素之外，社会、心理等因素都可能成为精神医学的基础。按照白宫网站上的说法，精神医学是在正确的时间对正确的人用正确的治疗方法，这就需要有海量的数据和庞大的分析。但是由于数据过于庞大，用任何一种方法做任何一种简单的分析都很难完成，因此医生和科学家可以共同合作，在这方面实现大的进展。

4. 加强信息交流，实现数据的互通共享

大数据最重要的就是分享，脑科学、基因研究等产生了各种尺度、不

同水平的数据。这些数据不可能由一家公司、一个机构收集，如果不共享不分享，这些都只是片段数据，无法真正发挥作用，所以必须建立一个共享分享的平台。有的人愿意把数据共享，有的人不愿意把数据共享，有的人愿意有条件地共享，因此，需要建立一个合作的机制。关于数据共享的问题，美国现在已经开始了非常庞大的工程，把多尺度数据和多中心数据整合起来。一旦做成，将会带来不可想象的结果。国内也应该着手开展类似的数据整合工程。

5. 加强相关行业立法执法和互联网监督治理

随着人工智能技术的不断发展和普及应用，对人类伤害的风险也越来越大，其危害结果和社会影响远大于使用其他工具，其责任认定和"量刑"标准都缺乏科学客观、公正合理的依据，需要健全和完善相关行业的立法和执法。人工智能应用过程中，一大应用基础就是海量数据的收集、分析和应用，但现行法律对大数据的规范，包括数据权属问题、数据采集主体资格、数据安全管理及跨境流通等问题，都还比较模糊，需要制定和健全大数据管理与保护制度。同时，由于人工智能正在对几乎社会生活的各个领域产生广泛深入的影响，但政府监管部门目前仍按传统部门分工对人工智能技术的产品进行监管和审批，对产品的智能化水平及其影响关注不多，有必要在相关立法或部门三定方案中，对该职能予以明确和强化。

另一方面，人工智能的发展与网络的融合日益紧密，必须加强对新技术和新业态的风险研判，高度关注人工智能技术在同网络结合时可能出现的问题、隐患及其表现形式，加大对人工智能网络监管力量的投入力度，提高执法队伍的技术水平，提升监管设备和监管方式的智能化水平，强化事前、事中监管，提高监管水平和保障相关产业健康发展的能力。

同时，还要加强人工智能技术及其应用的道德伦理研究，围绕人工智能技术服务内容，与时俱进，加快人工智能道德伦理规范体系的构建，在相关社会经济领域、相关产业和产品植入智能化基因的同时，要同步植入伦理化因子，在人机交互方面构建共生互利和谐的科技人文关系。

# 第9章 颠覆性技术创新前瞻性治理

颠覆性技术以快速潜入和替代的方式对传统或主流技术产生颠覆，引发规则和格局革命性地变迁。世界各国都高度重视颠覆性技术，并不同程度地进行战略规划与强化部署。同时，技术变革带来的不确定性、风险和替代阵痛也引发忧虑，比如互联网对传统商业模式的冲击、2018 年"基因编辑婴儿"事件对生命伦理的挑战等。探索开展前瞻性治理，是推动颠覆性技术创新快速、健康发展的有效路径。

颠覆性技术的前瞻性治理，是指以引领和保障颠覆性技术健康发展为目标，以前瞻的视角分析预测其发展过程及复杂影响，建立融入颠覆性创新全过程、多主体长期良性互动且令人信赖的主动型治理体系，旨在积极谋划和主导促进颠覆性技术发展、抢占科技发展制高点的同时，促使产业和社会格局的平稳过渡与健康快速发展。

## 9.1 颠覆性技术创新前瞻性治理的特征

科技的发展促进生产力水平提升，进而不断调整塑造人类社会的发展模式、形态结构和运行规则，同时推动道德准则、伦理框架、政策法规、体制机制等不断调整适应。由于颠覆性技术是具有重大变革意义的技术，会对发展路径、产业结构、社会文化和军事等产生迅速且深刻、剧烈的颠覆和重构，而且随着技术不断迭代发展、融合颠覆，也可能带来不确定性的升级。颠覆性技术创新对既有格局、规则和框架的冲击迅速、影响剧烈，其程度甚至可能超过治理框架体系的自适应调整能力。因此，构建前瞻性治理体系是应对颠覆式技术发展客观需求的必然选择，提供主动型的系统性解决方案，并进行长期动态调整的过程治理，科学引导、有力支撑其长期良性的发展。该治理体系应具备如下特征。

### 9.1.1　前瞻性与动态性

无论是以重大核心突破或实现交叉融合为基础，还是以对现有技术的创新应用为基础，颠覆性技术创新一方面迅速改变工作生活方式、产业经济和社会形态，导致原有优势归零、竞争规则和格局重塑，带来企业的崛起或退出、产业的新兴或没落；另一方面还可能带来剧烈的思想认识冲击、伦理挑战、未知恐惧、风险加剧等问题。理解和治理发展过程中的颠覆性技术，需要摆脱既定思维模式的束缚，以前瞻的视角、发展的眼光，预见预判其推进作用、缺乏的基础与条件、潜在风险、替代成本和淘汰代价，并进行系统性的部署，既要推进保障技术创新和应用拓展的蓬勃发展，又要降低不确定性，通过提前部署和准备，尽可能缓解或避免其带来的冲击。

植根于固定和既有规则的静态监管模式，以及应对技术突袭的应急治理方式都难以适应颠覆性技术的发展。前瞻性治理应随着颠覆性技术的发展，根据其发展阶段与态势、创新环境、战略重点以及治理的反馈与评估等，不断动态调节治理分工协同和治理重点，实现体系的系统适应性，从而保障治理的科学性和有效性。既可避免因过早或过严地干预而错失的颠覆性技术创新机遇，又可防止因监管过软、预警缺失而只能"禁围堵""打补丁"等被动局面。

### 9.1.2　系统性和多元性

颠覆性技术的培育、发展和应用贯穿着创新价值链全链条的各个环节，每个环节之间有着天然关联和相互作用。颠覆性技术的作用发挥也具有多层次、多路径、跨领域等特点，涉及众多主体、领域、产业，也可能挑战众多的既有规则，影响众多群体。任何一个或多个孤立的治理主体，任何一项或者多项孤立的治理措施，所起的作用都是局部或片面的，都不可能全面解决颠覆性技术发展面临的系统性问题。因而，前瞻性治理需要全局视角和系统性思维，以降低颠覆性技术发展的风险和不确定性、解决公共问题和保障公共利益为目标，强调政府、市场、创新主体和社会大众的分工与协作，重视多元主体在治理中的重要作用，加强多方的互动和协同，最终实现社会的稳定发展和整体利益的最大化。

## 9.2 颠覆性技术创新前瞻性治理的核心研究框架

为保障和激励颠覆性技术创新和应用的发展，尽可能降低不确定性和风险，疏导技术变革替代所带来的不适应和代价，帮助社会稳步过渡和加快发展，基于颠覆性技术发展与应用的全周期，我们提出颠覆性技术创新前瞻性治理的核心研究框架（表 9-1）。该框架包括促进式保障和引导式监管两个方面。

1）促进式保障框架。根据预判技术发展可能带来的重大有益变革，设计支持技术创新产生、培育、孵化和应用的促进式保障要素，包括创新价值全链条涉及的战略决策与政策设计、组织管理模式、资源配置、人才资源、基础设施、产业发展保障等。

2）引导式监管框架。根据预估技术发展的不确定性和风险，判断可能引发的安全、伦理和社会问题，设计了从风险管理、公共政策治理、伦理治理到法律规范的引导式监管要素。

颠覆性技术创新前瞻性治理核心研究框架提供了一个全局的视角，每项要素和举措都是治理考虑的重要方面，针对技术的发展阶段、创新环境和国家需求，可以进行有策略、有侧重、有步骤、持续性、互动性地综合性治理。但这并不意味着可以挑选孤立的若干要素进行局部的、片面的治理，否则只会倒退回被动的应急式响应管理。

表 9-1　颠覆性技术创新前瞻性治理的核心研究框架

| 维度 | 核心研究要素 | 可能考虑的方面或采取的举措 |
| --- | --- | --- |
| 促进式保障框架 | 战略决策与政策设计 | 强化早期识别与战略路径的顶层设计，研判发展阶段和影响范围及强度，开展战略性前瞻部署 |
| | | 设立专项科技计划，引导科技创新 |
| | | 开启群智决策模式，建设群智研讨机制，奠定协商治理的决策基础 |
| | 组织管理模式创新 | 建立颠覆性技术专门研究机构，推动和引领颠覆性技术的培育与发展 |
| | | 构建全链条协同研发模式，建立柔性、长效、权责清晰的研发创新管理机制，促进颠覆性技术研发和应用 |
| | 资源配置强化 | 强化政府资源投入的引导性作用，优化资源支持方式和投入方向，稳定支持基础共性、核心关键技术的提升和突破 |

续表

| 维度 | 核心研究要素 | 可能考虑的方面或采取的举措 |
|---|---|---|
| 促进式保障框架 | 资源配置强化 | 探索多元研发投入模式，开拓国际合作和资源引进，共同促进颠覆性技术创新的产生和发展 |
| | 人才资源优化 | 优化人才结构，建设专业型和通用型人才队伍 |
| | | 大力引才、精心育才、服务留才，积累高端颠覆性技术创新人才资源 |
| | | 优化用人环境，建立完善的研发和生活保障机制，回归科学精神，营造良好的科技创新环境 |
| | 科研基础设施建设 | 加强共性或专用型科技基础设施建设和应用拓展升级，奠定物质技术基础 |
| | | 重视科研信息数据、软件、计算能力等条件研发和建设，奠定软设施基础，建立设施共享机制和协作联盟 |
| | 产业发展保障 | 推动政府和市场双轮驱动机制，重点面向产业发展需求，充分发挥企业的主体作用，激发中小企业的潜在优势 |
| | | 支持建立颠覆性技术创新合作联盟或技术共同体，共享和发展基础共性技术 |
| | | 实施积极的知识产权和标准化战略，促进颠覆性技术的创造、保护、利用和扩散 |
| 引导式监管框架 | 风险管理 | 关注颠覆性技术的风险研究，树立前瞻性风险管控意识，建立风险跟踪分析评估与预警机制，强化社会、产业、经济、伦理道德等各方面风险的预估和研究，指导风险防控 |
| | | 建立完善的风险应对体系，全面提升风险管理水平 |
| | 公共政策治理 | 坚持重大风险化解和公众利益最大化的导向，指导前瞻性公共政策治理 |
| | | 加强对可能被颠覆产业、行业的预判与研究，制定系统的政策组合；对相关产业结构、商业模式、人员就业等提前进行转型引导；部署夯实转型基础，在颠覆性技术不断涌现的新常态下，消减淘汰产业行业带来的阵痛，培育转型发展的新动能 |
| | | 政府引导推动行业自治，构建"多元共治"的公共政策治理体系 |
| | | 系统引导公众参与，建立更广泛与多元的主体格局 |
| | | 开展公私合作与全球合作，形成全球范围以及各主体间的公共政策共识 |
| | 伦理治理 | 研究制定伦理准则，加强伦理的研究和审查监管，建立国家伦理监管体系 |
| | | 尊重和保护个人隐私 |
| | | 促进技术的公平获取和使用 |
| | | 保障人类生命健康和社会安全 |
| | | 促进技术开放，提升技术的全社会价值 |
| | 法律治理 | 纳入法律治理轨道，消解颠覆性技术负面效应产生的严重后果 |
| | | 梳理现有监管政策和法律的空白与问题，建立完善的颠覆性技术法律治理框架 |

注：需要考虑的研究要素和可能采取的措施包括但不限于上表所列内容，同时措施也根据颠覆性技术发展的阶段、影响的范围及强度等因素而不同，可有侧重地选择不同措施并调整实施力度。

颠覆性技术代表了一类最为复杂、影响最为广泛的技术，需要同步考虑的前瞻性治理因素最为全面。其他类型的技术可以在此研究框架下，根据自身特征选择相关治理要素构建治理框架、建立预案机制。

### 9.2.1  颠覆性技术促进式保障举措

#### 1.战略决策与政策设计

（1）强化早期识别与战略路径的顶层设计，研判发展阶段和影响范围及强度，开展战略性前瞻部署

颠覆性技术与常规持续性技术的发展路径差别较大，是一个系统且涉及多个创新单元的技术发展和应用过程，这将对现行科技管理体制提出新的挑战。在现有科技管理体制下，针对颠覆性技术的特点，一方面，进一步强化科技创新管理体系的顶层设计，规划研发战略路径，统筹协调颠覆性技术创新相关的政府职能，为颠覆性技术创新所需的发展计划、人力支撑、资源配置、基础设施和组织管理等提供充分政策制度保障；另一方面，加强颠覆性技术的早期识别，研判技术发展阶段和影响范围及强度，加强前瞻性科技创新引导，引领颠覆性技术的发展和攻关方向，推进颠覆性技术战略性前瞻部署。

欧盟委员会于2018年6月发布"地平线欧洲"计划（第九框架计划）提案[1]，提出2021~2027年研究创新蓝图，包括：保证必要的公共投资、刺激私人投资，有效利用金融工具吸引投资、创造支持创新的税收系统；优化规制框架促进创新；建立欧盟创新理事会，识别并扩大突破性和颠覆性创新，使欧洲成为创造市场的创新领跑者等。

---

〔1〕European Commission. Decision of the European Parliament and of the Council on Establishing the Specific Programme Implementing Horizon Europe: The Framework Programme for Research and Innovation. https://ec.europa.eu/commission/sites/beta-political/files/budget-may2018-horizon-europe-decision_en.pdf[2019-09-30].

美国白宫科技政策办公室 2018 年发布备忘录，明确 2020 财年研发优先领域[1]，将在颠覆性技术创新领域加大投资，具体包括：①确保人民安全。在人工智能、自主系统、高超音速、现代化核威慑以及先进的微电子、计算和网络能力方面进行优先投资；还应投资于提高国家及关键基础设施的安全性和恢复能力的研发，使其免受自然灾害、物理威胁、网络攻击以及来自自主系统和生物制剂的新威胁。②确保在人工智能、量子信息科学和战略计算领域的领先地位。应投资于人工智能的基础研究和应用研究，包括机器学习、自主系统和人类技术前沿的应用；应优先考虑量子信息科学研发，以构建探索下一代量子信息科学理论、设备和应用所必需的技术和科学基础；应优先考虑能保持美国在战略计算方面领先地位的研究和基础设施。

德国联邦政府于 2018 年 7 月提出人工智能战略要点文件[2]，确立了德国政府发展人工智能的目标以及在研究、转化、人才培养、数据使用、法律保障、标准、合作等优先行动领域的措施。

韩国于 2018 年 4 月发布《创新增长引擎》计划[3]，从战略上培育基于研发的新产业，包括智能基础设施、智能移动物体、会聚服务等，并将利用这些引擎领域的发展为第四次产业革命做好准备，计划同时确立了 2022 年上述技术方向希望实现的具体目标。

（2）设立专项科技计划，引导科技创新

颠覆性技术具有不确定性、失败可能性和无法集中短期攻关的特性，因而需要面向颠覆性技术设立专项的科技计划，在尊重科研规律的基础上，形成系统性、稳定化的技术研发推动力，营造宽松的容错环境，引导科技

〔1〕Executive Office of The President. Memorandum for the Heads of Executive Departments and Agencies. https://www.whitehouse.gov/wp-content/uploads/2018/07/M-18-22.pdf[2019-09-30].

〔2〕Die Bundesregierung. Eckpunkte der Bundesregierung Für eine Strategie Künstliche Intelligenz. https://www.bmbf.de/files/180718%20Eckpunkte_KI-Strategie%20final%20Layout.pdf[2019-09-30].

〔3〕MSIT(Ministry of Science and ICT) .The Innovation Growth Engine. http://iac.nia.or.kr/board_files/96/downloud[2019-09-30].

创新，切实推动颠覆性技术的落地实施。

日本科技政策委员会从 2013 年起开始推进 ImPACT 计划[1]，计划经费约占日本科技计划经费的 4%，致力于建立一个全新的系统，促进给社会带来变革的颠覆性创新，转变日本国内研究开发的固有思维模式，从创新内生发展向迎接挑战转变，从封闭创新向开放创新转变。

法国从 2018 年起全面实施"大规模投资计划"（GPI，2018~2022）[2]，用于投资生态转型、提升就业竞争力、鼓励创新和发展数字化等四大优先领域。此外，法国还将设立创新与工业基金，主要用于支持深科技初创企业和重大挑战突破性创新，如增材制造、生物制造、人工智能、纳米卫星等。

（3）开启群智决策模式，建设群智研讨机制，奠定协商治理的决策基础

颠覆性技术发展的复杂与多元性决定了相关的决策更多地基于群体智慧，因而群智决策模式的转变与群智研讨机制的建设至关重要。

深化人工智能、大数据和云计算等信息技术的赋能作用，充分把握群体智慧涌现的趋势，开展群体感知和群智计算研究，实现精英决策到群体参与的科技决策模式升级，实现技术研发和产品设计策略的最优选型，助力颠覆性技术的突破和创新。

2. 组织管理模式创新

（1）建立颠覆性技术专门研究机构，推动和引领颠覆性技术的培育与发展

常规研究机构难以满足颠覆性技术的组织和管理要求，需要成立专门的研究机构，这也成为世界主要科技国家采取的共同举措。美国 DARPA 自 1958 年成立，长期关注前瞻性、高风险、高收益的颠覆性技术研发与转化，避免美国被他国技术突袭。之后，美国国家理事会、高级研究与发

---

〔1〕JST. Impulsing Paradigm Change through Disruptive Technologies Program (ImPACT). http://www. jst. go. jp/impact/en/intro.html[2019-09-30].

〔2〕Premier Ministre. L' ambition de la France pour l' investissement et l' innovation. https://www. gouvernement. fr/partage/10317-notre-ambition-pour-l-investissement-et-l-innovation[2019-09-30].

展组织、情报高级研究计划局、美国空军等机构纷纷设置类似于 DARPA
的部门或机构，开展高精尖技术研究和孵化工作。借鉴美国颠覆性技术发
展的管理经验，2012 年 10 月，俄罗斯成立未来研究基金会，针对未来安
全威胁专门研究国防前沿技术，为巩固俄罗斯国防和国家安全做好先期技
术准备，先后建立国家机器人发展中心、先进材料发展中心和量子信息与
高级电子组件基地，5 年内完成了 34 项新科研方案并获得了 400 余项智能
活动成果。法国在国防部武器装备总署下设立探索与先期研究处，其中就
包含创新管理和颠覆性技术探索工作。

（2）构建全链条协同研发模式，建立柔性、长效、权责清晰的研发
创新管理机制，促进颠覆性技术研发和应用

颠覆性技术创新是一项复杂漫长的研发过程，面向技术预警、需求论
证、项目立项、执行管理、转化应用和项目退出的技术全链条构建协同研
发模式，建立柔性、长效、权责清晰的创新管理机制。在技术预警方面，
跟踪和监测世界科技进展，对技术未来发展趋势进行预测，瞄准满足国家
重要战略需求、具有长远产业应用价值的颠覆性技术或领域开展前瞻性战
略布局和规划；在需求论证和项目立项方面，坚持需求和技术颠覆性为主
导，兼顾考虑基础研究科学家、技术专家和企业家的意见，优化以往基于
专家共识的项目论证和立项机制，避免"颠覆性技术是被专家'投'没的"
现象；在执行管理方面，参考国外的项目经理制度，以具有独特远见的项
目领导者为核心，及时把控项目执行情况，分阶段进行项目资助和验收，
动态调整项目和资助计划，同时始终开放接受新提案、新思路的机会；在
转化应用方面，充分了解不同颠覆性技术的特点，尽早部署和开展有针对
性的技术转移转化工作，营造良好的技术转化环境；在项目退出方面，适
时撤销技术保护措施，促进技术的流通和应用。

2018 年 8 月，德国联邦内阁通过了由教育研究部与经济部联合提出的
促进颠覆性创新的倡议[1]，决定建立民用领域的颠覆性创新研究资助机构，

〔1〕BMBF. Agentur zur Förderung von Sprunginnovationen. https://www.bmbf.de/files/
Eckpunkte%20der%20Agentur%20zur%20F%c3%b6rderung%20von%20Sprunginnovationen_
final.pdf[2019-09-30].https://www.bmbf.de/files/Eckpunkte%20der%20Agentur%20zur%20
F%c3%b6rderung%20von%20Sprunginnovationen_final.pdf[2019-09-30].

旨在为创新主体提供资金和自由空间，将颠覆性创新想法转化为应用，为经济的可持续增长、创造高质量就业岗位以及显著改善生活质量做出贡献。其组织实施方法包括：①以有限责任公司的法律形式成立。颠覆性创新资助机构将由联邦委托，实施促进民用领域颠覆性创新的倡议，联邦是有限责任公司的唯一股东。②建立类似于美国 DAPRA 的"项目经理"制。机构将从学术界和产业界聘任创新领域经济丰富、有创造力、才能卓著的"创新经理"。"创新经理"拥有极大自主权，负责提出要解决的具体问题、遴选最适合的项目构想和团队、分配资助经费、监督项目进度、决定项目周期、引导项目走向应用。其任期最长不超过 6 年。③为资助机构专门制定特殊管理规定。财政经费按照总额预算制以最大的灵活性予以提供和管理；员工法规将支持快速吸引来自产业界和海外高水平人才，允许按照任务具体要求给予相应报酬。其资助手段包括创新竞赛，项目招标，以及资助在主题、学科和技术上采取开放形式等三类。

3. 资源配置强化

（1）强化政府资源投入的引导性作用，优化资源支持方式和投入方向，稳定支持基础共性、核心关键技术的提升和突破

颠覆性技术创新需要长期稳定的资源投入与支持，以美国为代表的发达国家在颠覆性技术创新投入方面不遗余力，我国也应加大研发资源的投入，并逐步强化政府资源投入的引导性作用，优化研发资源支持方式，合理分配研发投入方向。在中央和各级政府层面设立专项资金，针对颠覆性技术周期长、风险大、短期效果不明显等特点，在资金支持方式上采取小额起步、逐步增加的支持方式，同时启用及时中止机制和审查建议机制，保证科研投入的绩效；此外，在研发投入方向上更加关注基础共性技术和核心关键技术，颠覆性技术多来自新科学原理的发现或现有技术的融合突破，因而基础共性技术和核心关键技术是颠覆性技术产生的源泉，如果缺少了必要的基础研究和技术研发积累，即便发现了颠覆性技术的潜在方向，也很难实现持续的提升与突破。

　　美国 DARPA 斥资 20 亿美元研发下一代人工智能技术[1]。美国 DOE 和 NSF 拨款 2.5 亿支持量子信息科学研究旨在为下一代计算与信息处理以及其他创新性技术奠定基础。同时，NSF 宣布拨款 3100 万美元资助基础量子科学研究[2]。

　　法国政府于 2018 年 3 月下旬宣布将在 2022 年前投资 18 亿美元用于 AI 研究；英国政府 2018 年 1 月决定投入超过 13 亿美元，力争在 AI 道德领域处于领先地位；欧盟委员会在 2018 年 4 月发布的一份报告提出，将在 2018~2020 年在 AI 领域提供 240 亿美元投资[3]。

　　（2）探索多元研发投入模式，开拓国际合作和资源引进，共同促进颠覆性技术创新的产生和发展

　　颠覆性技术创新不仅需要政府资源的稳定长期投入，还需要国家创新各单元的合作支持，并且开拓国际合作和资源引进。探索多元研发投入模式，积极引导科创基金、风险投资、天使投资、金融信贷、外债融资等支持颠覆性技术研发，发挥资本市场支持技术创新的功能，形成政府与社会资金的共同支持机制。营造合作环境，鼓励研发机构开展国际合作，交流学习国外先进技术研发经验，积极引进国际资金和技术资源，共同促进颠覆性技术创新的产生和发展。

　　德国政府在高科技园区及产业开发方面以吸引社会力量及资本投入为重点，最终实现市场化运作。在 Adlershof 园区，联邦政府和柏林市政府没有直接参与园区投资，只是提供优惠与扶持政策，招揽投资者或创业者。比如：引入欧盟结构基金，促进园区的基础设施建设等。在德国柏林凤凰创新园区，柏林市政府先期投入 960 万欧元建设创新中心，之后引入公共私营合作制（PPP）模式，交由民营资本园区管理公司来经营管理，重点

---

〔1〕DARPA. DARPA Announces $2 Billion Campaign to Develop Next Wave of AI. https://www.darpa.mil/news-events/2018-09-07[2019-09-30].

〔2〕NSF. NSF Announces New Awards for Quantum Research, Technologies. https://www.nsf.gov/news/news_summ.jsp?cntn_id=296699&WT.mc_id=USNSF_51&WT.mc_ev=-click[2019-09-30].

〔3〕中国科学院科技战略咨询研究院. 美国白宫研讨促进人工智能发展的投资与政策措施. http://www.casisd.cn/zkcg/ydkb/kjzcyzxkb/2018/zczxkb201807/201807/t20180712_5041853.html[2019-09-30].

对入园的初创企业提供研发创新、贷款协助、咨询服务、教育培训等方面的帮助，同时推进园区内大中小企业间的合作、不同企业间的合作[1]。

中关村于 2018 年 11 月发布了《关于进一步支持中关村国家自主创新示范区科技型企业融资发展的若干措施》[2]和《中关村国家自主创新示范区关于支持颠覆性技术创新的指导意见》[3]两项措施，其中提出，针对颠覆性技术周期长、风险大、短期效果不明显等特点，在资金支持方面将采取小额起步、逐步加码的支持方式，对于在实施过程中取得重大突破、进入成果转化或产业化阶段的项目，可按照政策每年给予最高 3000 万元的资金支持，累计支持金额最高 1 亿元。

### 4. 人才资源优化

#### （1）优化人才结构，建设专业型和通用型人才队伍

创新驱动的实质是人才驱动，人是颠覆性技术创新的核心。颠覆性技术创新研发过程需要体系化的专业型和通用型人才队伍进行有效支撑。颠覆性技术创新人才需要具备科学合理的人才结构，既需要能够把握技术趋势和未来社会发展、可提供优质战略咨询的基础研究科学家，也需要在技术研发层面精深、可构建技术原理或方案设计的技术专家，还需要懂得技术和商业运作、可将技术研发转化为创新产品的企业家，使得技术能够真正对商业和市场产生颠覆性的影响。而集战略科学家、技术专家和企业家于一身的复合通用型科技人才则是当下我国乃至全世界都最为稀缺的高端创新人才[4]。

〔1〕邵永发，贺广红. 创新德国——德国信息化工业化融合发展及科技园区建设的启示与借鉴. 长江论坛，2017，(6):23-28.
〔2〕中关村管委会. 关于印发《关于进一步支持中关村国家自主创新示范区科技型企业融资发展的若干措施》的通知. http://zgcgw.beijing.gov.cn/zgc/zwgk/zcfg18/sfq/179842/index.html.
〔3〕中关村管委会. 关于印发《中关村国家自主创新示范区关于支持颠覆性技术创新的指导意见》的通知. http://zgcgw.beijing.gov.cn/zgc/zwgk/zcfg18/sfq/179774/index.html.
〔4〕朱亚宗. 复合型科学家：颠覆性创新产品研发的灵魂. 国防科技，2018,39(4):100-103.

（2）大力引才、精心育才、服务留才，积累高端颠覆性技术创新人才资源

高端颠覆性技术创新人才的积累既要加大国际引进，也需要加强本土培养，并针对技术发展的各个环节进行人才合理配比和引进。一方面，需要大力引才，致力打造开放的姿态，通过多元式聘任、国际交流合作、发展留学教育和优化移民系统等路径引进国际高端人才。另一方面，需要精心育才，完善和优化学科体系，开展全面的人才继续教育和高端培训工程，通过优质教育资源聚集、国外学习深造、国际组织供职等方式培育高端创新人才。最后，需要服务留才，优化科研条件和基础设施，为人才搭建干事创业的平台；建立完善的生活保障机制，保障人才专其能、致其力、尽其用；营造良好的科技创新环境，回归科学精神，遵循科学发展规律，使得人才能够静下心来关注科学本身。

《美国机器智能国家战略的建议》[1]，提出要扩大计算机科学特别是机器智能方向的学位计划；为下一代投资通用的基本数字化能力；再次强调软技能的发展和通识教育的重要性；组建美国教育部工作组，研究机器智能对国家教育系统的长期影响；创建积极欢迎外国有才之士的移民系统；激励企业为其在岗员工继续教育投资；为在岗工作人员和未来的工作人员提供继续教育的机会；加强社会保障，支持过渡期的员工。

日本于 1985 年设立了国家级的青年人才资助计划——日本学术振兴会的"特别研究员"计划。在此基础上，日本理化学研究所仍然于 1989 年自主设立自己针对青年人才吸引和培养的计划，大大提高了对青年人才的吸引力，这是理化所人才汇聚、成为国际著名科研机构的重要原因之一。2018 年 7 月，日本理化学研究所启动了 2019 "基础科学特别研究员"计划的评审工作，旨在吸引和保障富有独创性的年轻人才在理化所长期、稳定地开展基础研究[2]。

---

〔1〕 CSIS. A National Machine Intelligence Strategy for the United States. https://www.csis.org/analysis/national-machine-intelligence-strategy-united-states.

〔2〕理化学研究所 . 基礎科学特別研究員制度 . http://www. riken. jp/careers/programs/spdr/[2019-09-30].

德国在《联邦政府人工智能战略要点》文件[1]中提到，劳动力市场的结构性改革，制定人工智能在工作领域中的国际与欧洲管理框架；在国际和欧盟层面建立人工智能观测机构，定期全面评估当前发展以及人工智能对就业的潜在和后续影响；制定并实施全面的专业人才和培训战略，开发促进劳动者发挥技能的方法。在加强培养和吸引专业人才方面，资助设立人工智能教授岗位；提高工作条件及工资的吸引力；资助教育、培训和继续教育计划；建立旨在防止人才外流和吸引国际人才的政策环境；将人工智能的基础知识作为计算机科学、自然科学、社会学和工程学课程中固定教学内容。

5. 科研基础设施建设

（1）加强共性或专用型科技基础设施建设和应用拓展升级，奠定物质技术基础

科技基础设施是实现科学技术创新升级、颠覆性技术研发突破的重要基础保障。加强共性或专用型科技基础设施建设，加强科技基础设施建设的战略谋划和前瞻布局，面向新一轮科技革命和产业变革趋势下的国家重大需求和行业发展方向，把握颠覆性技术研发需求，集中建设对口的科技基础设施；加强对科技基础设施建设的支持力度，科技基础设施是大型的复杂科学研究系统，建设难度高、维护难、前期回报难以预期，因而需要政府率先投入资金和资源开展建设工作，同时，企业作为颠覆性技术研发的重要力量，政府需要支持和引导其参与科技基础设施建设，通过合作和联盟的方式，充分吸纳企业参与建设决策和实施。最后，加强颠覆性技术研发和产业基地的建设，为颠覆性技术研发突破和成果转移转化提供优质环境。

英国在建设人工智能基础设施方面[2]，将国家生产力投资基金增加

〔1〕Die Bundesregierung. Eckpunkte der Bundesregierung für eine Strategie Künstliche intelligenz. https://www. bmbf. de/files/180718%20Eckpunkte_KI-Strategie%20final%20Layout. pdf[2019-09-30].

〔2〕Department for Business, Energy & Industrial Strategy and Department for Digital, Culture, Media & Sport. Artificial intelligence sector deal. https://www. gov. uk/government/pub-lications/artificial-intelligence-sector-deal[2019-09-30].

到310亿英镑,支持对交通、住房和数字基础设施的投资。对充电基础设施投资4亿英镑,扩大插电式汽车项目投资1亿英镑,从而支持电动汽车发展。数字基础设施的投资超过10亿英镑,包括1.76亿英镑投资第5代移动通信(5G)技术,2亿英镑投资本地区以鼓励推出全光纤网络。

(2)重视科研信息数据、软件、计算能力等条件研发和建设,奠定软设施基础,建立设施共享机制和协作联盟

软基础设施的建设直接影响硬基础设施建设效果,也是颠覆性技术研发突破的重要基础保障。一方面,重视科研信息数据、软件、计算能力等条件研发和建设,奠定软设施基础,保障各类型颠覆性技术研发过程中所需的数据、算法和算力支持。另一方面,建立软基础设施的共享机制和协作联盟,开放合作,推进设施资源整合,实现共享利用和高效集约发展,降低设施建设总体成本,充分发挥设施的使用价值。

法国教研部发布《2018国家研究基础设施路线图》[1],共收录法国99个研究基础设施,根据建设方与资金来源的不同,分为4类:国际组织(多国共同建设)、大型研究基础设施(法国教研部专款支持)、普通研究基础设施(法国科研机构建设)和拟建的研究基础设施。2018路线图的特点主要为以下两方面:①强调数据管理,响应"地平线2020"计划提出的实施数据管理计划的要求,力图做到在尊重欧洲主权的同时,使所有生产、存储、处理与交换数据的基础设施能做到安全地互联,有效管理其产生的海量数据。应遵循可发现性、可公开获取性、互操作性和可重复利用的数据管理原则(FAIR),应对数据爆炸式增长的挑战,为法国与欧洲的科研界提供优化资源、降低成本的数据服务。②计算研究基础设施的全成本。通过两年时间,法国对所有国家研究基础设施进行了全成本统计,在预算经费之外还纳入了实物捐赠等多种形式。全成本统计能体现研究基础设施的真实价值,体现设施的升级演变过程,并为国际谈判提供支持。经统计,2016年法国99个国家研究基础设施的全成本总共为13.38亿欧元(不

---

〔1〕MESRI. La Feuille de route nationale des Infrastructures de recherche. http://www. enseignementsup-recherche. gouv. fr/cid70554/la-feuille-de-route-nationale-des-infrastructures-derecherche.html[2019-09-30].

包括建设费）。基础设施主要包括：①数字科学与数学：超级计算实验基础设施（SILECS）、企业与社会转移转化的数学平台（TIMES）、未来物联网（FIT）、网格计算（Grid 5000）、数学研究大型装备（GERM）、国家级虚拟现实平台网络（RNRVA）；②数字基础设施主要包括法国国家大型计算中心（GENCI）、法国国家技术、教育与研究远程通信网络（RENATER）、法国国家核物理和粒子物理计算中心（CCIN2P3）、法国网格计算研究所（France Grilles）。

英国在建设人工智能基础设施方面[1]，将探索数据共享框架，以保护敏感数据，方便数据访问和确保问责制，从而允许并确保私营部门之间、私营部门和公共部门之间的公平公正的数据共享。

6. 产业发展保障

（1）推动政府和市场双轮驱动机制，重点面向产业发展需求，充分发挥企业的主体作用，激发中小企业的潜在优势

企业创新不仅来自市场需求的推动，也来自市场竞争的压力——谁掌握了核心技术创新，尤其是颠覆性技术创新，谁就可以在市场竞争中占据绝对优势。与大型企业相比，中小企业虽在资金、人才和设备等方面处于劣势，但中小企业规模小，灵活方便，专业化程度、创新效率、工作凝聚力强，富于合作精神，对颠覆性技术创新的需求更高，创新意识更强。因此，中小企业具有颠覆性技术创新的潜在优势。充分发挥这种潜在优势，需要推动政府和市场双轮驱动机制。面向产业发展需求，政府层面提供政策支持，强化中小型、风险型企业的支持力度，使政府在资金支持、技术援助、政府采购、紧急救助和市场开拓等方面适当向这类企业倾斜；积极促进市场的充分开放和产业集群的形成，加强产学研技术转移转化，营造良好的市场竞争氛围，使企业在紧张有序的竞争环境中充分激发创业活力，积极开展合作，探索颠覆性技术创新。

---

〔1〕Department for Business, Energy & Industrial Strategy and Department for Digital, Culture, Media & Sport. Artificial intelligence sector deal. https://www. gov. uk/government/publications/artificial-intelligence-sector-deal[2019-09-30].

硅谷是美国兴起最早、规模最大的高新技术产业中心，是发达国家实施科技集聚的典型代表。硅谷高新技术产业发展的成功经验之一就是重视对中小企业的扶持。硅谷中小企业通过与发展成熟的大型科技企业联系并形成业务合作关系，得以迅速发展壮大。此外，美国政府通过财政支持政策向航空领域和军工研发领域的中小企业提供资金支持，通过相关部门一系列政策的实施，有效提升了社会对于中小企业的信任度[1]。

德国在《联邦政府人工智能战略要点》文件[2]提到要加强企业支持力度，具体措施包括：①帮助中小企业获得人工智能技术、计算能力和云平台，建立数据交换平台；②促进区域集群的形成；③在人工智能应用领域发起由科研界和经济界共同承担的项目；④支持人工智能投入使用的模型试验，建立实验室和测试场，测试新技术和新商业模式；⑤促进科研界与产业界的交流，提高创新者与需求方之间的联结；⑥资助企业间合作，提高德国经济的全球竞争力。另外，还将支持大数据和机器学习能力中心成立衍生企业，扩大对创业的咨询与资助，并设立技术成长基金。

（2）支持建立颠覆性技术创新合作联盟或技术共同体，共享和发展基础共性技术

颠覆性技术创新研发作为一项复杂的系统性工程，单打独斗难以形成高质量、高可用的研发成果。面向具体研发需求和场景，支持建立颠覆性技术创新合作联盟或技术共同体，加强产学研用资源整合及高效利用，共享和发展基础共性技术，相辅相成，实现颠覆性技术的攻坚克难和多点突破。

（3）实施积极的知识产权和标准化战略，促进颠覆性技术的创造、保护、利用和扩散

知识产权保护和标准化是创新的两大杠杆。知识产权战略实现了对颠覆性技术创新的激励、推动和保护作用，我国在 2018 年 11 月发布的《2018年深入实施国家知识产权战略 加快建设知识产权强国推进计划》中专门提

---

〔1〕王晓君. 美国硅谷高新技术产业发展的经验借鉴. 商业经济, 2018, (3): 62-63.

〔2〕Die Bundesregierung. Eckpunkte der Bundesregierung für eine Strategie Künstliche intelligenz. https://www.bmbf.de/files/180718%20Eckpunkte_KI-Strategie%20final%20Layout.pdf[2019-09-30].

到了加强对侵犯颠覆性技术创新知识产权的日常监管执法。标准化是我国从颠覆性技术跟跑者向并跑者和领跑者转变的关键一环，颠覆性技术研发大多是资本和知识密集型的，美国、欧盟等在技术研发之外，也纷纷斥巨资进行技术标准研究，并力促本国／地区标准在国际标准化活动中占据主导地位。实施积极的知识产权和标准化战略，在颠覆性技术的研发阶段加强标准框架体系研究，建立并完善基础共性、行业应用、隐私保护等技术标准，在该颠覆性技术可能产生的细分应用领域加强行业协会和联盟标准的制定；加强颠覆性技术研发的知识产权保护，健全技术创新、专利保护与标准化互动支撑机制，促进研发成果的知识产权化，促进颠覆性技术的创造、利用与扩散。

美国国家安全局早在 2015 年就宣布启动抗量子计算攻击密码算法标准化工作，并逐步将美国信息安全迁移到抗量子密码时代；2016 年指出了量子计算技术对美国加密系统的威胁。针对来自使用量子计算技术的量子计算机的攻击，美国国家安全局与美国国家标准与技术研究院进行合作，共同开发一些新的标准算法以适应量子技术存在的"后量子"时代。欧盟也正在积极开展抗量子密码研究，在"地平线 2020"计划中也明确提出了面向小型设备、互联网、云计算的抗量子密码应用以及标准化[1]。

### 9.2.2 颠覆性技术引导式监管举措

1. 风险管理

（1）关注颠覆性技术的风险研究，树立前瞻性风险管控意识

世界经济论坛管理委员会成员、第四次工业革命中心主任穆拉特·松梅兹（Murat Snmez）认为，"所有机构都必须通过正确的政策、规划与合作方式，让技术革新为人类构建更美好的未来，同时避免技术泛滥带来的风险"。颠覆性技术的发展具有不可预测性和高风险性，除技术本身的

---

〔1〕European Commission. Horizon 2020. https://ec.europa.eu/programmes/horizon2020/ [2019-02-21].

风险外，也会随着技术逐步应用而产生伦理、安全和社会风险。以基因编辑为例，基因编辑工具可能引起免疫反应和脱靶效应，这些突变对药物疗法的研究与开发，可能产生未知的严重后果；在伦理方面，人类的自然属性将受到基因医学技术的"支配"，严重危及到了人的本质，而该类技术的应用还可能产生新的社会歧视——基因歧视，导致未来社会的分裂和不平等；在食品安全方面，基因编辑技术应用于农业生产，可以提高作物产量、改善作物品质，但此类农作物产品是否为转基因产品，食用是否会对人体产生直接或潜在危害，目前尚不可知；在生态安全方面，基于基因驱动的害虫种族灭绝行动可能会影响食物链上层物种进而影响整个生态系统稳定和人类自身的安全；在国家安全方面，基因编辑技术可以用来发明新的病原体，但若发生泄漏，或是被用作生物武器，将会造成严重损失，同时，人类社会也有可能为了抢夺有利的基因技术和基因编码而开战。

人类对事物的认识发展具有历史性、阶段性的局限。2017 年度《卓越风险管理调查报告：颠覆性技术风险管理提上日程》[1]显示，企业对颠覆性技术使用的认知严重滞后于技术实际使用情况，对颠覆性技术风险评估不足，报告建议颠覆性技术风险评估纳入企业全面风险管理中。颠覆性技术的风险预估和管控工作还任重道远，需要政府、研发机构和企业树立颠覆性技术前瞻性风险管控意识，关注颠覆性技术的风险研究，建立风险跟踪分析评估与预警机制，强化社会、产业、经济、伦理道德等各方面风险的预估和研究，指导风险防控。

（2）建立完善的风险应对体系，全面提升风险管理水平

颠覆性技术发展推动了人类的进步，促进了社会生产力的提高，但其对社会经济发展带来的颠覆性变革会伴随出现诸多问题，使人类社会面临风险与挑战。建立完善的颠覆性技术风险应对体系，一方面，需要将颠覆性技术风险预估、分析和研究贯穿到技术发展全过程。技术的发展是一种

---

〔1〕达信 . Excellence in Risk Management ⅪⅤ : Ready or not, Disruption is Here. http://www.marsh.com/cn/zh/insights/research/excellence-in-risk-management-xiv-html[2019-09-30].

动态革新的过程，所带来的风险也是动态变化的，因此颠覆性技术风险预估、分析和研究不能只关注技术活动的某一环节或阶段，需要重视从科学原理设计到技术原理设计，从技术方案实施到颠覆性创新产品产出和应用的各个环节，对每一阶段可能产生或已经产生的技术风险、伦理风险、安全风险、社会风险、生态环境风险等进行有效预估、监控和研究，以指导风险应对措施的制定。另一方面，需要建立完善的风险应对体系，从预估的风险清单入手，界定风险征兆和预警信号，通过协商制定风险应对措施及行动计划，明确风险应对主体和责任归属，制定风险应对所需的资源配置方案。

美国国家纳米技术计划（National Nanotechnology Initiative，NNI）[1]将了解纳米材料的潜在环境、健康和安全(EHS)影响以及纳米技术的伦理、法律和社会影响（ELSI）作为其四个主要目标之一，这也是其纳米环境，健康和安全研究战略计划（nano EHS）的重要组成部分。

NNI 建立了专门的纳米技术环境和健康影响工作组（Nanotechnology Environmental and Health Implications，NEHI），负责领导制定国家纳米技术环境、健康和安全研究议程，并与 NNI 联邦机构和公众交流纳米技术相关环境和健康方面的数据和信息。美国政府致力于 nano EHS 研究的资金从 2005 年 3500 万美元大幅增长到 2014~2016 年每年约 1 亿美元。纳米技术环境、健康和安全活动，包括纳入纳米技术签名倡议（NSI）的相关主题和重大挑战，约占 2018 年 NNI 预算请求的 16%，这些投资在国家纳米技术协调办公室的协助下，通过 NEHI 工作组进行协调。

2. 公共政策治理

明晰的公共政策是实现颠覆性技术负面效应最小化的有力保障。公共政策治理根据颠覆性技术效应情况采取应对策略，重点支持无负效应的颠覆性技术，谨慎对待具有潜在负效应的颠覆性技术，限制和禁止负效应显

---

〔1〕National Nanotechnology Initiative. About the NNI. https://www.nano.gov/about-nni. [2019-01-30].

著的颠覆性技术[1]。

（1）坚持重大风险化解和公众利益最大化的导向，指导前瞻性公共政策治理

对颠覆性技术的公共政策治理应坚持重大风险化解和公众利益最大化的导向。第一，公众利益优先原则。科学活动是以增进人类公共利益和生存环境为出发点，一切有损可持续环境与后代发展的科学都是不道德的科学。相关研究应遵循该准则，首先应尽量保证科学研究的纯粹性，避免过分功利化的倾向，拒绝任何不法分子对技术的滥用；其次，应保证研究过程的安全性，对所有的操作进行危险性评估；此外，还应谨防试验型结果外泄，以免造成不可预期的后果。第二，知情同意原则。每一个人类个体都有其与生俱来的自主性，在照顾公众利益的同时也应该给予每个人自主选择的权利。20 世纪 70 年代初，在美国进行的黑人梅毒患者试验被披露，随后 1978 年伦理研究的经典文件——《贝尔蒙报告》发表，知情同意这一原则成为现代医学实践和研究的基石，其核心概念认为患者和研究参与者不仅要决定是否参加研究，也要有准确和完整的信息使他们知情其决定意味着什么。第三，兼顾公平原则。为避免社会阶层分化、贫富差距拉大，颠覆性技术应用的公平性问题，必须得到有效的风险评估和合理规制。

（2）加强预判研究、分类引导，夯实转型基础，培育被颠覆行业转型发展新动能

颠覆性技术创新产品的产出和应用将引发强劲的市场需求或产生新的需求形态，进而会对诸多传统行业带来冲击甚至是颠覆，产业结构调整、人员就业安置等风险和挑战随之涌现。因而，需要加强对可能被颠覆产业、行业的预判与研究，制定系统的政策组合。需要加强分类引导，寻求特色发展路径，引导被颠覆行业在组织管理模式、产品制造生产模式、商业运行模式、人员就业等方面进行相适应或创新性转型变革。同时，需要优化传统行业的发展环境，部署夯实转型基础，在颠覆性技术不断涌现的新常

---

[1] 陶应时，蒋美仕. 现代生物技术的负面效应及其治理路径. 湖南大学学报 ( 社会科学版 ), 2016, 30(6): 127-130.

态下，培育被颠覆行业转型发展新动能。

（3）政府引导推动行业自治，构建"多元共治"的公共政策治理体系

以政府作为单一主体的治理模式下，存在治理过程滞后、治理成本过高、治理灵活性欠缺等问题。同时，颠覆性技术的研发过程高度复杂，涉及诸多专业性问题，治理主体需要多元的知识背景，方能顺利开展合理有效的治理工作。因此，将行业协会纳入到多元治理主体中，充分发挥其自治功能，一方面，在清晰认识颠覆性技术发展规律、挑战和风险的基础上，行业协会建立完善的内部章程、规约和技术标准，明确企业义务，规范行为，提升研发标准，促进颠覆性技术的高质量健康发展。另一方面，加强行业协会、企业与政府的沟通协作，建立治理主体间的相互监督促进机制，在政府依法对行业协会、企业进行监管和规范的同时，也建立对政府治理行为的及时反馈通道。

（4）系统引导公众参与，建立更广泛与多元的主体格局

科学家和公众之间建立互信。利益相关方如科学家、工程师、管理者、政府官员、伦理专家、社会专家、消费者及普通大众均应当被纳入关于风险和收益的讨论。科学家应当清楚地表述其研究目的、可能收益和风险管理；邀请伦理专家和社会专家介入探讨颠覆性技术应用后的道德伦理问题；还需要进行社会科学和人文科学研究来改善公众参与策略。在政策制定过程中，应定期、及时主动地进行相关信息的公开发布，同时科学家要自觉承担起对大众进行科普的义务，让公众及时知晓和掌握有效的信息资源，从而满足社会主体参与到公共政策制定过程中，更好地满足公众多样化、个性化需求，充分吸纳公众意见，建立更广泛与多元主体参与的治理格局。

（5）开展公私合作与全球合作，形成全球范围以及各主体间的公共政策共识

公私合作。充分认识颠覆性技术研究的产业转化潜力，包括在人工智能、生命健康、现代农业、功能食品等领域的应用；建立公私合作伙伴关系，加速科学发现向新的产品和方法转化，并推进创新型项目实施；平衡创新激励机制、数据开放获取、知识产权归属三者之间的关系。

全球合作。积极开展知识推广，在全球科学家间建立广泛合作，开放获取相关的工具和教育资源与机会，与社会各界共同缩小社会差距，以降低颠覆性技术应用可能造成的可获得该技术服务的人群与不可获得该技术的人群之间的不平等。例如，对欧盟的新育种政策制定者来说，审视欧盟政策对欧盟外部带来的影响至关重要。改革欧盟现有的法规框架、在欧盟内部目标和发展日程间协调一致对欧盟和发展中国家都非常重要。

3. 伦理治理

颠覆性技术日益广泛的应用对社会文化带来变革性的影响，与此同时，其隐私、公平、安全、开放和社会价值等伦理问题也相应地增加。为了减少或避免颠覆性技术引入社会后引起的伦理问题，需要对颠覆性技术进行前瞻性的伦理治理。

（1）研究制定伦理准则，加强伦理的研究和审查监管，建立国家伦理监管体系

通过国际的交流与共识，集政府、研究机构、企业等各创新单元，引入各界专家、公众等各方共同参与研究制定指导性伦理规范与准则。在此基础上，加强颠覆性技术伦理的研究和审查监管，在项目部署、技术研发、成果转化、市场应用的各个环节，建立明确规范的审查与监管制度与程序。此外，还需加强伦理意识的培养、教育与培训。

建立覆盖全面、导向明确、规范有序、协调一致的国家科技伦理监管体系，对颠覆性技术的发展与应用进行伦理评价、咨询和监管，国家科技伦理委员会则是主要的承担组织，开展统筹规范和指导协调工作。主要发达国家的伦理委员会设置，从层级上来看，既有国家级的，也有地方设立的，中央与地方进行合理分工，共同实施伦理审查任务。从组织形式上看，主要有集中式与分散式两种。

（2）尊重和保护个人隐私

隐私是个人的自然权利。从人类抓起树叶遮羞之时起，隐私已经产生。随着网络的不断发展，互联网时代的个人隐私保护"越来越难"，多数人认为"个人信息被随意公开泄露"，个人隐私的保护也因其备受关注。隐

私保护核心应做到尊重人，要求承认所有个人尊严，尊重个人决定。联合国教科文组织于 1997 年通过的《世界人类基因组与人权宣言》中第 5 条明确表示，针对个体使用的基因技术用于治疗或诊断或实施人体手术，必须要保障人的尊严、知情、安全等权利，这实际上就是确定新的生物技术在使用过程中必须遵守基本伦理道德。

尊重个人和保护隐私应遵循的原则包括：①承诺所有个人的平等价值，个体权利不会由于个人隐私问题（如基因的不同）而受到差别对待。②尊重和促进个人决策，做到知情同意。尊重个体对其遗传材料、个人信息等所做出的选择，不泄露用户个人"隐私"及相关数据，不能对当事人进行任何方式的诱导和欺骗，也不应该试图将团体的利益强加于个人。③树立技术责任伦理观。责任伦理思想关注的伦理关系不再是传统技术伦理所涉及的人与人之间的伦理关系，其着眼点是人类生命的可持续性和人类的未来，尊重和保护未来人类的尊严和权利。④出台全面的个人数据隐私保护框架。对个人信息的定义要结合颠覆性技术和大数据发展趋势进行重新定义，法律的约束和监管对象应该是所有机构，包括政府部门、社会组织和企业。⑤建立权责明晰、运行流畅的法律保护体系。一旦发生违法违规事件，应做到有法可依、违法必究、执法必严。相关部门也应同时担负提高公民隐私保护意识、提醒企业加强用户隐私保护措施的职责，全面保障个人信息主题的权利。

（3）促进技术的公平获取和使用

公平是社会学名词，在法律上，公平是法所追求的基本价值之一。公是公共，指大家，平是指平等，意指为大家平等存在。所有人无论其基因质量、受教育程度、家庭环境、社会地位如何，都有平等的道德价值。公平应做到同样的案例得到同样的对待，并且公平分配风险和利益。实现公平应遵循的原则包括：①公平分配研究的负担和益处。②广泛和平等地获得技术进步与应用成果带来的益处，以利益相关者可以获取和理解的方式开放和共享信息。③监管的过程应该公开透明。在政策制定过程中，充分考虑社会各方利益与建议，将有意义的公众意见纳入考虑范围，并尽可能及时地披露信息。

（4）保障人类生命健康和社会安全

安全是指没有受到威胁，没有危险、危害或损失。它是在人类的生产和生活过程中，将系统运行对人类的生命、财产和环境可能产生的损害控制在人类能够接受水平以下的状态。对于新技术的风险和安全监管的矛盾在于，如果管控的太谨慎，将会阻碍新技术的发展和推广；如果管控不够严谨，某些产品有可能会对人类产生难以估量的损害。当前，在生命健康和生物农业等领域对合成生物学、基因编辑、细胞治疗等前沿技术的生物安全问题还处于激烈讨论阶段，提出的相关的管理方式也有一定的局限性，但这些都有助于提高生物安全意识，提前预防可能的风险，是为更好地促进相关技术的发展。

保障人类生命健康和社会安全应遵循的原则包括：①开发相关技术工具，防范颠覆性技术自身存在的安全风险。如开发基因工具，以对生物体内的基因编辑进行控制，防控基因编辑脱靶问题。②形成广泛认可的技术伦理规范。拟定由科学家、伦理学家、社会学家、公众、研究机构、政府主管部门各方广泛参与的具备可行性的技术伦理规范。③根据研发阶段制定相应的监管方案。如，鉴于目前基因编辑的安全性和有效性问题尚未解决，而且未达到临床应用标准，现阶段应禁止对人类胚胎和生殖细胞进行基因编辑。但是，随着科研和社会认知的发展，其临床应用可重新进行评估。④设立技术伦理的独立审查机构。在国家层面设立技术伦理的独立审查机构，为研究项目设立技术门槛，进行技术伦理审查，和在项目进行中对之进行伦理监督，防止违背已有伦理规范的技术行为发生。在基因编辑研究方面，英国的做法就是通过独立权威机构审查的项目才可以开展此类研究，技术伦理审查机构必须具有独立性才能发挥其职能，不能同时扮演运动员和裁判员的双重角色。

（5）促进技术开放，提升技术的全社会价值

树立颠覆性技术开放意识，形成开放文化和技术开放环境，促进技术社会价值的最大化。基于此，应建立颠覆性技术发展的"交流碰撞"机制，建设相应的"开放共享"平台，为颠覆性技术发展提供思想碰撞和交流平台，提升颠覆性技术应用的社会价值。应遵循的原则包括：①建立"开放、

自由、协作、共享"理念和开放共享平台，分享技术发展红利，让技术繁荣发展的机遇和成果更好地造福全人类。②开展跨国合作。不同科学团体和不同监管机构之间开展跨国合作和数据共享，合作方应尊重不同人群的文化背景，尊重不同国家的法律政策，并尽可能协调监管标准和程序。

### 4. 法律治理

**（1）纳入法律治理轨道，消解颠覆性技术负面效应产生的严重后果**

通过颠覆性技术风险的评估，国家公共政策的前瞻引导与治理，伦理道德意识的建设，最高程度地减少颠覆性技术负面效应产生的危害。而对于颠覆性技术在创新链各阶段的负面效应已经导致的严重后果，则需建立适用的法律框架进行规制。促进法律治理的国际合作接轨，国际社会协调制定国际公约，并将国际公约转化为各国的法律，以保护全人类共同利益。

**（2）梳理现有监管政策和法律的空白与问题，建立完善的颠覆性技术法律治理框架**

颠覆性技术的发展进步已经触及许多监管政策和法律的模糊区域，比如无人驾驶事故追责、人工智能技术法律主体认定、智能穿戴医疗数据隐私监管与保护、人类胚胎基因编辑技术开放问题等，这对现行法律提出了巨大挑战。建立完善的颠覆性技术法律治理框架，一方面，需要梳理现有法律框架、法律关系、特定领域相关法律制度对颠覆性技术的覆盖范围及适用性，明确存在的监管空白与问题；另一方面，建议组建法律与技术专家委员会，开展法律与颠覆性技术的专业审查，积极组织法律与技术培训，为颠覆性技术政策和法律制定者提供全面的咨询和指导；最后，针对特定领域，制定适合我国国情的监管重点，根据需求适时更新现有的法律法规或制定新的管理政策。

德国发布《联邦政府人工智能战略要点》[1]，将调整数据使用和人工智能技术应用的法律框架，厘清各参与方的法律关系；保障人工智能系

---

〔1〕Die Bundesregierung. Eckpunkte der Bundesregierung für eine Strategie Künstliche intelligenz. https://www.bmbf.de/files/180718%20Eckpunkte_KI-Strategie%20final%20Layout.pdf[2019-09-30].

统的透明度、可追溯性和可验证性；调整版权法律，促进文本和数据挖掘可以支持机器学习商业和非商业目的。

美国制定了《美国机器智能国家战略》[1]，将组建法律与技术专家委员会，检查美国法律核心原则对机器智能的适用情况；为法官与律师订制关于机器智能技术的培训计划，以及法律援助对机器智能的适用性；此外，制定机器智能危险主动管理策略，通过立法组建美国机器智能顾问委员会，为商务部机器智能管理提供建议；为机器智能安全负责任地使用提供技术和政府标准；面对突发事件时，保证公司对机器智能的发展与部署有明确的预期；与企业协商，为机器智能提供灵活的测试领域；吸引企业领导者，为机器智能时代设计全球可行的隐私权。

## 9.3　颠覆性技术创新前瞻性治理的程序

颠覆性技术创新的前瞻性治理是复杂的系统工程，是主动型的系统解决方案体系和长期的治理过程，需要建立规范合理的治理步骤，稳健实施和推进，不断提升治理的科学性和时效性。

（1）开展颠覆性技术的早期识别和预测研究。建立常态化的跟踪机制，监测技术研发及应用进展，预判技术未来发展趋势与路径。

（2）分析预判颠覆性技术创新的推进作用和不确定性。预判颠覆性技术发展可能带来的重大有益变革，预判从科学原理设计到技术原理设计、从技术方案实施到颠覆性创新产品产出和应用各发展阶段的不确定性，以及分析相关影响的程度与范围。

（3）预判和监控技术创新带来的挑战与冲击。研究预判技术创新对现有伦理、法律、社会、体制机制带来的冲突与挑战，以及提前识别可能被影响乃至颠覆的行业企业、商业模式、产业结构和人员规模等。

（4）建立多元主体共同参与的前瞻性治理协同机制。针对颠覆性技术创新发挥作用的影响范围和深度开展深入研讨，通过对话、协商和互动

---

〔1〕CSIS. A National Machine Intelligence Strategy for the United States. https://www.csis.org/analysis/national-machine-intelligence-strategy-united-states[2019-09-30].

达成一致认识，形成系统性的治理方案和统一的行动计划。

（5）逐步推进实施颠覆性技术创新前瞻性治理。根据统一方案计划推进治理行动，并监测技术发展态势，及时响应技术发展变化，审查评估治理效果，动态调整治理方案并持续推进。

持续深入研究科技创新的前瞻性治理在理论和实践上都具有重大意义。颠覆性技术创新前瞻性治理研究的内涵与外延都极其广泛和复杂，本章主要提出了前瞻性治理的特征、核心研究要素和主要程序，涉及主体关系、机制、能力与效果等方面的内容，还需要在更广泛和深入的层面进行研究，以促进和保障颠覆性技术创新健康持续发展，并更好地造福于社会和人类。